開局70周年記念

TBSラジオ公式読本

責任編集
武田砂鉄

リトルモア

今日も、TBSラジオをつけて。

あの日も、TBSラジオが聴こえていた。

ON AIR
STAND BY

話す。聴く。

基本的にやっていることはそれだけだ。

70年間、ずっとそれを続けてきた。今、この瞬間もそれが続いている。

ラジオという、シンプルなメディアは、実に自由なメディアだ。

思っていることをじっくりと言えるし、思いついたことをその場で言える。

リスナーとの距離が近い、とよく言われるけれど、

考えれば考えるほど、遠ざかりようがないメディアだと思う。

ＴＢＳラジオが１９５１年に開局してから70年が経つ。番組を担当しているパーソナリティは、日々、何を考えているのか。長年、ＴＢＳラジオで話してきたあの人は、今、何を思うのか。ラジオでは嘘がつけない。これもよく言われる。みんな、そもそも嘘をつこうなんて思っていない。では、どんなつもりで言葉を口にしているのだろう。

話す。聴く。

距離が近いのに奥が深い。何が近いのだろう、何が深いのだろう。

読めば、聴こえてくる。

責任編集

武田砂鉄（ライター）

たけだ・さてつ　1982年東京都生まれ。TBSラジオ『アシタノカレッジ』（月～金・22時～23時55分／2020年9月～）金曜パーソナリティ。過去の担当番組に『ACTION』（19年4月～20年9月）がある。TBSラジオ初登場は、14年、『赤江珠緒たまむすび』だった。主な著書に『紋切型社会』（新潮文庫／Bunkamuraドゥマゴ文学賞）『日本の気配』（晶文社）『わかりやすさの罪』（朝日新聞出版）『偉い人ほどすぐ逃げる』（文藝春秋）『マチズモを削り取れ』（集英社）などがある。現在、「暮しの手帖」「女性自身」「VERY」「SPUR」、webサイト「cakes」などで連載多数。文化放送『大竹まことゴールデンラジオ』（05年5月～）にも隔週火曜に出演している。大のヘヴィメタル好きとしても知られる。

今日も、TBSラジオをつけて。

「パーソナリティ・インタビュー」　聞き手・構成＝武田砂鉄

「TBSラジオの番組が放送されるまで」　取材・文＝おぐらりゅうじ

「伊集院光、ラジオについて答えます。」　質問作成＝武田砂鉄

BS
DIO
+AM954

僕の生活をすべて番組に反映させようと思っています。

生島ヒロシ　（フリーアナウンサー）

いくしま・ひろし　1950年宮城県生まれ。TBSラジオ『生島ヒロシのおはよう定食／一直線』（月～金・5:00～6:30／98年4月～）のメインパーソナリティ。カリフォルニア州立大学卒業後、76年にTBSにアナウンサーとして入社。ラジオでは『三國一朗の土曜ワイドラジオTOKYO』（75年4月～78年3月）のレポーターや『生島ヒロシの夜はともだちII』（78年4月～79年10月）を担当、テレビでは『ザ・ベストテン』『アッコにおまかせ！』などに出演した。89年にTBSを退社し、生島企画室を設立。ファイナンシャルプランナー、防災士、ヘルスケアアドバイザーなど資格多数。主な著書に『さすが！と言われる 心に響く名スピーチのコツ＆実例集』（日本文芸社）『どん底に落ちてもはい上がる37のストーリー』（ゴマブックス）などがある。

部屋で到着を待っていると、こちらに近づいてきたことがわかる。最初は遠くから聞こえていた元気な声が、どんどん大きくなる。部屋へ入り、こちらの存在を確認すると、「いやー、どうも、久しぶり。ところでさ、ほら、あの件だけどさ……」と、椅子に座ると同時に話が始まる。「それでは本日はよろしくお願いします」などという仕切り直しは不要。自分の足跡、ラジオへの思い、あれこれ入り混じりながら、話がぐんぐん進んでいく。番組名『生島ヒロシのおはよう一直線』の通り、とにかく一直線。なんだろう、このバイタリティ。一体、どこから来るんだろう。2時間近く話し込み、「いやー、楽しかったよ。ではでは、またね」と部屋を出ていく。今度は、元気な声が徐々に遠ざかっていくのだった。

「ああ、世界って広いんだな」

——生島さんが放送しているスタジオ内の様子を写真で見ると、おでこに冷えピタ、そして、とにかく新聞や雑誌が散乱していて、いつも驚きます。

生島ヒロシ　昔からおでこや首に貼っているんですけど、最近は、熱があるんじゃないかって勘違いされちゃいけないんで、撮影のときだけ外してるんですけどね。やっぱり、シャキッとするんですよ。逆に、お腹は温めたほうがいいですね。だって、生放送中に下痢したら大変でしょう。どんなにお腹がゆるいなと思っても、カイロを2、3枚貼っておくと下痢って止まるんです。実は、夜遅くまでNetflixとかAmazon Prime観ていて、寝不足で来ることがあるんですが、そんなとき、シャキッとさせてくれるのがこの冷えピタ。寒い日はネックウォーマーもいい。一気に血流が良くなるんです。

――番組を聴いていると、たしかによくNetflixの話をされていますよね。とにかく、夜遅くまで起きているんだなと。

生島 そうなんです。ここんところ毎日、夜の散歩にも行ってます。体重がちょっと増えちゃったもんだから。

――いつも、何時にスタジオに入られるんですか。

生島 そうですね、これは難しい問題です。時価制度になっておりまして……(笑)。

――時価制度ってなんですか。

生島 基本は4時半くらいに入るんですけど、4時に入ることもあり……

――だいぶギリギリですね。

生島 5分前ってときもあります。さっきスタジオ内が雑然としていると話されていましたが、ずっと「なんか面白いものないかな」って考えているので、そうするとどうしても、あれこれグチャグチャになっちゃうんです。放送中であっても、「あれ、どこいった?」って。僕、とにかく週刊誌をチェックするのが好きで、「ポスト」「現代」「文春」「新潮」は送られてくるんですが、それだけではなく「大衆」「実話」に至るまで全部買いますから。「東スポ」「日刊ゲンダイ」「夕刊フジ」も買う。自己投資なんです。週刊誌や新聞には名物コラムがいっぱいあって、多様な意見を注ぎ込んできます。経済系のニュースが面白いので「NewsPicks」もチェックしていますね。

――24時間、とにかく常に感度バチバチって感じですね。

生島　そうですね。それが好きなんですよ。テレビ見ながら、「これいけるな！」と思うとすぐにスマホで画面を撮ったり、メモったりします。スタジオにはギリギリに来るけれど、準備は24時間やっています。

——人にたくさん会って、休みなく動き回っているイメージは、リスナーのみなさんも持っていると思いますが、子どもの頃は赤面症だったと知って驚いてしまいます。

生島　高校は男子校だったんですが、中学までは共学で、クラスが変わるたびにかわいい女の子がいると、すぐ好きになっちゃったりして、とにかくすごい意識しちゃうんです。みんなの前で話すのも苦手でした。ベビーブーム世代でしたから、学級委員になると、４０００人くらいの前で話すんです。ものすごく緊張しちゃって、みんなの顔を見られない。前日からドキドキして、「ああ、朝礼でしゃべらなきゃいけない、どうしよう」って逃げたくなる感じ、いまだに覚えています。家に帰ると妹や弟から、「お兄ちゃん、顔真っ赤になって、原稿ばっか見てたよね」って言われて恥ずかしくてね。「少年マガジン」や「少年サンデー」のちょっと怪しげな広告を見て、赤面症に効く薬とかないかなって探した記憶がありますから。

——その頃から、雑誌を読んで最新情報を得ていたんですね。

生島　東北の人間はジャイアンツファンが多くて、我が家でも「スポーツ報知」をとってましたね。あとは「朝日新聞」と地元の「三陸新報」もとってました。家にテレビが来るまではラジオで、『赤胴鈴之助』（ＴＢＳラジオ／１９５７年1月〜59年2月）を聴いたりしていました。エルヴィス・プレスリーとザ・ビートルズの特集をラジオでやっていたのも覚えています。

そのうち、知り合いのお金持ちのところにテレビがやってきて、観に行きました。力道山のプロレスは金曜日の夜に隔週、ディズニーと交互で放送されていました。うちは食堂をやっていたんですが、食堂にお蕎麦の玉を納品する製麺所があって、その家にもお邪魔してました。我が家にテレビが来たのは小学校6年の後半か中学1年。今度は、我が家に友達や先輩がたくさん観にきました。それで、プロレスと、その次に野球が好きになります。スポーツ新聞に載っている長嶋茂雄さんのバッティングフォームの連続写真を見ながら研究するんです。スイングを毎日100回。冬になるとプロ野球のキャンプインにあわせて、近くの材木所に、自分もキャンプインするんです。

——自分もキャンプイン！

生島　親父が作ってくれたバーベルで筋トレをして、「俺は将来プロ野球選手になるんだ」と誓いました。父子鷹ですね。結構胸囲が大きくなってましたね。でも、その一方で、学校に行くと赤面症だった。これは、東京へ出て、法政大学に通うまで変わりませんでした。自分が高校2年のときに、弟の淳くんが生まれるんです。青天の霹靂でした。これはもう大学に行くのは無理だなと思ったんですが、親父が、「これから、国際化の時代がやってくるから、大学行ったらどうだ」と言ってくれたんです。

今でも叔母がメリーランドに住んでいるんですが、中学1年のときに従兄弟のフランキーくんが我が家に来て、気仙沼の町中が大騒ぎになったことがあります。僕は、自慢げにフランキーを水族館に連れていった。最初に話した英語が「This is fish」。「うちは、従兄弟がアメリカ住んでんだよね」なんて、周りに自慢していた記憶があります。アメリカへの憧れが強くなったのは、テレビが入ってきた頃に『名犬ラッシー』『ボナンザ』『ローハイド』などにどっぷりとハマっていったから。冷蔵庫の大きさと牛乳の瓶の大きさを見て、ああいうデカい瓶で牛乳を飲んでみたいな、って。

――実際に、大学生のときにアメリカへ行かれるわけですが、地元にいたときからアメリカへの憧れが強かったんですね。

生島　親父が勤めていた会社が映画館をやっていて、映画が全部タダで観られたんですよ。『ラスベガス万才』にアン＝マーグレットとプレスリーが出ていて、そのラスベガスのショーの様子にものすごく感動したんです。一方で、18歳未満禁止の映画にもこっそり目を伏せながら入っていくんですけど、「あら、ヒロちゃん観るの？」なんて言われてましたね。テレビや映画だけでなく、気仙沼ってところは全国から船員が来るんで、その話を聞いていると「ああ、世界って広いんだな」って感じられたんです。

空手家、ラジオパーソナリティになる

――では、上京したときから、早いうちに海外へ行きたいな、と考えていたんですか。

生島　いや、それはないですね。とにかく東京に着いて、北区十条の3畳間に住んで……十条なのに3畳間とはこれいかに、っていう。

――ふふふ。

生島　共同トイレに共同炊事場、時給１２０円の蕎麦屋さんの皿洗いから始まりましたね。あの頃は学生運動が盛んで、同じアパートに住んでいる女性が活動家だったんです。その人から、「マルクスやレーニンを読め」って言われたんですけど、全然わかんないわけですよ。でも、「世界はこうなってるの！」「搾取されてるの！」って聞かされて、目から鱗でしたね。だんだん自分

も「行動が伴わなければ意味がない。言行一致だ」とか言いながら、夜になるとそういう集会に行くようになった。でも、本格的に運動に入っていったら、「これ、生活が成り立たないぞ」と気づき、徐々に誘いを断るようになりました。「生島博、偽者だな。言ってたことをやりきれよ」と言う自分と、「いや、やっぱり現実問題、どうやって稼ぐんだよ」と言う自分がぶつかって、ちょっと鬱状態みたいになってしまいました。

空手の同好会に入っていて、そちらの活動は続けていたんですが、中央大学から来ていた先生に「学生運動だけではいけない、世界を見ろ」と言われ、「今度、空手を広めるためにアメリカへ行く。君をアシスタントとして連れていきたい」と誘われたんです。これで、今まで憧れてきたアメリカンカルチャーを知ることができる、と完全にギアが変わった。アメリカに行くために3年生の4月から休学すると逆算して、バイトをしていくんです。その仕事を紹介してくれたのが、昔、安藤組の幹部だったって人。その人が、「生島くん、海の底に落ちれば、いつか人は上がるんだよ。だから、あたふたしないで、自然に身を任せてそのときに出た気持ちに従え」って言うんです。なおさら、アメリカ行きの決意を固くしました。

——アメリカといっても、ハワイ、サンフランシスコ、ロサンゼルス、これまた、人との出会いであちこち行きましたよね。

生島　そうなんですよ、砂鉄さんに小説にしてもらいたいくらい。でも僕がアメリカで安定できたのは空手があったからこそなんです。僕は、ジャパニーズヴィレッジの空手ショーに出ていたんですが、夜は、空手の指導をしていました。そこにベニー・ユキーデのお兄さんがやって来て、「弟と戦わせたい」と言ってきたんです。ベニー・ユキーデっていうのは、空手からキックボクシングの選手になった人で、のちに、このお兄さんが設立した世界キックボクシング協会

（WKA）に参加して、ライト級のチャンピオンにまでなって、日本でも人気が出ました。その申し出は、「空手が最強の格闘技」というプライドがあって、変に戦って僕が負けちゃったら大変なことになるといって、周りが断ったみたいですけどね。それを吉田豪さんや水道橋博士さんに話したら、「生島ヒロシ芸能界最強説」として広まったんだよね。

――それくらい期待されていたわけですね。空手ショーも1回15分のものを1日7、8回やっていたとか。相当な仕事量ですよね。

生島　あの頃の写真を見ると、見事に腹筋が割れていますから。

――アメリカのコミュニティカレッジでは、放送学科に入ってジャーナリズムを学んでいます。これはやはり、子どもの頃から、新聞・雑誌・ラジオ・テレビ、そのすべてに接してきたことが大きかったのでしょうか。

生島　学生時代に深夜放送が大ブームになって、土居まさるさんのラジオなどを聴きながら、ラジオで好きにしゃべるのが自分に向いているかも、と感じていました。コミュニティカレッジには、教育機関としてFM局があって、あの頃からアメリカは放送に力を入れていたんですね。放送人を育てようとしていた。

あと、「チュータリングシステム」というのがあって、将来、学校の先生になりたい人たちが、語学にハンディキャップのある学生をボランティアで教えてくれたんです。これがありがたかった。で、のちに、カリフォルニア州立大学に行ったときには「フォーティナイナーズ」っていうキャンパス新聞に署名入りの記事を書くほどになりました。とにかく「チュータリングシステム」は勉強になりましたね。その頃、日本語放送局でバイトするようになって、そこで番組を担当するんです。いきなり人種差別問題を2週連続でやったんですよ。そうしたら、放送局の社長さんが「いい加減にしろ！　俺たちはアメリカに住まわせてもらってるんだ！」って怒っちゃって。

――コミュニティカレッジのＦＭ局でも番組をやられていたんですよね。朝方の番組を。

生島　それは英語でやっていたんです。初回でいきなり、その年のレコード大賞をとったちあきなおみの「喝采」をかけた記憶があります。あれ、どうやってレコードを入手したんだっけな。「ジャパニーズグラミーアワード！」って紹介して。キャンパスラジオですから好きなことやってましたね。で、あの頃から、ＣＢＳなどでラジオを24時間やっているのを聴いていて、「こういったニュースラジオが日本にもあればいいな」と思っていたんです。だから、ＴＢＳに入ってからも、「ＴＢＳもニュースを切り口にやるべき」と言っていました。生活ニュースもあれば、エンターテインメント情報もあれば、スポーツニュースもある。ニュースを切り口に24時間って、その頃、アメリカで覚えたことなんですよ。そうそう、だんだん英語もわかるようになった頃、「新聞王」のウィリアム・ランドルフ・ハーストのお孫さんが誘拐されたって事件があって、ＦＢＩが犯人を襲撃したときなんかも全部現地のラジオで聴いてました。のちに、その妹に会うことになるんです。今も友達です。

――いやはや、情報量が多すぎて……。結局、アメリカで仕事しようか、日本で仕事しようか迷ったけれど、日本に帰ってきますね。

生島　その前に、コミュニティカレッジからカリフォルニア州立大学のロングビーチ校に行くんです。ブロードキャスティングジャーナリズムを学んだんですが、これは書くほうを中心にやるんです。そこでアメリカにある様々な問題を突きつけられ、ジャーナリスティックな視点が重要だとわかってくるんです。ＡＢＣの番組でマクドナルドの肉を検証していたんですけど、「え、スポンサーじゃないの？」って思うわけです。ああいうのを見ながら、タブーに迫る気概が面白いなあと思いました。在学中に日本語放送局に週1回出るようになって、その地域では人気者になっていきます。でも、ロサンゼルスの日系社会でキーパーソンになってもな、と思うようになり、日本に帰ることを決めました。オイルショックで景気も悪く、TBSと文化放送しか受けられなかったですが、幸いにもTBSに合格しました。

――ちなみに、文化放送はどうだったんですか。

生島　文化放送は3次試験までいったんです。僕ともう一人で迷ってもう一人のほうを採ったみたいです。ただ、その人がアナウンサーとしてはあまり芽が出なかったらしくて、のちに「いやあ、やっぱり生島採っときゃ良かったな」なんて言ってたみたいですけど（笑）。

お手本は久米宏さん、小島一慶さん

――TBSの面接では、周りがリクルートスーツなのに、パンタロンに厚底ブーツで行ったそうですね。

生島　リクルートルックを知らなかったので。アメリカにいると、ジーパンとTシャツでいいわけです。びっくりされましたね。最終的には、一応、十条のイトーヨーカドーかキンカ堂でスーツを買いました。スーツに合わせて、こげ茶のワイシャツに、ネクタイはちょっと派手め。今思えば、マフィアファッションみたいですね。最終面接に行ったとき、アナウンス室の近江正俊室長がニコニコしながら、「おっ、今日は初めてスーツを着てきたね」なんて言ってくださって。「ええ、ネクタイの締め方が難しかったです」ってジャブから始まりましたね。そこで僕は「日本の終身雇用制度は終わります」と宣言したんです。アメリカを見て感じていたことです。「アメリカがくしゃみすれば、日本は風邪を引く」なんて言いながら、「放送局の使命として、もっともっとニュースをやらなければいけない」って役員を目の前にして言ったんですよ。

――「自分はそのうち独立するつもりだ」ともおっしゃったそうで。

生島　そう、生意気ですよね。その上で、「僕を採らないと損しますよ！」って。これ、全部実話ですからね。まったく盛ってない。「どんな番組をやりたいか」って質問に、「僕はできることなら、ジャーナリスティックなことをやりたい」と答えていました。

――大沢悠里さんが、「生島くんがＴＢＳの入社試験で『ＴＢＳのために絶対に役に立ちます！』と勢いよく拳を振り上げた姿を、よく覚えています」と語っていました。（「ＴＢＳラジオＰｒｅｓｓ」２０１７年6月＆7月号／ＴＢＳラジオの広報フリーペーパー）

生島　本当ですか、そんなこと言ったかな、カメラテストのときかもしれない。カメラテストで、僕はまず英語をしゃべったんです。というのも、僕が9番でその次の10番が松宮一彦くんで、彼が、「生島さん、アメリカから帰ってきたんだから、英語しゃべってよ」なんて言うんです。自分に対しては、バツをつけた人が多かったらしいです。「嫌な感じだな」って。当時、ＴＢＳは民放の雄でしたからね。意外とエリート臭が強かったんですが、それでもやっぱりちょっと変わった野武士的な人を入れてもいいんじゃないかとの声が出て、本当は2人か3人の予定だったアナウンサー採用が4人になり、僕が入ったんです。要するに、ついでの入社だったんですね。

――ＴＢＳに入ると、先輩に久米宏さんや小島一慶さんがいて、そのお二人の真似をしていたと。

生島　そうですね、やっぱり最初は真似しますよね。自分が入社する前、アナウンサーを採用しない時期が続き、一慶さんたちのあとが僕らになるんです。目の前のお手本が久米さんや一慶さんでした。『三國一朗の土曜ワイドラジオＴＯＫＹＯ』などで、ご一緒させてもらいました。先輩の真似をした上で、「どうやって自分の色を出せばいいのか」、久米さんから丁寧に教えてもらいましたね。とはいえ、あの頭の回転の速さと観察力にはかなわない。お昼に、久米さんとお蕎麦屋さんに行ったら、芸者さんがいたことがありました。当時の赤坂って、芸者さんが多かったんです。僕は「ああ、芸者さんだ」なんて感じでぼんやり見ていたんですが、久米さんの見方は全然違っていた。「あの人、お蕎麦食べる前に口紅引いてるよ」って言うんです。「いい男が来たわね」って思ったから紅を引いたのかもしれない、と。そういう見方ってなかなかできないじゃないですか。特に僕なんか大雑把だから。この繊細な観察力には敵わないなと思って。そして、一慶さんの話の盛り上げ方、話の構成力には圧倒されました。そんな先輩を見ながら、僕、一時期、本当に辞めようと思ったんです、もう向いてないと思って。

――それは、『ラジオＴＯＫＹＯ』でのレポーターとして、久米さん、小島さんと同時期に生島さんがやられていた頃のことですか。

生島　そうです。あんな、何十年に一人の逸材たちが目の前にいて、勝てるはずがないでしょう。

――当時、放送のある土曜日がやってくるのが嫌だったと。

生島　はい。当時のプロデューサーが面白い人で、「こいつを伸ばしてやってくれよ」って言って中継コーナーを任せてくれたんだけど、徐々に彼も困っていってね。生放送が終わってから、その日の放送を聴かされて、「お前な、これ、どれだけ、無駄な言葉が多いんだ」なんて注意されるんです。「はい……」って落ち込んで。それを聴いていると、どんどんしゃべるのが怖くなっていく。「ボキャブラリーが足りない。もっと勉強しろ」と繰り返し言われて。で、久米さんに相談したんです。結果、辞書を「あ」から読み始めました。でも、「わ」までいった記憶がないですが……。

――毎週、放送後に「あそこがダメだった」って言われるのは、しんどいですよね。

生島　しんどいですよ。「俺、この仕事、向いてないな」って嫌になっちゃった。やっぱり重箱の隅をつつくようなのが苦手で、もうちょっと「ドーン！」と大胆な商売の方が向いてるのかなって思っちゃった。アメリカに行って商社でも作ろうかと。でも、アメリカ時代の空手の先輩から、「石の上にも三年だから。なかなか入れないんだよ、TBSなんか。お前、すぐ諦めないで、もうちょっと我慢するってことを覚えろ」と言われて、気を取り直したんです。「もうちょっと腰を据えてやるか」って気になりましたね。

アナウンサーのあらゆる要素を学んだラジオ時代

――TBSラジオで『生島ヒロシの夜はともだちⅡ(セカンド)』が始まるのが、まさにその「石の上にも三年」の3年目でしたね。

生島　そうですね。

――こないだ、この本の企画で爆笑問題・田中裕二さんにインタビューをしましたが、「自分がアナウンサーになりたいと思ったきっかけが、生島さんの『夜はともだち』だった」とおっしゃっていました。

生島　そうなんですよ、嬉しいですね。田中くんとはLINEで友だちになって。彼は売れっ子ですけど、普通の感覚でちゃんと返事してくれたり意見を述べたりして、いい仲間になりましたね。

——自分の名前を冠した番組が始まるというのは、どういう思いでしたか。

生島　久米さんが三國さんにかわって、『土曜ワイドラジオＴＯＫＹＯ』（78年4月〜85年3月）を始めるんです。そして僕も番組が始まった。「Ｗヒロシ」ってことで、久米さんと僕の2ショット写真があるはずなんです。僕がスウェットかなんか着ているんですが、久米さんはやっぱりタッパもあるしカッコよくてね。当時はやっぱり、ニッポン放送が強かったので苦戦しましたが、ベルト番組をやるノウハウを当時のディレクターからずいぶんと教わりました。ラジオのベースができたのが『夜はともだち』でした。

そんななか、テレビで『ザ・ベストテン』が生放送で始まった。同期の松宮くんが「追っかけマン」として人気者になっていくんです。僕は、その『ザ・ベストテン』をラジオのスタジオで観ているわけです。「ああ、松宮いいなあ、こんな視聴率の高い番組に出られて」と。でも、長い目で見れば、あのときラジオをやらせてもらったことが財産になって、今も活きているんです。水前寺清子さんの「どうどうどっこの唄」（作詞・星野哲郎／作曲・安藤実親）に、「勝った負けたとさわぐじゃないぜ」という歌詞がありますが、ついつい一喜一憂しちゃうけど、いつかはどこかで役に立つ、長い目で見ることも大切だなと今になって思います。

——レポーターで参加するのと、メインで話すのは責任も違うし、打ち出し方から変わってきますよね。

生島　アナウンサーって、ナレーションが上手いとか、インタビューが上手いとか、一人しゃべりが上手いとか、得意分野が分かれていくと思うんですが、ラジオ番組は、そのすべてを学べます。特にベルトの番組になってからは、ゲストも来るし、ときには自分で街に出かけて行ってレポートもするし、ありとあらゆる要素がつまっていた。これは本当に大きな財産です。そのあと、僕はテレビに出ていくんですが、ラジオ時代に培ったことがテレビでも活かされました。ラジオによって、ベースの部分ができたんです。

――生島さんの『人に好かれる「話し方」決定版』（マガジンハウス）という本の中に、「生島式話し方の5つの努力」という項目があり、「できるだけたくさんの人と話す」「聞き手が心を開いてくれるようにしゃべる」「情報をこまめに収集してファイリングやスクラップを作る」「しゃべりが上手な人の話し方から学ぶ」「何事にも興味を示し新しいものにも物怖じしない」と書かれています。

生島　的確にまとまってますね。また改めて読まなきゃいけないな（笑）。

――TBSアナウンサー時代にお世話になった故・篠崎敏男プロデューサーから、パーソナリティに必要な条件を教えていただいた、とも書いてあります。

生島　「カミソリ篠崎」って言われていたプロデューサーです。『土曜ワイドラジオTOKYO』を作った人ですね。そのあと、テレビでも活躍し、森本毅郎さんをラジオに連れてきたのも篠崎さんだったはず。テレビで82年から始まって、森本さんが2代目の司会者も務めた情報番組『そこが知りたい』を担当していた方です。今、「路線バスの旅」が流行ってますが、『そこが知りたい』の「各駅停車路線バスの旅」が元祖です。1回目から視聴率20％獲ってるんです。その初代のレポーターが、僕と服部幸應先生と954キャスタードライバー出身の薬袋（みない）美穂子さんだった。今のバス旅とは異なり、訪ねた先で出会う人々の人間模様に触れるものでした。北陸へ行ったとき、バスの運転手さんにお話を聞くと、バスに乗る人たちが少なくなってきて廃線になるかもしれないという。休みの日には、一生懸命、職探しに行っているという話を聞いて、僕は思わず泣いてしまった。そこで視聴率が20パー超えたんです。篠崎さんのコンセプトは、意外な人との出会いの中に人生がある、というもの。とにかく芯の通った人でしたね。文学にも詳しくて、大島渚さんなんかともやり合えるくらいの知的レベルだった。日本の古典芸能にも詳しいし、それでいて社会に対する見方が鋭い。この人と仕事をして、徹底的に鍛えられましたね。そのあと、独立していく流れの中でも、色々と教えていただいて。

――生島企画室を立ち上げるのが１９８９年ですが、どれくらいから独立を考えていたんですか。

生島　１９８６年に『アッコにおまかせ！』に出るようになってからですかね。視聴率がお昼で20％超えした。元から独立したいという気持ちはあったんですが、やっぱり現実には難しいなと思っていたところも正直ありました。そんな中、和田アキ子さんとの出会いがあり、視聴率が上がり、業界的にも注目され、「独立しないの？」って話をちらほらいただくようになりました。それでも、子どもたちもいますし、住宅ローンもありましたし、現実はやはり難しいな、と。朝起きて「よし独立だ！」と思ってダメ、「よし、今度こそ！」と思ってまたダメ、この繰り返しでしたね。そのうち、フジテレビ系のプロダクションの方とお目にかかって、様々な話をする中で独立が決まるんです。

やはり人との出会いが大きいなと、つくづく思いますね。僕には、とにかく一人で全部やりたいという固定観念があった。最近は、大きな事務所に入ったりとか、色々と体制を整えてから独立する人が増えてますが、僕なんか、とにかく飛び立った以上は自由に、好きなようにやると言い張って、勢い任せだった。そうこうしてるうちにフリーは不自由って感じもだんだんわかってくる。「フリーは不安がいっぱい、サラリーマンアナウンサーは不満がいっぱい」なんて言ってましたね。局アナはやっぱり安定してるんですが、安定していると、もっとよその土俵でやったら違うんじゃないかと不満が出てくる。久米さんや逸見政孝さんが独立して華々しくやっているのを見ながら独立しました。でも、独立すると戻りたくもなる。そのあと、徳光和夫さんと「ヒロシちゃん、やっぱりまた局アナに戻りたいよね」「ホントですよね」なんて話をした記憶がありますよ。フリーになったらなったで順風満帆とはいかないですから。番組が終わる、終わらないで揉めちゃったり、とにかく色々なことがありました。でも、切られたらおしまいです。番組が終わってしまうのは辛いし、そのたびに収入が減る。ある程度テレビの仕事がなくなってきた頃に、ラジオの仕事の話が来たんです。

一日一生

――1998年から、平日の早朝に『生島ヒロシのおはよう定食/一直線』(5時から5時半までは TBSローカル版の『定食』、以降6時半まで全国放送の『一直線』)が始まります。

生島　朝早い時間だから、「えー?」って思ったんだよね。テレビを週に何本もやってた時代を経て、朝5時からラジオの生放送って言われてもさ。「この時間、誰か、ラジオ聴いてんのかな……」なんて、正直言って思ったんです。でも結局は、ここに金脈が隠れていたという。

――榎本勝起さんの番組(『全国縦断 榎さんのおはようさん~!』78年10月~98年4月)のあとに担当するプレッシャーはありましたか。

生島　大沢悠里さんから「生島は馬鹿だな。あんなにすごい人のあとはやっちゃダメだよ」って言われましたけどね。放送を聴くと榎本さんは、知識の宝庫、百科事典みたいな人でしたから。

だいぶテイストが変わるはずと思いつつ始めたら、案の定、榎本さんのリスナーから総攻撃を受けました。始まってから3ヵ月間は結構キツかったですね。とにかく、自分の原点である一人しゃべりのスタイルに戻ってきました。テレビって、メインを張っていても、結局は進行役じゃないですか。一人しゃべりだと、読まなきゃいけないわ、コメントはしなきゃいけないわ、ゲストの話を引き出さなきゃいけないわで、ラジオアナウンサーの総合力が試されたわけです。一人でやると、どうしてもしゃべりが速くなるんです、不安だから。ますます早口になっちゃって「何やってるかわからない」なんて言われて、徐々に微調整していきます。改めてしゃべりの原点を学んだ気がします。

——「聴くスポーツ新聞」というコンセプトは、当初からあったんですか。

生島　そうですね。当時のプロデューサーが非常に優秀でした。森本さんの番組は報道の王道で、一般紙、教養雑誌の感覚です。だからこそ僕の番組は、スポーツ新聞を中心に、夕刊紙、週刊誌といった芸能も含めて野次馬的にやりたいという気持ちがありました。スポーツ新聞のようにやんちゃな感じで面白がっちゃおうっていうスタイルです。子どものときからスポーツ新聞を読んできましたから。

——当時していたことを今も続けている、と。番組をやられてから、ファイナンシャルプランナーだとか様々な資格を取られていますね。どうして、次から次へと好奇心が湧いてくるんですか。

生島　ラジオが僕に向いているなと思うのは、やりたいことがすぐできるってところなんです。テレビだと、媒体が大きすぎるでしょう。大人数でやるので、基本的には制作の方が方向性を決めて、「これをやってください」と言われる。ラジオは「これがやりたい！」って言えば、やれるわけです。自分の思いがダイレクトに形になる。だからこそ、このコンテンツをより面白いものにしていきたいというように、常に考えています。僕の生活をすべて番組に反映させようと思っています。ラジオ番組は、ベースとなる台本があまりないですから、自分で入手した情報を付け加えていくことができる。不動産価格の問題点を知ったときに、それってどういうことなんだろうと思い、人から「ファイナンシャルプランナーの資格を勉強してみろ」って言われたんです。で、勉強してみたら「なるほど」と気づくことがある。不動産はこうなんだ、保険はこうなんだ、債券はこうなんだ、株はこうなんだと。どんどん広がっていく。試験のために、一生懸命勉強するじゃないですか。それで味をしめた。ラジオで話すにしても、新聞とはまた違う角度から自己流で話せるようになる。

「早朝の番組だから、60兆個の免疫細胞を元気にするために」集めた生島グッズ。薬、カイロ、冷えピタ、右上は蜂蜜、中央はネックウォーマー、その下が腰ベルト。最近、『週末ノオト』でバービーさんが「お腹が冷える」と話すのを聞き、すぐさまスタジオに電話、カイロを勧めたらしい。砂鉄さんにも何かあげていた。TBS ラジオ愛！

親の介護も始まっていたんで、介護保険に関して勉強し、東北福祉大で教える機会を作ったり、自然災害や温暖化のことを学びながら防災士の資格も取りました。土石流の前兆などもわかってきます。「小石が落ちてくる」とか「変な臭いがする」とかね。こうして勉強することで情報を差別化していく。興味のある分野の資格を取りながらやっていくと、自分のものになりやすいと思ったんです。

――立て続けにどんどん興味をもって、それが番組に繋がっていくのが面白いというか、すごいですね。

生島　でも同時に、借金もすごかったですからね、当時は。

――バブル崩壊後に10億円でしたっけ。

生島　トータルで10億ですね。最初7、8億円だったんですけど。今考えると本当に馬鹿だなと思ってね。うちの子どもたちなんか、そういう親を見て育ったから、すごい慎重ですよ。僕はまず「えいや！　行っちゃえ！」ですから。あとで、「ああ、こんなことがあるの……ああ大変」となる。僕のモットーは、「へこたれない」って精神と、「健康である」ってこと。フリーになってから、なおのこと健康を気にするようになりましたね。インタビューされるたびに、「敵は、病気とスキャンダル」って言ってきましたから。借金もあったんで、とにかく自分の健康を守りつつ、なんとかリスクを背負いながら生きてきた。背負う荷物は増えていくんですけど、焦らずにコツコツ一歩ずつ、坂道を歩いていこうっていう気持ちです。

最近は、色紙に「一日一生」って言葉を書くんです。一日一日を積み重ねていこうと思うようになってから、いい流れができてきました。人生、何が起こるかわかりません。今なんかは、このコロナで講演会が全然なくなったりして、個人で言うと4割から5割くらいは収入は減ってると思うんです。ただまあ、今は借金を返し終わってるんで。こうなると無借金経営が、追い風になるわけです。

今は事務所にいろんな人が増えてきたんですが、この先、何があるかはわかりません。妹夫妻を津波で失った東日本大震災もそうでしたが、やはり、人生は「まさかの坂」の連続です。そういうときに肉体的にも精神的にもめげずにいたい。番組に関しても、いろんなものに対して、とにかく興味のアンテナをたくさん張っています。これを届ければリスナーの方も喜んでくれるんじゃないか、これを毎日やってるわけです。ラジオって、生活メディアです。ラジオメディアを大切にしてくださると、いろんなものが役に立って見えてくるんじゃないかなって思うんです。人生の後半で朝の時間に会えて、早起きするのは大変ですけど、この番組に出会えてよかった、本当に自分の人生は豊かになった、そう思います。

全番組プロデュースしたい

――一時期、TBSラジオの代理店収入が電通、博報堂に次いで生島企画室だったとか。

生島　そう、3位だったんです。これも悠里さんがきっかけです。「生島、民放はな、スポンサーがいないと番組が終わっちまうんだ。だから電通や博報堂、TBSの営業もあるけど、どうせだったらお前ね、スポンサーも自分でとってくればいい。ラジオは特にしゃべり手に対するシンパシーが強いから、自分で回ったらとりやすいんだ」と言われて。それを聞いて、実際に回り始めたんです。これはやっぱり、悠里さんに感謝なんです。「なんでこんないい番組が終わるんだ」という話になっても、結局民放なので、スポンサーがいなくなったら、つまり、経営的に成り立たなくなったら終わるわけです。僕は常に自分を俯瞰で見ていて、営業的に見て、このスポンサーが消えたらどうなるかと考え、次の営業を考えておく。調子がいいときこそ、次を探していく。テレビに比べるとラジオはサイズ的に小さいんですけど、一方で、スポンサーの思いを伝えられる媒体だと思っています。編成、制作、営業、それからしゃべり手と、四者が一体となって作り上げていくといい番組が長く続きます。スポンサー寄りになるだけではいけませんが、納得できる番組作りは、スポンサーあってこそです。局アナ時代はあまりなかった考え方ですが、会社にしろ、番組にしろ、継続させていかないといけない。そのために、いい社員を雇うと同時にいいタレントを増やす、そして応援してくださるスポンサーがいるということがパッケージになって、初めて物事が動いていく。それを実践すれば、こうやって70歳になっても現役で、あれこれ面白がれるわけです。

――「一日一生」とおっしゃってましたが、この先を考えたとき、生島さんには何が視界に入っているのでしょう。

生島　永六輔さん、毒蝮三太夫さん、大沢悠里さん、久米宏さん、森本毅郎さん……TBSラジオの巨人たちを見てきた以上、そういう人たちを目標に、と思っています。80歳まで現役でできたら最高だなと思います。僕は昔、芸能界のマネージャーになるか、ツアーコンダクターになりたかったんです。やっぱり旅が好きで、特に海外が大好き。だから、コロナ禍で行けない現状はとても辛いんですが、もうちょっと、うちのカミさんとの海外旅行を増やしたいですね。そのためにやっぱり、週5日やってるとなかなか大変なので、いつの日か、週4日くらいでやりたいかな。事務所にアイドルも所属するようになりましたし、そういうタレントさんを育てていくのも、とにかく楽しみです。「できるだけ僕のことを利用してください」って言ってるんです。ケツを叩いてくれたらどこへでも行きますからって。

――こうして話していていても、ラジオを聴いていていても、すごいバイタリティだなって思います。

生島　こうやったら面白いんじゃないか、ワクワクするんじゃないか、そういう気持ちしかないんです。順風満帆、15勝0敗の生活ではないんですけど、8勝7敗で、勝ったり負けたりしながら、いや、9勝6敗ぐらいがちょうどいいかな。そういう場が与えられていることが嬉しいですね。自分がやってきたことを伝えながら、いろんな形で役に立ちたい。それはTBSラジオのために、うちの会社のために、そう思っています。

――ＴＢＳラジオという存在を、今、どういう風にご覧になってますか。

生島　そうですね、僕はＴＢＳラジオの黄金時代を生きてきました。時代は変わってきていますし、ベテランのみなさんもいつかはリタイアするでしょう。ＴＢＳラジオ自体が、悩みながら、変わりつつありますよね。でもとにかく、リスナーサイドに立った情報の送り方を意識してほしいと思います。ラジオは、面白くてためになる生活メディアです。そこを取っ払って身内話になっているような番組はあまり聴く気はしないですから。ＴＢＳラジオ全体での各番組の位置付けを、もう1回、パーソナリティと編成とで話し合って、「リスナーはどういうものを求めているか」という研究をやったらいいんじゃないかと思います。アットホームでハートウォーミングなＴＢＳラジオになってほしいですね。

――話を聞いていると、ご自身の番組だけではなくて、ＴＢＳラジオが何をやって、どんな番組で何を言っているかを、ものすごく考えてらっしゃいますね。

生島　そうですね。もっと、こうしろああしろと話し合いをしたほうがいいですね。これだけ聴いてくれている人がいるんですから。お客さんを逃さないように、もっと意見を出し合い、ＴＢＳラジオとはなんだという原点を再構築していく。そうすれば、次の10年20年、不動の地位でいられるんじゃないかと思います。本音を言えば、全番組プロデュースしたいくらいですよ（大笑）。ＴＢＳラジオ愛！

――この会社を乗っ取るしかないですね。

生島　いやいやいや。今日はありがとうございました。そうそう、連絡先、交換しましょうよ。

（２０２１年8月25日）

ラジオが生き残る術。それは、深く掘ること。

森本毅郎

もりもと・たけろう　1939年東京生まれ。63年に、アナウンサーとしてNHKに入社。『ニュースワイド』のキャスターなどを務め、84年に退社、フリーとなる。TBSラジオ『森本毅郎・スタンバイ！』（月～金・6：30～8：30／90年4月～）のメインパーソナリティ。過去には『タケロー幸せ気分で』（89年1月～90年4月）などを担当した。『噂の！東京マガジン』（日・13:00～14:00／現在はBS-TBS）では、開始した89年10月から総合司会を務めている。これまでの出演テレビ番組に『森本ワイドモーニングEye』『ニュース22・プライムタイム』『そこが知りたい』（以上TBSテレビ）などがある。時には、ドラマ、映画出演も。主な著書に『幸せのものさし』『母のオルガン』（ともに講談社文庫）など。

遠藤泰子（フリーアナウンサー）

えんどう・やすこ　1943年神奈川県生まれ。66年に、アナウンサーとしてTBSに入社。72年に退社、フリーとなる。現在、TBSラジオ『森本毅郎・スタンバイ！』でアシスタントを務めている。過去には『永六輔の誰かとどこかで』（69年10月～2013年9月）『永六輔の土曜ワイドラジオTOKYO』（70年5月～75年3月）『パック・イン・ミュージック』（69～70年の金曜後半など担当）『鈴木くんのこんがりトースト』（85年4月～90年4月／2代目アシスタント）などに出演した。主な著書に『あったかいことばで話したい―素敵な人と素敵な出会い』（大和書房）『プロアナウンサーの「聞く力」をつける55の方法』（PHP研究所）などがある。88年10月1日のJ-WAVE開局第一声を担当したことでも知られる。

朝6時半。これから1日が動きだす時間帯に森本毅郎がどのニュースを取り上げ、どんな切り口で語るのかを待ち構える。遠藤泰子が読むニュースに耳を傾ける。この社会に浮上した問題は、その多くが、解決されることなく次から次へと流れていく。それをしっかりと捕まえる。捕まえて検証する。独自の角度から見つめ、問題点を改めて抽出する。1990年に始まった番組は、激動の時代を並走してきた。情報収集の手段が根本的に変わった時代でもある。ラジオでニュースを伝える意味とはどこにあるのか、いかに変化してきたのか……という真面目なお題を投げかけたものの、名コンビの軽快さに気持ちよく泳がされる。そのやりとりから、ラジオへの想いが溢れてきた。

「夜は寝ていてください」

——1990年に『森本毅郎・スタンバイ!』が始まって、30年以上が経ちました。驚くのは、サウンドステッカーが当時からまったく変わらないことです。

森本毅郎　もう、恐るべきマンネリですよ（笑）。

——恐るべきマンネリ……まずは毎日のルーティンから教えてください。朝は何時頃に入るのですか。

森本　朝は5時すぎですね。泰子さんはもっと早いんですよ。

遠藤泰子　いえ、私もだいたい5時です。以前は、森本さんは30分後にいらしてたのに、だんだん早くなって、今はもう5時10分には入っていらっしゃる。

森本　歳を取るとせっかちになるの。あれはなんなんだろうね。

遠藤　なんかこう、気ぜわしくなるんですね。

森本　どんどん早くなって、スタジオに行ってから始まるまでが長いのよ（笑）。

遠藤　うふふ。

——6時半に番組が始まるまでは朝刊を読まれるんですか。以前、遠藤さんが新聞12紙に目を通すとインタビューで答えていらしたので。

森本　泰子さんはたくさん読んでいますが、僕はそんなに読んでませんよ。

遠藤　いや、私はペラペラ見ているだけですよ。

森本　僕は、せいぜい5紙くらいですね。毎朝、オープニングで何を話そうかと考えながら新聞をめくります。あとは、「朝刊読み比べ」のコーナーで何をどう比較するかを考えます。これが主な仕事ですね。泰子さんは、自分のコーナーのネタ探しのために読んでいますね。

基本的には、曜日ごとの担当ディレクターが前の夜から朝までの流れを踏まえて作ってきた原稿に沿って放送します。それで、ディレクターが選んだニュースよりも、こっちのほうが面白いんじゃないかと感じたものがあれば差し替えをします。最近はディレクターが選んだニュースで進行するケースが多いですが、昔はよく差し替えて、「映倫」なんて言われてた（笑）。「これ、つまんないから、差し替えろ」って、ディレクターを慌てさせていましたが、最近は少なくなりました。

というのも、やっぱり、一緒に番組を作る時間が長くなると、スタッフも番組のテイストを理解して、互いの気持ちが一致してくるんです。

——以前はギリギリで差し替えることも多かったそうですね。放送開始1時間前に差し替えとなれば、スタッフはなかなかドタバタしますね。

遠藤　「ニュース・ズームアップ」で取り上げる3本すべてが差し替えということもありました。

——森本さんは、夜から朝にかけてCNNやBBCなど、海外のニュースを見る機会が多いそうですね。

森本　歳を取ってくると、夜、そんなに熟睡する時間が長くないですから、何度か目が覚めてしまうんです。そうすると嫌でもテレビを点けるでしょう。海外がどのように動いているかが気になってくる。CNNやBBCでは日本のニュースではほとんど取り上げていないような動きを大々的に取り上げている場合もあります。「これは日本の新聞ではあまり扱ってないな」「日本では関心が薄いのかな」と発見できるケースが結構ある。その結果、朝、僕がスタジオに来てから、「あのニュースはどうかな?」と提案することもあるんです。でも、スタッフが言うんだ、「夜は寝ていてください」ってね。

——夜は寝るものだと(笑)。

森本　そう、余計なことは言わないでくれ、ってね(笑)。でも、やはり、旬のニュースに目がいきます。そうするとディレクターたちが慌てて情報を収集する、というケースが出てくるわけです。

——テレビでは、夜12時前後まで数局でニュース番組をやっていますね。そこから『スタンバイ!』が始まるまでに伝えるべき新しいニュースを見つけたり、同じニュースであっても別の視点を入れる、というのはなかなか難しいことですよね。

スタッフも驚くべき技術と言っていたが、森本さんは「朝刊読み比べ」のコーナーなどで新聞記事を紹介するとき、抜き書きして原稿にまとめたりしない。記事に赤青エンピツで独自のマークをつければ、そのまま話せてしまうのだ。

森本　そうなんです。でもラジオ番組っていうのは、テレビと違って映像がなければできないものではないので、とりわけ朝のラジオのニュースというのは、どこよりも情報が早くなければならない。「最速のニュースを出したい」、これはもう30年間、変わらず言ってきたことです。つまりそれは、新聞には載ってない情報ということになります。その姿勢が番組の大きな柱になっているんです。

――自分が今担当している番組でご一緒しているTBSラジオ国会担当・澤田大樹記者は、こちらの番組のスタッフだったそうですが、森本さんからよく「新聞に引っ張られるな」と言われていたそうです。

森本　どうしてもこぼれる情報が出てくるのは、メディアの特性としてしょうがないですよね。新聞には締め切りがありますから。でも、ラジオには締め切りがないですからね。

――たとえ、放送1分前でも2分前でも。

森本　何をやるのかやらないのか、決める。これが重要なんです。

――「ニュース・ズームアップ」で取り上げるニュースは2つか3つですが、そこも柔軟に変えていくと。

森本　でも最近はディレクターも狡猾になってね、ニュースを4つ持ってくることがある。「これのうち、どれがいいですか？」なんて言って。でも、日によっては、なかなかニュースがない日もあるわけです。そういう日に、どういうニュースを選ぶかはものすごく難しい。ディレクターは週に1回、メインのディレクターを担当するわけですが、僕は毎日やってますから、情報の連続性は僕の体にある。「昨日あそこでやった話題を続けて、今日はこういうアプローチでいくのはどうか」と提案できるわけです。

――この番組の「聴く朝刊」というキャッチコピーも開始当初から変わりませんね。

森本　番組を立ち上げたプロデューサーが考えたキャッチなんです。昔は新聞が中心でしたから、新聞に対抗したわけだけど、今はネットに対抗しなきゃならないから、「聴く朝刊」もヘチマもなくなっちゃった（笑）。いずれにせよ、生放送は戦わないといけないんです。

ラジオの価値観

――番組開始から30年以上が経つわけですが、これだけ続くと思っていましたか。

遠藤　番組が始まる前、ランスルー（本番とほぼ同じ通し練習）をやるためにみんなで顔を合わせたとき、森本さんが「3年は続けたいよね」とおっしゃったのを覚えています。

森本　そう。「三日・三月・三年」といって、3ヶ月で終わっちゃうのは嫌だけど、3年続けば、一応やったという実績にはなるだろう。消長の激しい世界だとはいえ、1年2年で終わるのは、やはり成功しなかったことになるから嫌だねと。なので、とにかく3年続けようというのが頭にあってね。とはいえ、「3年続けるにはどうしたらいいか」という作戦があったわけではないですよ。あの頃はとにかくニッポン放送が強くてね。

遠藤 そうです。『高嶋ひでたけのお早よう！中年探偵団』（1985年4月～2004年3月）が、どうしても抜けなかったんです。

森本 僕はそのことさえ知らなかったの。昔からそういうことを勉強しない人間でね。「朝のラジオをやりませんか？」と誘われても、周りの環境がどうなっているのかも知らなかった。NHKからTBSに来て、「夜の番組やりませんか？」と言われて、「いいですね」と応えてテレビ番組を始めたら、そこはずっとTBSが数字を取れない場所だった。この朝のラジオもそういう状況で始まったの。

――いつも、あとで気づくんですね。

森本 ちょっと騙されちゃったな、とは思ったけど、どうせやるなら戦って勝とうじゃないかと。そういえば、「勝ったらハワイ行こう」なんて言いましたよね。

遠藤 ああ、そうでしたねえ。

森本 結局、有言実行してないな。でも、そんなことを言うくらいリアリティがなかった。相手が強かったんだ。

――この本で、大沢悠里さんや毒蝮三太夫さんにも話を聞いていますが、とにかく、「ニッポン放送が……」と口にされるんですね。

森本 それすら知らなかったから。ラジオの世界がどういった構造になっているのか知らないまま入ってきた。だから、ラジオの大先輩の泰子さんに何から何までイチから聞きましたね。で、ラジオというのが、独特の臭みがあったんだよね。

――臭みというのは、どういうことですか。

森本　昔、映画に出ている人が、「テレビなんか出てるヤツは……」なんてよく言ったんだよね。つまり、「映画が中心だろ」という考えがあった。逆に、ラジオには「テレビなんか出てるヤツが、ラジオに来たってできるわけない」という感じがあった。

遠藤　ええ、そういう空気がありましたね。

森本　ラジオは独特の世界なんだ、庶民の世界なんだと。だから、ラジオをやるからには電車で通うべきだと、午後のラジオ（『タケロー幸せ気分で』）をやっていたときは、ずっと電車で通っていましたよ。「そういうのがラジオの価値観だ」と言われてね。当初は、ラジオってなんだかせせこましい世界だなと思いましたよ。街中の取材に行くのも、自転車に乗れって言うんだ。自転車のうしろにアイスキャンデー売りのように番組の旗を立てて、チリンチリンと街中を走りましたね。

――その当時の『タケロー幸せ気分で』の資料を見ると、たしかに自転車で走り回っていますね。

森本　正直、反発したんだけど、でも、実際に自転車で走るでしょう。そうするとトラックの運転手が窓から顔を出して、「おう、聴いてるぜ」って言うのね。こういう反応はテレビにはなかった。テレビで顔が知られていても「ときどき見てます」ってコソコソっと言うんです。でも、窓を開けて「聴いてるぜ」。これがラジオなのか、これはすごい、と思いましたね。こういう世界で双方向というものが確立するんだなと感じました。反発しながらの行動が、実は原点だった。でも、そうは言っても僕は、「ここにはテレビにはない世界があるぞ」ではなく、「テレビもあるし、ラジオもある」という考え方でした。ラジオはラジオなりに、あんまりチマチマせずに堂々と胸張ってやりましょうよと思いました。

――『タケロー幸せ気分で』で、府中の街を自転車で走り、ずぶ濡れになったときの記事には

「27年に及ぶ放送体験の中でこれほど過酷な条件下での仕事は初めて」と書かれていました。

森本　そうやって地べたを這いつくばるような仕事をさせてもらったっていうのは、今になってみればとても貴重なんです。大した苦労も知らずに生きてきた人間が、違う環境で得た経験というのは無駄じゃないんだよね。あとになってみると、自分の中の変革の一つと思えるんです。

――「タケロー」に着せたい手編みセーター」を募集したところ、多くの作品が寄せられて20点が予選通過、そのあとに実施した「タケローが着ているセーターの色当てクイズ」の応募ハガキが2万通を超えたと。

森本　それがラジオの世界だったんですよね。

遠藤　『スタンバイ!』が始まったときに、周囲の人から「テレビ的な番組だね」と言われたことがあります。でも、森本さんを見ているととても自然体なんですね。ご自分の「こういう感じでいこう」という感覚を貫いていらした。確か、関西のラジオ番組を聴いて、いいところを取り入れよう、というようなこともおっしゃっていましたよね。

森本　関西のラジオを聴いてカルチャーショックを受けました。言いたい放題で過激なんです。その一方で東京は上品だなと思ったね。関東のラジオでも、本音でしっかり、「俺はこう思う!」と出していかないと人は信用してくれないだろうと思いました。

遠藤　森本さん、あるときに変わりましたよね。

森本　手探りしながらも、ラジオの特性というものがしばらくよくわからなかったの。「ここから先は言っちゃいけないんじゃないか」「これ以上は踏み込みすぎじゃないか」とかね。「ほどよいところで」が習慣になってしまっているのではないかと思い、もう言いたいことを言おうと割り切った。ところが、人間なんてね、「言いたいこと言う」なんて言っても、大したことを言っちゃいないんだから。

遠藤　いやいや、おっしゃってますって（笑）。大したこと言ったようなつもりになってハラハラするのは馬鹿馬鹿しいことですよ。

森本　いや、そんなことはないんですよ。

——言ってしまっても大丈夫だったと。

森本　言えるんです。でも、そう思えるようになったのは『スタンバイ！』が始まって3年ほど経ってからですね。ラジオはもう少しこうやってもいいんじゃないか、と試行錯誤ができるようになりました。

——始まったばかりの頃、「毅郎エンジェルス」というネーミングの女性キャスターたちに囲まれている森本さんの写真がありますが……。

森本　そう。恥ずかしい僕の過去ですよ（笑）。これこそが、自分がラジオを始めた頃の「ラジオっぽさ」「ラジオ臭さ」だったんです。はじめは我慢していたけど、あっという間にそういうものは頓挫しました。余分なものは一切なしで、その日のニュースを伝えるストレート1本でいこうと、そういう形にしたんです。今も「現場にアタック」のコーナーに女性キャスターが出てくれていますが、エンジェルスじゃありません、ジャーナルなんです。

ディレクターズショー

——番組が始まった1990年代というのは、今から振り返ると、とても大きな事件・事故・天災が続きましたね。

森本　いくつもありましたね。やっぱりあの頃の事件だと一番印象的だったのはオウム真理教だな。現場に出したリポーターがもみくちゃになっていた。オウムがあり、その前に阪神・淡路大震災があった。２０００年代に入って、９・11のアメリカ同時多発テロのあとには、否応なく世界のニュースについていかざるを得なくなりました。ドメスティックな身の回りの生活情報も大事だし、日本社会の変化も大事だし、同時に世界的な流れを追う必要もある。そこに軽重はないんです。どれが軽くてどれが重いではない。その時々で世の中の人たちがもっとも関心を持つのは一体なんなんだろう、それはどのように変化していくのだろうということに目を向ける。そうすると、扱うべきニュースって自然に選べるようになるんです。自分の判断ではなく、世の中の動きについていく感覚ですね。

遠藤　森本さんには、世の中の動きに対する鋭い嗅覚があるんです。そういうのが体感的にわからなくなったら俺は辞めるって、昔からおっしゃっていますよね。「新聞を読んでいると、ニュースが飛び込んでくる」って言う。私は「え、飛び込んでくるかな？」って思っているんですけどね（笑）。

森本　そんなこと言ってましたかね。嫌ですねえ。

――遠藤さんが以前出された本（『プロアナウンサーの「聞く力」をつける55の方法』ＰＨＰ研究所）で、森本さんと仕事し始めたばかりの若いスタッフが、最初は話についていけずに所在なげにしている。でも、１ヶ月２ヶ月と経つうちに徐々に顔つきが変わってくる、と書かれていました。

遠藤　そうなんです。それまで新聞をじっくり読んできたわけではない若い人もこの番組に就くことになりますよね。今であれば、ネットも見なければいけない、テレビも見なければいけない、チェックすべきことが無数にある。最終的に「森本さん、夜、何見てるか教えてください。僕もそれを見ますから」と言ってきたスタッフがいて。そうやって森本さんに食いついていこうっていう思いが、自然と芽生えてくるんです。

森本　みんな、お腹の中では何を考えているかわからないけどね。

遠藤　……って、すぐにおっしゃるんですよ（笑）。

森本　番組を作るのが面白いと思えないと続きません。義理では続かないんです。「本当はバラエティやりたいけど、人事異動でここに来させられたから渋々やっている」ではダメなんです、この番組は。でも、情報番組もバラエティも、やってみれば本質は一緒です。そこに気づき始める。そうなればこっちはしめたもんです。面白いと思うものを自分から探すようになりますから。

幸いなことに担当ディレクターたちはみんな面白がってくれています。それがこの番組を成功させているんです。自分は司会ではあるけれど、ディレクターズショーだと思っています。ディレクターが朝の放送開始までに「どういうものにしようか」と作り上げた成果がこの番組です。その提案に対して、「いや、これではダメだよ」って言われたら頭に来るじゃないですか。

——はい、確かに。

森本　その「なんだと？」という反発が、彼らにエネルギーを与える。相乗効果になっています。でも、いくら僕が「ダメだよ」と否定したとしても、あちらが主役だと思っていますから。

——ラジオを始めたときには他のラジオ番組に興味がなかったそうですが、番組を続けていく中で、他の番組は気になるものですか。

森本　いまだにないですね。あれこれ聴いて、盗みましょう、という気にはならない。ただ、付随する知識として、ラジオという媒体が世の中にどれだけの影響を与えてきたのか、ということには興味があります。たとえば、エドワード・ロスコー・マローというジャーナリストが、戦争をどのようにラジオで伝えたか、とかね。そういう本などを読んで勉強してみると、ラジオというものが持つエネルギー、メディアの力を侮ってはいけない、可能性のある世界だぞと学ぶことができる。スタッフたちが、テレビに行かずにあえてラジオという場を仕事に選んだ以上、その自負を持ってやってほしいと思うわけです。そういう人たちにメッセージを残したいという切実な思いが僕にはあります。

——『スタンバイ!』が始まる前年の1989年からTBSテレビ『噂の!東京マガジン』が始まりました。土地の再開発問題、公害問題など、地域に根ざした問題を取り上げてきましたよね。

森本 あの番組はドメスティックですからね。非常にはっきりとしていて、テレビって、瓦版なんです。要するに「さあ、みんなおいで」と。地域密着型で、細かいことをほじくっていく。「世界がどうたら」ではない。だけどラジオ番組では、CNNであろうがBBCであろうが、全部が敵であり、全部が仲間である。グローバルな世界なんです。テレビではなく、ラジオこそがグローバル。僕の感覚は、普通の感覚とは逆なんですよ。

——なるほど、逆なんですね。

森本 ラジオって、割とチマチマするんですが、僕はそうじゃない。ラジオは広い。アンテナを外に張ってるんですよ。

——自分の実家はラジオのダイヤルが「954」で固定されているような家でしたから、子どもの頃から『スタンバイ!』を聴いてきました。なので、森本さんに影響を受けているところがあるんです。どういうところかというと、たとえば、ある政治家が過去の疑惑について問われたときに「寝耳に水だ」と弁明すると、森本さんは「えっ？　寝耳に水？？？」と強調されますよね。あの、まぜっ返しというのか、シニカルな視点に影響を……。

森本　あれは森本家の伝統なんです。僕の兄貴（森本哲郎）がジャーナリストだったし、真面目なことを言うと、「何、真面目なこと言ってんだよ。やめとけよ、お前、そんな青いこと言って」と返される感じがあったんですよ。なので、子どもの頃から染み付いている悪い性格ですね。だから、泰子さんは大変ですよ。

遠藤　森本さんがよくおっしゃるのは、ニュースは一面から見るだけじゃダメなんだと。いろんな角度から見て、「本当か？」という視線をいつも持たなければいけない、というのが森本さんの中にあるんです。あとは勘ですよね。１９９６年にペルー日本大使公邸占拠事件がありましたが、あのとき、政府側が大音量で音楽を流しているという報道を見て、「あれ、地下でも掘ってんじゃねえか？」っておっしゃったんですね。突入するために大使館までのトンネルを掘っていて、それをごまかすために音楽を流していると。みんなで「それはさすがにないでしょう」と言っていたら、本当にそうだったという。

森本　僕の一家は、人間の弱みや裏に興味があって、「人生は美しい」や「人間は素晴らしい」と考えにくい質の人間が集まっていたんです。お袋が隣近所の人と話して帰ってくると「あの人、あんなこと言ってるけど裏は違うのよ」って言ってたから。だからどうってことじゃないんです。とにかく面白がるんですよ。裏の裏を読んでいくと、建前ではない世界が開けるんです。

——いわゆる「いい話」みたいなものを、森本さんはラジオであまりやらないですよね。

森本　そうですね。いいことよりも悪いことのほうに興味がある。そっちに目がいく。

——そう考えると、僕、やはり影響を受けています。

森本　ごめんね（笑）。

――遠藤さんは以前、ラジオの世界で「二人の大樹との出会いがあった」と語られていましたね。それが森本さんと永六輔さんの二人だと。

遠藤　私にとっての「寄らば大樹の陰」の二本の大樹ですが、永六輔さんはラジオの師匠、森本毅郎さんはアナウンスの師匠です。永さんと森本さんは、仕事への考え方も、スタッフへの接し方も対照的ですが、お二人がいつもおっしゃるのは同じ言葉なんです。「番組を作る人間が面白がらなくて、面白い番組を作れるわけがない」。二人の師匠のこの言葉を、私はずっと肝に銘じています。

「うふふ」で全部わかる

――森本さんは、遠藤さんのことを「日本一のニュースリーダーだ」と言ってこられましたね。

森本　もう、それはそうですよ。

――存在感があるのに存在感を出さないところが素晴らしいんだ、と。

森本　この頃、存在感出してますけどね（笑）。僕はＮＨＫ育ちですから、ニュースを読む、伝えるとは何か、名人たちから鍛えられたんです。しかも名人たちは、決して、自分の後輩に「あせい、こうせい」とは言わない。自分で究めて到達した世界というものを持っていた。それを傍から見て、なんとか盗もうとする。で、この民放に来てみると、ニュース読みの鍛え方がまだ足りないんです。あたかもタレントさんのように、すぐに一本立ちしちゃうでしょう。テレビで

大沢悠里さんもストップウォッチを愛用していたが(P192)、TBSで2年後輩の遠藤さんも、放送にはこれが欠かせないそう。iPadは固有名詞の読み方が不安なときなどにサッと調べるのに活用。森本さんはスマホで調べる。

ニュースを読んでいるのを聞いていても、「まだまだ鍛えてあげないとかわいそうだな」という人が出ています。遠藤さんって、基礎がしっかりとしていて乱れないんです。ニュースをどのように読んだらどう伝わるか、一番よくわかっている人です。僕はその点を、お世辞抜きに「日本一」と言っているんです。

遠藤　私は『スタンバイ！』に入るまで、ラジオの世界に20年くらいいましたが、実はニュースって読んだことがなかったんです。森本さんとご一緒するようになってから変わりました。『スタンバイ！』が始まってすぐに、やっぱりちょっと聞くに堪えなかったのか、「やっこさんさ、年相応の伝え方をしたらいいと思うよ」と言ってくださったんです。

森本　そんな失礼なこと言ったかね。

遠藤　ええ。でも、その言葉にドキッとしました。それまでは、どちらかというと若々しくて可愛い声を要求されてきたので、それが残っていたんだと思うんです。番組が始まってすぐにそう言われて、自分の声とはどういうものだろうと悩む時期がありました。その上でたどり着いたのが今の声なのでしょう。とても楽になりました。私は、人生の前半と後半で、まるで違うアナウンサーとしての生き方ができたなと思って、森本さんに感謝しているんです。

森本　ラジオのニュースって声だけで伝えますからね。もちろん声の質もありますが、ニュースをどのように伝えようとしているかがよくわかるわけです。伝える意思がないと、聴いているほうは受け止められません。字面を読むだけではいけない。「あっ、この人、ニュースを字面で読んでいるな」って一発でわかる。テレビでも同じですが、ニュースをニュースとして伝えられているかどうかは、鍛えられ方によってまったく違ってくる。最近はそういう教育が非常に薄くなってきています。

アナウンサーの個性というのは時間をかけて形成されるものなのに、いつの頃からか、アナウンサーが「個性ってどうやって出すんですか？」なんて言ってくる。個性は、出すものではなくて出てくるものです。一生懸命、あるように見せるのが個性になってしまっている。それは個性でもなんでもなく、単なる癖です。泰子さんのようにニュースを読んでくれる人が増えてくれればいいと思うんですけどね。

——遠藤さんは著書『あったかいことばで話したい』(大和書房)のなかで、自分は「空気のようなアシスタント」でありたいと書かれています。そのための5箇条があって、「その日のパーソナリティの健康状態、精神状態を瞬時に見抜き」「今日、自分が何をすべきかを察し」「パーソナリティが一番いい状態で仕事が出来るよう雰囲気を作る」「不安感をもたぬように、自分の役割りは確実に果たす」「YES、NOははっきりとする」とあります。今、ふりかえってみていかがでしょうか。

遠藤　よくもそんなことを……(笑)。でも私は、アシスタントという仕事が嫌いではないんです。むしろ、自分に合っているなと思っています。

森本　でも僕はね、泰子さんのことをアシスタントだと思っていません。パートナーです。泰子さんとは主従の関係がない。対等です。役割はお互いに分担しているけれど、どっちが主でどっちが従ではないんです。「空気」という言葉が出てきたけど、それって話を聞く基本なんです。僕はＮＨＫで『女性手帳』という番組をやっていましたが、よく「自分を消せ」と言われました。「インタビュアーいた？」と最後に思われるのが名人なんだと。泰子さんはインタビュアーではないけれど、自分の役割として自分の姿を消すと言っているのはすごいことなんです。要するに名人芸をやろうとしている。それでいて、泰子さんがいないかっていったら、いるわけですから。ファンも、ものすごく多い（笑）。僕は個性を消そうと思っても消せません。泰子さんって、人の言うことに「うふふ」って笑うでしょう。「調子良さげだな」「同調してくれたな」「これは反対なんだな」と、「うふふ」で全部わかるんです。

――遠藤さんに、その「うふふ」の自覚はありますか。

遠藤　いや、ないですよ。自然体でいたいと思ってますから（笑）。

森本　これが怖いのよ（笑）。

「あ、これはやられたな」

――番組が終わったあとには朝食会があるとか。

遠藤　そう、コロナになる前はね。あるスタッフが、「毎日、森本さんのミニ講演会を聴いているようですごく楽しかった」と言っていましたが、森本さんの考えを直接聞ける貴重な時間でしたね。

森本　そう、1時間か1時間半くらいね。

遠藤　毎日、よくもこれだけ尽きない話があるなってくらい。

——それも放送してほしいくらいです。

遠藤　あるコメンテーターが「これを録音してまとめたい」とおっしゃっていましたね。

森本　……そんなものは朝飯食ってるときにしゃべるからいいんだよ（笑）。

——この番組が始まってから、色々なところから中継されていますよね。アメリカ、オーストラリア、香港などなど。

森本　そうでしたね。その頃はお金も少し潤沢だったのかな。スタッフを選定して行くのではなく、行くんならみんな連れていけ、とお願いしていたんです。現地で取材をして、現地から放送をする。言葉が不自由な環境に取材に行くことになりますね。リポーターたちは街中でネタを探して走りまわる。右も左もわからない街中で、真っ青になりながら取材してくる。これがいいんです。ひと皮もふた皮もむける。最近、それができないのはとても残念です。

——この30年間で、ニュースの扱い、捉え方が社会の中で大きく変わってきたと感じています。主にネットの登場によって、目にするニュースの量だけはやたらと増えました。ラジオにおけるニュースの受け取られ方も変化したのではないかと思います。

森本　僕は、この番組のリスナーって、ものすごくレベルが高いと思っています。8時台に「トーク・ファイル」というコーナーがあって、皆さんからのメールを紹介するんですが、世の中の事象の捉え方、それに基づく意見がとても充実しています。ニュースをしっかりと捉えて、自分の中に取り込んでいます。いつもスタッフに言うんですが、うかつなことを言うと、聴いている人たちのほうがむしろ深く理解しているぞ、と。もちろんそれは、自分に言い聞かせているわけです。

「あ、これはやられたな」という日が多くあります。世の中の人たちは、情報に深く接していることを自覚しなければいけない。そこに向かって聴くに堪えるものを出していく。これって大変なことです。軽はずみなことを言ってしまうと、馬鹿にされて相手にされなくなるわけですから。一元的な情報を捕まえようと思ったらネットを見たほうが早い。でも、ネットではまかないきれないものがあるとすれば、それは深く掘ること。そこで勝負できる。そこにしか、ラジオが生き残る術はないと思います。

――毎日8時台のメールコーナーで、その前に放送していたものが問われる感覚があるんですね。

森本　それどころか、前の日に何か事件が起きるでしょう。そうすると、「明日の放送でテーマとして投げかけてくる質問はこれだな」とリスナーが先に読むわけですよ。で、「ほら、予想が当たった」と言わんばかりの深い考察が送られてくるんです。双方向で競争しているようなもので、緊張感があって面白い。聴いている人の心理もそこから透けて見えるし、向こうは向こうで「お前らが考えていることぐらい、こっちは見切ってるぞ」と勝負してくる。これがラジオの醍醐味だね。

――朝から、出演者と制作陣とリスナーが三位一体になっていると。

森本　戦っているんだよね。だから面白い。今の世の中、歳を取っている人間に優しいかというとそんなことはなくて、「もっと若いヤツに場を譲れ」という声もある。いつなんどき倒れるかわからないし、そういう切迫感が僕の中にあります。でも、こういうリスナーを相手にしているんだから、これからも勝負していくしかない。TBSラジオが70周年、ってことだけど、「たかだか70年」とも思う。ラジオは短い期間に信じられないくらいのスピードで進化したメディアです。活字の世界と比べれば、まだまだ新興でしょう。一気に影響力をつけたメディアで話す恐ろしさというのは、いつも自分の中で意識しています。周りが変化してきている中でまだ生き残っている。大したもんだと思います。ネットが勢いよく出てきて、週刊誌が中吊り広告をやめる中で、活字メディアの危機が来ている。放送もいつなんどき斜陽のメディアになるかわからない。そういう世界を生き抜くためには、相当の努力がないとダメなわけです。だから70周年というのは大変けっこうなことだけど、たかだか70年、まだまだ新興、という謙虚さを失わずに、新しいものに挑戦してほしいと思いますね。

遠藤　TBSラジオ70周年、私は、そのうちの55年もいたのかと思うとちょっとぞっとしますが……共に生きてきたなという思いです。これからも感性を磨いて1日1日を築き上げていくしかないのかなと、この歳になっても思います。

——遠藤さんの立教大学の卒業論文のテーマが「ラジオコマーシャルにおけることばの研究」だったと。

遠藤　そんな昔のこと、引っ張り出さないでください（笑）。

——そこにこう書かれているんです。「ことばに消しゴムは使えない。つまり時間とともに消えてゆく放送のことばは、その瞬間に理解されるものでなければならない」と。

遠藤　読まない、読まない！

——でも、これ、ここまで森本さんがおっしゃったことと、どこか通じていますよね。

森本　そう、泰子さんのをちょっと受け売りしちゃったんだよ（笑）。

（2021年10月11日）

私の仕事は、場を作ること。

ジェーン・スー　（作詞家、コラムニスト、ラジオパーソナリティ）

1973年、東京都生まれの日本人。TBSラジオ『ジェーン・スー 生活は踊る』（月～木・11:00～13:00／2016年4月～）のメインパーソナリティ。『高橋芳朗 HAPPY SAD』（11年4月～12年9月）などへの複数回のゲスト出演ののち、『ザ・トップ5』（11年10月～12年3月）でレギュラーコメンテーターに。『週末お悩み解消系ラジオ ジェーン・スー相談は踊る』（14年4月～16年4月）ではメインパーソナリティを務めた。主な著書に、『私たちがプロポーズされないのには、101の理由があってだな』（ポプラ文庫）『貴様いつまで女子でいるつもりだ問題』（幻冬舎文庫／講談社エッセイ賞）『今夜もカネで解決だ』（朝日新聞出版）『生きるとか死ぬとか父親とか』（新潮文庫）『これでもいいのだ』（中央公論新社）などがある。

ジェーン・スーさんに会って、話して、帰ると、いつも、頭のコリがほぐれたような、心地良い帰り道になる。たしか本人は、あちこちのマッサージ店に通っているはずだが、そういうマッサージ師のような放送を毎日のように届けてくれる。それってこういうことでしょ、と話を動かすのだが、その的中率が異様だ。あちこちのツボを押しまくる。でも、無駄には押さない。私たちの生活には、ホントに色々な形があって、毎日のように変形して、これはどうしたらいいのだろうかと悩んだり、そうそうこの感じと楽しくなったりするのだが、スーさんはその様子をすべて見届けてくれる。どう転がってもスーさんがいる感じ。私たちのお昼は、この人によって守られている。

生放送まで15分あったら、コンビニへ

――先ほどまで、『ジェーン・スー 生活は踊る』を聴いていましたが、今日は、開口一番、「暑い！」でした。毎日、いつも5分ほど、曜日パートナーとフリートークをしますが、あれは毎回、何かしら考えてから臨むんですか。

ジェーン・スー　打ち合わせで「オープニングはなんの話しますか？」って言われて、「適当に」って言う日もあれば、「今日はこの話がしたい」と言う日もありますね。

――話したい日は、どんな内容が多いんでしょう。

スー　大袈裟なことではなく、本当にどうでもいい……友達にＬＩＮＥで話すような、取るに足らないことばかりかも。今日みたいに暑い日は別で、とにかく私は、リスナーに一人たりとも熱中症になってほしくないという傲慢な欲があるので、その話をします。

――毎年、とにかく「熱中症対策！」と連呼していますよね。

スー　全員で手に手を取り合って、健康体でゴールテープを切りたいんですよ。暑いですね、寒いですね、以外は、その場のノリだったり、昨日、父親と会ったときにこういうことを言われたとか、ホントに他愛のない話。

――この間、自分が朝、ＴＢＳラジオに用事があって、10時半くらいにビルの外に出たら、そこにスーさんがいました。「えっ、あと、番組開始まで30分じゃん」って。以前の密着記事では「10時入り」って書かれていましたが。

スー　砂鉄さんと会ったときは、さすがに「めちゃ遅」の日。だいたい10時10分から20分……変わんないよ、って話でもあるんですが、「10時に来ましょう」って言われて、10時10分から20分に行くっていう、重役出勤でやってます。

――なんで10時に来ないんですか。

スー　気がついたらいつも10時10分。本当にそうとしか言えない。最近引っ越しをして、ＴＢＳが近くなったんです。今までも10時10分から20分だったんだけど、近くに引っ越したからタクシー出勤になって、ああ、これはもう絶対早く行ける、と思ったら、いつもと同じになっちゃった。

――小学校の近くに住んでるヤツのほうが遅れる、っていうパターンですね。

スー　そうそう。今のところ怒られてないからいいかなって。「もっと早く来い」って言われたら、即座に「すみません！」ってなりますけど。ただ、言い訳をすると、10時に着いて、10時から打ち合わせして、10時20分に打ち合わせ終わっちゃうと、始まるまでの時間、すんごいダラけるんですよ、性分的に。

——わかる気がします。

スー だから、生放送まであと15分あったら、私はコンビニに行くんです。3分前です、私がスタジオに入るのは。みんなが探しに来るくらいがちょうどいい。

——「おい、本当に、あいつ帰ってくるのか」くらいでいいと。10時20分入りの自分を、自分で肯定していますね。

スー はい、強く肯定しています。

こんなにいい仕事はない

——手元に、『生活は踊る』が始まったときの「TBSラジオPress」（2016年6月&7月号）があるんですが、そこに、「関係者が語るジェーン・スー論」というコーナーがあります。曜日パートナーが「ジェーン・スーとは○○である」と書いているんですが、自分でも「ジェーン・スーとは○○である」と書いています。覚えてますか。

スー 全然覚えてないですね。昨日食べたものも覚えてないのに、覚えているはずがない。「ジェーン・スーとは……適当である」ですかね。

——「別人格である」。

スー　あー！　それはあるかも。
――「〝ジェーン・スー〟は私にとってラジオネームみたいなもの。本名ではないので、別人格として見ているところがあるのかもしれません」とあります。
スー　あっ、それはめちゃくちゃありますね。
――スーさんの本名が「鈴木」だったとして、起きたときはさすがに「鈴木」だと思うんですが、「ジェーン・スー」に切り替わるのはいつですか。
スー　引っ越してからは、タクシーに乗った瞬間ですね。タクシーの運転手さんが自分の声を認識している可能性があるので。だから、時間というよりも、場面ですかね。金曜日なんか、前は『生活は踊る』があったけど、今はもう放送がないので、ジェーン・スーじゃない。
――「鈴木」が「スー」を監視しているイメージですか。
スー　雇用しているって感じですね。「もうちょっと、スーを出したほうがいいな」とか、「スー、最近、ちょっと露出が多いから減らそうか」みたいな。元々、レコード会社の宣伝担当だったので、その延長線上でそうなっているんです。だから、とても気が楽ですね。
――自分も編集者だったので、そのあたり、共通項があるかもしれません。自分という存在がどういう位置付けにいるのか、「雑誌の特集の中では、こういうところにいるのか」なんて客観的に分析したりして。どうも、自分と距離があります。
スー　自分、「砂鉄」じゃないし、みたいなのがありますでしょ。
――あります。このインタビューは、ＴＢＳラジオ開局70周年を記念した本になるんですが、スーさんが「ジェーン・スー」と名乗ってＴＢＳラジオに登場してからは丸10年になります。
スー　へー！『高橋芳朗 HAPPY SAD』から10年。あっという間ですね。放送作家の古川耕さんから、「音楽業界の人で、あんまり名前の知られてない人に出てほしい」っていうオファーがあって。今、思えば、ありがたいけど、失礼な話だなって。

――かなり粗いオファー。

スー 粗い粗い。でも、ヨシくんやフルきゃんだったので、勝手知ったるというか。ヨシくんが、シンコーミュージックの雑誌「ｂｌａｓｔ」の編集者だった頃、古川さんがヒップホップのライターだった頃からの知り合いですから。その番組出演に始まり、今、なんでこんなことやってるのか、正直、よくわからない。

――最初にラジオに出たときの感じ、覚えてますか。

スー 何も覚えてないですね。レコード会社勤務のとき、ＴＢＳラジオの担当でもあったので、スタジオという場所に対してほとんど緊張もしないし。入館証もいまだに本名ですからね。だから、なんというか、「メディアに出る！」みたいな気負いが一つもないんですよ、ラジオって。朝起きて、お風呂入って、髪濡れたまんま来て、コンビニのおにぎりむしゃむしゃ食べて、しゃべって、わーって騒いで、わーって帰る。こんなにいい仕事はないね、っていう。

――レコード会社のプロモーターだったときに、他局も含め、ラジオ局のブースの中に入って売り込むこともあったんですか。

スー ＦＭ局ではありましたね。プロモーターが遊びにきて新譜を紹介するみたいな感じで。それを面白く紹介したら怒られちゃったんですよ。

――結果出して、怒られちゃった。

スー 「面白く」っていうか……コーナーにあった「体(てい)」、演出上のお約束を壊してしゃべったら、ＣＭ中に「ああいうこと言うのやめてもらえます？」って。

――TBSラジオでレギュラーとして出始めたのが、『ザ・トップ5』ですね。

スー　そうですね。雑誌の悩み相談ページや「発言小町」（読売新聞運営の掲示板サイト）に載っている相談事に、頼まれてもいないのに、パーソナリティと色々言うとか、「大正時代のお悩み相談」に改めて答えてみたり、そんなことをやっていました。「情熱新橋」と題したコーナーで、新橋の駅前にいる人に中継繋いで苦労話を聞いたりも。コーナーがいっぱいあって、やんやしゃべってる間に終わっちゃう感じ。

――最初から自由演技OKだった。

スー　私、振り付け通りに踊るのが苦手なんですよ。自我が強すぎるし、そもそも、元は振り付ける側ですから。

――振り付けされると、振り付け方に茶々入れたくなるというか、「そんな振り付けしてくんな」って思う気持ちが出てくるんですか。

スー　ゼロではないですね。振り付け論に関して言えば、1回自由にやらせてからのほうがいいんじゃないの、っていうのがありますし、それ以上に、私のパフォーマーとしての能力が低いんです。でも、今のように、生放送ならやりたい放題。

――スーさんのように、やや正体不明のままラジオ業界に入り込んで、そこから仕事を広げていくっていう形、近年のラジオ業界ではあまりないですよね。正体不明からじんわり広がっていくのって珍しい。自分も比較的、正体不明で入ったほうだとは思うんですが。

スー　砂鉄さんと私の共通点があるとすれば、振りを付ける側とか編む側だった人間は、意外とラジオっていうメディアに向いているのかなってこと。見てくれ、聴いてくれっていう人じゃなくても、息ができる場所があるのかな。テレビって、基本的に「映りたい！」っていう直情的な欲を持つ人が向いているメディアだと思う。街頭のテレビ中継にピースしに来る感じというか。

――ああ、わかります。でも、ラジオやっていて、その「ピース」になってないかな、なんて思うこともあります。我欲がハードルを越えて出ちゃうときがあってもいいと思いつつも、自分を監視するカメラが作動して「何、お前ちょっと弾けようとしてんだよ」、みたいな。

スー　コラムにしろ、批評文にしろ、ツッコミの目がないと成立しないっていう因果なところがありますね。「わーい！」とはいけない。以前、木梨憲武さんにお会いしたときに、とにかくすごいなと思った。木梨さんが赤坂ＢＬＩＴＺで自分のラジオ番組のライブイベント（『木梨の会。チャリティーフェスタボー presented by ＴＢＳラジオ』２０１９年2月8日）をやって、あの藤井フミヤさんやハライチの岩井勇気さんが出たり、色々とあったんですけど、そのとき、木梨さんが一般のリスナーも同じステージにパフォーマーとして上げたんですよ。「だってみんな出たいじゃん？　だったら出ようよ」って木梨さんはまっすぐおっしゃってた。ステージに上がったリスナーも楽しそうで。私はこうはできないし、なれない。この感じ、一度斜に構えた人間には無理だなと思いながら……まっ、赤江珠緒さんとＱｕｅｅｎ歌いましたけどね。

――そういう状況を前にすると、自分の心の汚れが目立つかもしれない、近づかないようにしなければ、って思っちゃうんです。

スー　いやいや、あの空気感には敵わないけど、我々も近づいていきましょうよ。己れの汚れを認識していきましょう。

――こびりついた汚れを。

スー　そう、「これはもうダメだ」って言いながら。

リスナーとの3つの約束

――『生活は踊る』は、それまで担当していた18時から始まる『トップ5』などとは違う時間帯の放送です。以前のインタビューに『生活～』は11時から13時なので、個人の主張をあまり出しすぎないようにしているとありました。「個人の主張をしない」というのも一つの主張ではあるわけですが、番組を始めるときに、自分がどう主張するか、どこまで主張するか、考えましたか。

スー　走り始めて1年ちょっとくらいかな、「あっ、これはちゃんと、テーマを決めないとダメだな」と思いましたね。気づくのが遅かったんですけど。スタッフも入れ替わったりするし、指針がないと、どこに行くかわからなくなってしまうな、と。それで、リスナーに約束できることを3つ決めました。

それが、「ルーティンをワクワクに」「今できる、今日できる、せめて今週できること」「『居場所』になる」です。それを決めるために、まずは、「私たちがやっていることはなんなんだ」という話をブレスト（自由な議論）していった。生活情報を知るために、生活情報のプロや詳しい人を呼んできて話してもらう。そして、「相談コーナー」がある。『生活は踊る』っていう番組名にした時点で、聴いている人の生活が踊らなけりゃ意味がないだろうという話になった。「生活は踊る」ってなんだとなったときに、「ルーティンをワクワクに」というテーマが出てきた。洗濯、掃除、炊事、そして通勤もそうですが、毎日やることをちょっとでもワクワクさせたい。ベッカム夫妻が泊まったバリ島のヴィラの紹介はうちの番組でしなくてもいいじゃないですか。そして、「今できる、今日できる、せめて今週できること」を紹介する。それから、「居場所」という意識。

聴いている人に「あっ、これは私が聴く番組じゃないな」と感じさせたくない。聴くことによってなんらかのコンプレックスを刺激したりとか、なんらかの違いをはっきり見せて、おいてきぼりにしてしまったり、そういうのはやめようって。この3つがあれば大丈夫というふうにはしていて、それでだいぶ交通整理ができた気がしますね。

――やや意地悪な言い方をすると、今、どんなプランを出しても、そこからこぼれる人が出てくるわけですね。「○○を買った」と言えば「そういうものは自分には買えない」って言われるだろうし、逆に「さすがにもうちょっと、グレードの高いものを紹介してほしい」とも言われる。おそらく放送を繰り返していくうちに、リスナーさんからのメッセージなどで、番組の型、全体像がかたどられていったということなんだと思いますけれど。

スー　リスナーが違和感を持たない価格帯をある程度スタッフが体感できるようになってからは、そういうことはなくなりました。プラスでちょっと高いものをやっても、「ま、今回は、あえて特別なものを紹介しているんだろう」と咀嚼してもらえるようになった。それは体感としてあります。

――夜の時間帯にやっていた『相談は踊る』から始まって、番組名が「相談」から「生活」に切り替わりました。相談「が」ではなく、相談「は」、っていうのが特徴的ですよね。なぜ、『相談は踊る』だったんですか。

スー　（1814年、ウィーン会議での）「会議は踊る、されど進まず」をそのままパクっただけです。『生活は踊る』が始まったときも、橋本吉史（初代プロデューサー）さんが「生活情報番組をやりたいと思います」と言ってきて、「タイトルですけど、『生活は踊る』でいいんじゃないですか?」「ハイ、決まり」って。『相談は踊る』を始めるときには、古川耕さんや橋本さんと打ち合わせしながら、色々とタイトル案を出しました。とにかく、「ご意見番の私が相談に答える」みたいなのはやめよう、というのが3人の中にあって。「ズバリ答えます」ではなく、「ああでもない、こうでもない」と言いながら風通しをよくするようなイメージです。年齢的にも性別的にも「斬ってください」と期待されがちなんですが、書く仕事でも、その手のものは全部断ってるんです。誰かを思考停止させることは絶対にしたくない。「さすがスーさん！」で思考停止させてしまうことは私が一番やりたくないこと。人と考えを交換するのが一番楽しいことですから。パートナーとゲラゲラ笑う相談もあれば深刻な相談もある、とにかく風通しのいい場を作るっていうことで「踊る」なんです。

──以前、「ハブ空港みたいな番組にしたい」と言っていましたね。

スー　それです。堀井美香さんがおっしゃったんですけどね。今も心に留めてます。堀井さんとやっている Podcast 番組『OVER THE SUN』では「おばさん掲示板」って言い方をしていますが、あの番組も同じで、結局、「場を作る」っていうことが私の仕事かなと思っています。

──『生活は踊る』を聴いていると、リスナーとの集合知って感じがしますもんね。

スー　今日の放送ではソフト麺を紹介しましたけど、小倉弘子さん（水曜パートナー）と、何と合わせたら美味しいだろうか、と言い合う。これは別に、明日生きていくためにどうしても必要な情報ではないけれども、「あっ、ソフト麺ってまだ買えるんだ」とか、「うちの子が、今度一人でご飯の日は、ソフト麺にしておこうかな」とか、そういう、次の動きのヒントになるようなことを伝えられれば、それで番組の使命は果たせているかなと思っています。

──ソフト麺について、小倉さんが「愛想がない」と言い、スーさんが「おもねってない」と言い、「虚無の食事になる」と続けていた。言っていることはそんなに変わらないんだけど、ソフト麺の存在感みたいなものが増幅していきます。

スー　聴いている人と同じ目線でいろんなことを話しています。何かしら議題が決められていて、それについて事前にたくさん調べてきて、それを発表し、リアクションを募るっていう形ではないんです。「わかるわかる」と言い合いながら熱量が高まっていくのを、聴いている人としゃべっている人が同じタイミングで共有できるというのが、うちの番組の特性の一つかもしれません。

――スーさんは、今起きていること、話に出ていることを別のものに言語化する力が異様に高いですよね。ソフト麺に対して、まず、「お前、どうしてたんだ」って言ったんです。普通、「いやー、ソフト麺食べるの久しぶりだ。懐かしいな」って言うと思うんですが、そうではなく、ソフト麺を擬人化して、そのソフト麺が久しぶりにこっちにやって来た、同窓会にもあんまり来ないやつが久しぶりに同窓会に来た、っていう感じでソフト麺を形容するわけです。こういうのって、自分では言いにくいかもしれませんが……センスですか。

スー　意識してやったことはないですね。「東大行く子はリビングで勉強する」なんて言い方があったとして、それって、「リビングで勉強すれば東大に行ける」わけじゃないですよね。資質の問題で、過集中がすごいからリビングでやってようがどこでやってようが周りで何をしてようが集中できる。それに近いのかなと思う。つまり、自分に過剰な集中力があるってことを、本人はまったくわかってないんです。

「結構大変なことやっちゃってるんだな、私」

――スーさんのエッセイにも、その過度な集中力があるのだと思いますが、それこそ子どものときから、作文を書くとか、何かを発表するときのセンスって、あったと思いますか。

スー　発表したことはなかったけど、高校生くらいのときにはもう資質はあったと思います。そこまでに蓄積されたものが溢れてしまった、と。アレルギーみたいなもんで。

――花粉症になっちゃうみたいな。

スー　そうそう。言語化花粉症みたいな。

――言語化花粉症。言語化花粉症になりたい人、たくさんいそうですけど、どういう蓄積をしてきたんですか。

スー　これがまたわからんのですよ。最近思うんですけど、これまで、すっごい体が薄くてウエストがキュッとくびれてる、ま、いわゆる「柳腰」みたいな女性が良しとされてきたじゃないですか。でも、自分はそうなれない。「だから私はダメなんだ」「どんなに努力してもあっちになれない」「努力もできない」「うー！」とか言ってたんですけど、あれ、完全に無駄な時間だったなと思って。自分の資質を生かしたほうがよっぽど人生は単純だろうと。言語化があんまり得意じゃない人は言語化を目指さないほうがいいと思います。同時に、私が「何食べても太んないんですよ」みたいな人を恨んだってしょうがない。一緒にお仕事してきたフリーランスの人を見ていても、ほぼ100パーセント、他の人より得意なことがあるんです。それを誰かに教えてもらって、そっちをやるほうがいいんじゃないかと思いますね。

原稿でもラジオでも、手癖で書いたり話したりすることがあります。もう何も考えてなくても、それなりのことが言えるようになってくる。これは良くない傾向だなと思っていますね。気がつかないかもしれないけど、確実に削り取られるな、人生面白くない方向に行くなと思ったんです。

最近、書くことに対して、久しぶりにしっかり取り組んで書いてみようと思い立った。書きたいことを箇条書きにして、ある程度の設計図を作り、「よし、これで書こう」と。で、何度も何度も読み返して、今までだったら一晩置いて読んで提出していたものを2、3日かけて醸成させる。でも、そうしたら、筋肉質のガチガチの文章になっちゃった。瞬発力を、もうちょっと信用してもいいのかなって。

——難しいですよね、即効性と構築力のバランス。どこに体を置けばいいのか。

スー　難しい。しゃべることも書くことも、微調整、微調整しながら死んでいくんだろうなって。そもそも自分が不遜な人間だからこんな仕事ができるんです。以前、砂鉄さんもおっしゃってましたが、人生相談については「そう簡単に相談に乗りたくない」「その人の人生に責任が持てない」「自分が言ったことでなんらかの影響を及ぼすことが嫌だ」って、みんな言うんです。それって、他者の人格をきちんと尊重しているからだと思うんですね。一番控えめかつ尊い行為だと思うんですけど、私、そこのネジがぶっ飛んでいるんです。立ち入ることに対する逡巡が、人より少ないんです。この仕事は、やっぱり不遜じゃないとできません。それは絶対忘れないようにしようと思っています。そうじゃないと、あっという間に教祖になってしまうから。「結構大変なことやっちゃってるんだな、私」とも思うんですが、同時に、「ラジオに相談を送った人が送った時点である種こっちの仕事は半分終わってるのかもな」とも感じます。思考をまとめるきっかけを作りたかったんだと。さっき言った「場を作る」じゃないですけど、その場があることで、ある程度応えられているはず。だからこそ、答えを導き出すんじゃなくて、話の交通整理をするっていうのが私の役割なんです。

——「交通整理」って言葉も、よくおっしゃいますね。

スー　編集者と一緒ですよ、そこは。交通整理をしたらもう9割9分終わり。私がやれること、誠意を持ってやれることはそこまで。

――でも、聴く側は、回を重ねれば重ねるほど「スーさんにこれ言ってもらえた！」と、なるわけですよね。

スー　『相談は踊る』から数えて7、8年くらいやっていますが、そこまでカリスマ化してないから、私、頑張ってるなと思ってますよ。人の相談をエンタテインメントのテコにしようとすれば、たぶん、あっという間にカリスマ化できるんです。それをしないのは、意図的に期待値を外すっていうことではなくて、相談された人とあくまで二人で話してるんだっていう基本原則から離れずに、カリスマ化しないようにしている。

――相談内容って、いつ知らされるんですか。

スー　だいたい、その日の朝か前日ですね。スタッフに言っているのは、「これはもう、相談の範囲じゃなくて、なんらかの機関にきちんと連絡したほうがいい」というようなことや、「虐待が疑われる」というような、相談として読むことによって二次被害が生じる恐れがあるものに関してはやめましょうと。で、読み上げられた相談について、その場で受け止める。ギリギリまでスタジオに入らないのもそうですが、推敲するよりインプロヴィゼーション（即興）を重視したほうがいいんです。

――準備が功を奏さない。

スー　したほうが絶対に伸びるとは思うんですよ。功を奏すタイプの準備とか学習ができるほうが、あと2倍も3倍も伸びるはずですが、性分としてできません。仕方がない。

――評判は気にしますか。エゴサーチして確認したり。

スー　ああ、やりますよ。「ジェーン・スー」検索もやるし。だってほら、商品としての「ジェーン・スー」だから。言葉だけでなく、見た目について、揚げ足を取ってくる人も必ずいる。それを考えた上で、写真の掲載なりのレギュレーションを決めていこう、なんて話をこの間もスタッフとしたんですけどね。そういう話を冷静にできるくらいには落ち着いてはいますね。もちろん、嫌な気持ちにはなります。でも、そういう人たちがいなくなることって絶対ない。絶対に撲滅できないものに対して戦うのなんて、馬鹿馬鹿しいから。

久米宏さんと大沢悠里さんの言葉

――ラジオで話されるときに、イントネーションや語調を大事にされると聞きました。

スー　ただただ楽しくなっちゃうときがあって、そうすると、聴いている人に対して、強すぎるエネルギーを与えてしまうかもしれない。因果な商売ですよね、楽しいけど少し抑えていかなきゃいけない、っていう。贅沢な悩みですね。語調やテンションはすごく気にします。朝11時の出だしは「ああ、明るい気持ちになった」っていう気分で聴いてもらえるような、テンションにしています。特に、堀井さん（第5週パートナー）、小倉さんのときは注意しないと。小倉さんとは、とにかく「イエーイ！」って同じ出力レベルなんで、勢い任せに行くと過出力になる。堀井さんはどうしても、堀井さんの小ボケを拾ったりツッコんでいったほうが転がるし面白くなるんですけど、やっぱり、聴こえ方によっては揚げ足取りになる。そういうのされたら嫌な人もいるから、面白くすることを目的にしないで、聴いている人が楽しく平和に聴けるほうに舵を切り直さなきゃなって繰り返し思ってます。

――月曜パートナーの小笠原亘アナ、火曜パートナーの杉山真也アナ、木曜パートナーの蓮見孝之アナ、男性陣も低めのテンションの人はあんまりいないですね。

スー　同世代はアガりやすいから、小笠原さんとは、どうしても飲み会っぽくなっちゃうんですよ。慣れてきた今だからこその課題ですね。閉じた空間になって、聴いている人に不愉快な思いをさせないようにしなきゃいけない。知らない土地を車で移動しているとき、ラジオをつけることってあるじゃないですか。そのとき、そのまま楽しく聴ける番組と「うわっ！」って消したくなる番組の差って何かなと考えたら、どれくらい閉じているか、開いているかなんです。で、閉じている番組って、仲間意識が強すぎて、近い距離感で話している。大沢悠里さんの番組って、完全に開いているじゃないですか。あれはどなたがパートナーのときでも節度を持って温度感を一定に保って悠里さんが話されるからで。久米宏さんも軽口を叩いているようで、完全に開いている。以前、久米さんにゲストに来てもらったとき、私が何かしらのカタカナの言葉を話したら、「それ、聴いてる人わかってると思ってんの？」って言われて「ですよねー！」ってゲラゲラ笑ったんですけど、やっぱり長く続いてらっしゃる人の開脚力っていうのは、身につけないとなって思いますね。

――あの開脚力、どうやって筋トレすればいいんですかね。

スー　悠里さんの番組を聴いていると、個性が強いか弱いかとか、我が強いか弱いかとか、そういうことじゃないんですよね、たぶん。それとはまったく別軸の話で、リスナーに節度や敬意を持っていられるかですよね。悠里さんに会うたびに「工場のおじさんが聴いてるの忘れちゃいけないよ」って言われます。でもそれは、「工場のおじさんに向けてしゃべる」って話ではないん

ジェーン・スーさんの放送のおとも。インタビューでも話していたノートには、自分に向けた注意が書きつけてあったりもする。かわいい番組ステッカーは、マンガ家・エッセイストのしまおまほさんの絵によるもの。美容ローラーと頭皮ブラシもかかせない。顔をくるくる、頭をとんとんしてリフレッシュ！

です。「工場のおじさんも聴いている範囲」で、という前提。やってもやってもチャレンジングなことは楽しいですね。

――番組が始まってから、ノートをとり続けているそうで。

スー　その日のパートナー、気温を毎日書いてるんです。やりながら書いています。どういう選曲だったかとか、相談で気になったこととか、悠里さんから何言われたとか書いてるんです。ちょっと見返してみると、「トローチ・あんこ・沢田さん」「妻が浮気をしていた新婚25歳。真面目ですが損」とか、もう暗号みたい。でも、「あれ、あのとき何やったっけ？」っていうときにパッとこれが字引きになるんです。で、ここが私のすごいところで、5、6年やってるけど3冊しかないわけですよ。あとは、どっかいっちゃったんです。

――スーさんは子どもの頃、ニッポン放

送の電波が入らなくて、文化放送とＴＢＳラジオを聴いていたとか。

スー　そうです。『所ジョージの進め！おもしろバホバホ隊』（ＴＢＳラジオ／１９８４年10月～86年10月）などを聴いていましたね。自分の寝床で寝る時間の前につけて。

――なぜ所さんの番組が好きだったんですか。

スー　好きだった、というか、つけてた、という感じ。でも、それがラジオなんです。『吉田照美のてるてるワイド』（文化放送／80年10月～85年３月）もそうだし、毎日、ある時間になったらつける。自分で話すようになって、つけていて邪魔にならないってことが、どれだけ難しいかと痛感します。

――聴いてほしいけど、邪魔をしないけど、内容のあることをしゃべっています、って……。

スー　マルチタスクですよね。だから、番組が評価されるとか、「ジェーン・スーがすごい」とかって言われるよりも、そのあたりのバランスが上手くいったときのほうがめちゃめちゃアガるんです。それが何日か続くとブチアガる。

――スポーツ選手でいうところのイップス（極度に緊張し集中できなくなってしまい、いつも通りの力が発揮できないこと）みたいな状況になったことってないですか。

スー　今んとこない。一番恐れているのは、自分が「やってて面白くない」になったらどうしようってことなんです。私、つまんなくなったらマジでできなくなっちゃうんです。そうやって転職を繰り返してきたので。

――それは突然来るんですか。それともじわじわ来るんですか。

スー　じわじわとかな。でも、じわじわとだけど「つまんないな」って口にしたときはもう戻れない、って感じ。「別れようかな」って言ったときには、もう絶対に別れることになってるのと一緒ですね。

『生活は踊る』と『OVER THE SUN』の関係

――堀井さんとの『OVER THE SUN』が2020年10月から始まって、大きな反響を呼んでいます。こんなに大きな反響になると予想できましたか。

スー　聴いてくれる人はいるだろうなっていう確信はありました。だけど、予想外だったのは、勧めてくれる人がこんなにも多いってことですね。「OVER THE SUN」や「ジェーン・スー」で検索したりすると、SNSで勧めてくれている人がすごく多いんです。で、その人たちの中には『生活は踊る』を聴いてない人も多い。ラジオ経由で「ラジオのスーさんと美香さんがPodcastを始めたよ」ではなく、「なんかよくわかんないけど、ジェーン・スーっていうTBSの昼のラジオでしゃべってる人の番組が面白いから聴いて」っていう広がり方。それがまた楽しくてぞわぞわしますね。来るメールがめっちゃ長いんです。短いほうが番組で読まれやすいっていう発想がないから。つまり、もともとラジオリスナーではない。

――始めたときは『生活は踊る』を聴いている100の人が60聴いてくれたらいいなとか、40聴いてくれたらいいなとか思っていたけど、その100じゃなくて別のところから聴いてくれている。

スー　そうなんです。いろんな人が喉から手が出るほどほしがる……外部流入というか。

――なんなんでしょう、その外部流入の勝因は。

スー　これまで、横にズルズル滑っていくおばさん同士の会話がコンテンツとして機能すると思われてなかったんでしょうね。男の人のそれはたくさんあるのに。若くもない、何かの専門でその筋のことをしゃべれるわけでもないおばさんにコンテンツ力はない、とされてきた。だから、過去にこういう番組がなかったんだと思うんです。

——おばさんの雑談が社会的に軽視されてきたと。

スー そう、特に井戸端会議的なものが。メディアから提供されるエンタテインメントよりも、友達の話のほうが面白いことってありますよね。「あっ、だったら、それって、もしかして何かのヒントになるのかな」って。

——『OVER THE SUN』を聴いていると、堀井さんが突然、「今、改めて、徳川埋蔵金掘りたい」と言い始める。その話も面白いんだけど、そのあとに、スーさんが「最近、自分の首が埋没していて」と話を繋げていく。埋蔵金を掘る、と、首が埋没している、これが繋がったときに、もうここで、勝負あったと思うわけです。

スー このコロナ禍で、前みたいにお友達と、内容のない話をダラダラすることができなくなったと思っている人が多くいて、友達とのダラダラした話を聴いてるような気になるのがすごく楽しいという感想が思った以上にあります。こんな話がそうやって役に立てるんだって、じんわりきましたね。

——堀井さんとは、『生活は踊る』をやっているときと『OVER THE SUN』で一緒になるときでは、距離感はだいぶ変わってきますか。

スー 『生活は踊る』でやらないようにしようと一生懸命ストップかけているところを思いっきり放流しているんで、キレイな虹がかかるダムですね。人に言われて初めて気づいたんですが、イギリスにジェーン&フィっていうおばさん二人がやっているPodcast（『Fortunately… With Fi

And Jane』BBC Radio 4／17年3月〜）があって、ゲラゲラ笑ってたんですけど、フォーマットとしてはこれ、実はこれまでもあったってことですよね。

女性の生き方って100万通り……人それぞれのパーソナルな経験ってまったく違うと思う。よく番組で言うんです、「頂上で会おう」って。目指している山が同じでも、登り方は違ってもいい。私たちは私たちのやり方でそこに向き合っていく。私たちが言っている「頂上」っていうのは、いわゆる理想とする社会です。天竺みたいなところというか。色々な不平等が是正された社会ってわけですが、そこを本気で目指す気があるのかどうかを、いちいち人に突きつけていくのも不躾ですよね。だって、動くタイミングって人それぞれだから。助け合いながら互助会で登っていきたいですよね。

——その「互助会」という言葉、そして、「ロビー活動」という言葉が『OVER THE SUN』で頻繁に使われていますが、とてもいい言葉ですね。

スー　こないだエゴサーチしてたら「ジェーン・スーには処世術しかない。それが俺にはつらい」ってつぶやいてる人がいて。それに対しては、「処世しないでこれまで生きてこられたんなら、すごくラッキーなことだよね」っていう感じ。誰かの気持ちにおもねったり、ご機嫌をとったり、そういう処世をほとんどしないで生きてこられたんだとしたら、ものすごく運がいいんだと思うんです。

——その処世のための術さえ見つけられないっていう人もいますよね。どうしたらいいのかわからないっていう。

スー　上がっていくための処世じゃなくて、その場に留まるための処世だったら、身の危険があればみんな覚えていくと思うんですよね。ただ、そういう人をあまり断罪したくないっていうか、

「もっとはっきりしゃべってあなたの意見言ってください」だとか、「そこで処世しないでください」とは言いたくない。だって、そうしないと明日も生きていけない人がいっぱいいるわけだから。

――自分が色々なことを正面から言うのは、そういう場が約束されているからっていうところもあって、それを「お前も言えよ」とは言わない。

スー 砂鉄さん、人にそれを言わないですよね。素晴らしいと思います。

――でも、正直、「言ってよ」とチラチラと見てはいる。その誘惑があります。

スー 今日、明日、明後日、自分の実生活で行使できない正義に関しては声高に叫ばないというのは、新しい矜持として持つようになりました。職場における性差別は、あっていいはずがない。でも、それに対しての強い言説をインターネットなりＳＮＳなりで私が流したのなら、実生活でそういう場面に出会ったとき、目の前の本人に同じことを言えなきゃダメだと思うんです。逆に言うと、当人に面と向かって言えない内容であればそれをＳＮＳで声高に言うのはやめようと思っています。日常的にそれが行使できるかどうかってことなんです。

本音に価値を置かない

――「週刊文春ＷＯＭＡＮ」で、女性にインタビューをする「彼女がそこにいる理由」を連載されていて、これはスーさんの今までのお仕事とはかなり毛色が違いますね。相手のことをかなりじっくり調べて長いインタビューをする。今までの、ラジオで誰かゲストを招いてしゃべるのとはまた違うはずです。

スー　違いますね。みなさん、すごいタフです。ベースが「タフ」なんです。そこそこキツイ思いをしたとしても、手放すほどには食らってない。タフで、食らわない。そして、やめない。共通項があるとすれば、その3つかな。

――うちひしがれてきたからこそ、タフさが内在化したんだとも思いますが、話を聞いてきた人たちに比べて、ご自身はタフだと思いますか。

スー　同質だと思いますね。でも、自分のタフさを基準にして人の畑を荒らさないようにしたい。

――スーさんはよく、「最終的にはアメリカ行く」って言っていますね。東京育ちの自分にとっての上京物語をやるんだと。番組を続けることに対して執着はありますか。

スー　ない。

――ない。じゃあ、「ラジオ終わり！」ってなったら、もう終わりですか。

スー　はい。

――自分は、あんまり仕事のオファーを断らないんです。なんで断らないかと言うと、「こいつに原稿書かせよう」「ラジオやらせよう」って思った人がいたら、もうそれでいいじゃん、っていう感覚。それを受けることがベストだと考えてやってみるんです。続けるうちに、「できるだけ長くやってやろう」って思いに変わっていくんですが、そういう感情はあんまりないですか。

スー　いや、もちろん、ベストは尽くしますよ。ベストは尽くしますし、「いつやめてもいいや」って思いではやってないです。でも、終わるとなったら、それはそれで「イエーイ！　あれしよう、これもしよう」ってなるはず。

――いや、そこがすごいですよね。すごい、というか、なんていうか。

スー　自分でもわからないですけどね、そこは。「次行こう、イエイイエイイエーイ！」

――「イエーイ！」の量がめちゃくちゃ多い。

スー　「イエーイ！」って言ってるのが好きなんだと思う。

――で、いつかは海外に行くんですか。

スー　行きます。「くそー！　全員敵だ！」っていうのをやりたい。ニューヨーク、マンハッタンに降り立って、「くそー！　全員敵だ」……ドンッと肩がぶつかって、「なんだ、おい、やめろ！」みたいなそういうの。

――「厳しいとこ来ちまったな」って。

スー　そう。上京した人が18歳くらいで感じるやつを、私は60歳くらいでやりたい。東京育ちの私が感じていた「貴様の都会は、こっちの故郷だよ」っていうのを私も言われたい。

――スーさんと話していると、あまり感情的に乱れることがないのかなと思っていますがどうでしょう。

スー　ないですね。だから、感情にドライブされる人を見るとうらやましくてしょうがないです。憧れますね、そこは。で、最終的にそういう人たちの感性みたいなものには勝てないって感覚がある。感情ドリブン型の人には憧れます。

――憧れるけど、もはや無理じゃないですか、そこに到達するのは。

スー　無理です、無理です。そこはもう手放すしかないですね。

――感情の振れ幅がないと圧倒的な芸術作品って作れなそうだな、なんてことは思いませんか。

スー　作詞の仕事もしているんですが、私、「歌詞が降りてきた」って絶対言えないんです。降りてなんかこないから。でも、「降りてきた」って言える人のほうが、振れ幅は大きくても、私が越えられない壁、突破できない壁を越えていくんだと思います。理詰めの脆弱性は、やっぱり年を重ねるごとに感じます。

――理詰めには限界があると。

スー はい。理詰めは愛されないです、基本。回すことはできるけど、愛されない。だから、私はそういう人たちに憧れる。じゃあ、そういう人を紹介したりすればいい。

――ハブ空港ですからね。これからラジオを続けていく上で、「こうしたい、ああしたい」っていうのはありますか。

スー ないです。

――即答。

スー みんなが「何書きたいですか?」「何やりたいですか?」って言うけど、その度に「ないです」って苦しい答えをするんです。

――谷川俊太郎さんがよく、「自分は受注産業だ」と言うんです。となると、あの谷川さんが受注産業って言ってるんだったら自分なんてもう……

スー 私たち、第3次受注産業ですよ。

――オファーを受けて、メシの種に変えるっていうことでしかない。尋ねておいてなんですが、自分もそういう「何がしたいですか」が苦手です。依頼が来たものを仕事にしてるっていう。

スー そうそう、そうなんですよね。

――それを続けていくことによって「スーさんってこういう人なんだ」とか「砂鉄ってこういうこと書くんだ」と固まってくるのが面白いと思ってます。

スー 人が決めることですよね、それって。

――スーさんがデビューされた頃と今の文章を比べると、やっぱり初期は断言が多いですね。

スー　そうですね。若いなあ、って感じ。あれに関しては「熱々のあんかけ」という言い方をしてるんですけど……。特に『貴様いつまで女子でいるつもりだ問題』（幻冬舎文庫）は「熱々のあんかけ」で、あんなものはもう絶対に二度と書けない。あれは、時代がギリギリああいう断定を喜んで許してくれていた。ただ、ラジオパーソナリティとして、コラムニストとして、ずっと気をつけていることは、本音に価値を置かないっていうことなんですよ。

――本音に価値を置かない。どういうことですか。

スー　「本音なんてどうでもいいんだよ」っていう感じがある。本音を信用していないというか。だって今日の本音と明日の本音は変わるし、本音って、利をどれだけ取れるかみたいなところだったりするし、そんなに高い価値はないと思っています。「本当のことを言ったら誰かを傷付けるとかうるさく言ってくる人がいるから本心なんか言えないよね。でも、あの人は、人を傷付けたりすることを構わず、本音が言えるのってすごい」みたいな一連の流れ、あるじゃないですか。だけど、そんなもん、なんの価値もないし、私は絶対、人を自分に乗っからせたくない。本音ではない言い方で、今起きていることを言い換えられないだろうか、と考えます。

自分が、人の時間をとって、お金をもらっている……そこで、表現者みたいな顔していたらそれはダメでしょう、と。自分を客観的に見るようにしているので、思いっきりアクセル踏んでも「ピピピピ」ってアラートが鳴ってくれる。当然、偶発的にアクセルは踏むし、ヒューマンエラーは絶対あるけど、そこをセーブするシステムが搭載されているのかも。

（2021年7月21日）

大らかに。自由に。
好きなように。
その結果までは……。

赤江珠緒 （フリーアナウンサー）

あかえ・たまお　1975年兵庫県生まれ。TBSラジオ『赤江珠緒たまむすび』（月～木・13:00～15:30／金曜日は外山惠理が担当）のメインパーソナリティ（2012年4月～）。97年、朝日放送に入社。テレビでは『芸能人格付けチェック』『サンデープロジェクト』の司会、ラジオでは『トミーズのトントン！』（05年4月～09年3月／06年10月～07年3月担当）のアシスタントを務める他、99年から3年間、全国高校野球選手権大会の実況中継をテレビとラジオで担当していた。また、03年、朝日放送の社員として、テレビ朝日系列の『スーパーモーニング』の司会に起用された。07年よりフリー。11年から放送が終了する15年まで『モーニングバード』（テレビ朝日）で羽鳥慎一とともにメインキャスターを務めた。16年より、明石ふるさと大使。

よく、根っから明るい人のことを「太陽みたいな人だ」なんて形容するけれど、実際の太陽って直視しないほうがいい。目を痛めてしまうから。で、赤江珠緒は、太陽みたいな人だ。いつも陽気にケラケラ笑い、どうでもいいことにこだわったり、肝心なことを見逃したりしている。パートナーとの掛け合いは行き着く先が読めず、豪快な脱線を繰り返す。リスナーは、そんな脱線を楽しみにしていて、むしろ、くだらない話に花を咲かせるのに加担している。「3秒前は過去」をモットーとしている赤江、インタビュー中もとにかくよく笑う。自分の話に驚いたりしている。太陽みたいな人を直視したら、いろんな過去が掘り起こされた。いつでも自分を刺す準備はできているらしい。どういうことなのだろう。とにかく直視してみた。

タイムマシーンになる15冊のノート

——僕、ラジオの生放送に初めて出たのが『たまむすび』なんです。

赤江珠緒　えっ、そうなんですか、あれが初めてだったんですか。

——2014年11月、ピエール瀧さんがパートナーの回に。記憶にありますか。

赤江　もちろん。

——そのときにも言ったんですが、自分の妻がとにかく『たまむすび』が好きで、最近では、赤江さんの第一声の「こんにちは」が好きだと熱弁してきます。あの元気な感じが、たまらなくいいんだと。

赤江　元気ありますかね。えっと……「午後1時になりました。いかがお過ごしでしょうか。こんにちは、赤江珠緒です」と言ってますね。

――「こんにちは」の、「ん」が強いのがいい、と言っています。

赤江　木曜日を担当してくれている土屋礼央さんに分析してもらったら、私、後ろでかかっている音楽にしゃべりがつられるらしいんです。かかっている音やリズムに乗ってしまうらしくて。オープニングも音楽を聞きながら、「こんにちは、赤江珠緒です」ってしゃべっているんですよ。だから、音楽が変わると、トーンが変わるみたいです。

――その土屋さんの分析は合っているんですかね。

赤江　『アフター6ジャンクション（アトロク）』のBGMと『たまむすび』のBGMを換えてみたらどうなるかって話になって、一度、『アトロク』のBGMをかけながらオープニングをしゃべったことがあるんです。そうしたら、しゃべり方のトーンやスピードがまったく変わったんです。

――それは、つられているって考え方もできますが、音楽的センスがあるとも言えますよね。

赤江　そう！　砂鉄さんだけがわかってくれた！　私、音痴ですけど、わりと作詞作曲はできるタイプなのでは?と思うことが（笑）。子どもができたときにも、自分で子守唄を作って、歌いましたからね～。

――溢れ出ちゃうんですね、音楽的センスが。

赤江　ほっほ。そうなんでしょうかね～。言葉に合わせるリズム感はありまして、自作の歌を娘に歌っていたところ、今では娘がそれを歌っています。親子間だけで歌い継がれている歌があるんですよ。

――しかしながら、YouTubeで「赤江珠緒」と検索すると、上のほうに出てくるのが、明石家さんまさんの番組『さんまのまんま』（２０１６年７月）でサックスを披露しようとして失敗する動画です。

赤江　あれ、すごいですよね。

――すごいです。

赤江　我ながら、あんなことになるとは、というひどさです。なのでやっぱり確実に音楽的才能はないですね。ただ、言語のリズム感はあると思いたい！　詩とか、五・七・五とか、韻のリズムというか、言葉の流れの心地よさみたいなことや、「ここで１拍ズレるとなんか気持ち悪い」という感覚はあります。

――昔からずっとノートをつけているという話をよくされていますが、詩も書いていたんですか。

赤江　はい、最初に書いたのは小学3年生くらいのときですね。とにかく本を読むのが好きな子だったんです。注意散漫で、落ち着きのない子の割に、読書は好きでした。やたらめったら本を読んでいたら、親から「そんなに読むのだったら感想文をノートに記録していけば」って言われたんです。最初は、読んだ本を記録する感じで書いていたんですが、そのうち飽きてしまって、いつの間にか、学校で起きた嫌なこととか、これについてこう思ったというのを書くようになり、やがて、詩も書いたり、今までで、計15冊くらい書いていますね。

――文字に書き起こすことで、体の中に溜まっている気持ちが、サーッとそっちに逃げていくというか、吐き出されるというか。

赤江　そうですね。結果、感情のはけ口みたいなノートになっていきました。もやもやと、漠然としてまとまっていない感情に向き合って書き始め、「ああ、そうだった」とデトックスする作業です。小学3年生から続けているので、かれこれもう40年くらいになります。

――すべて取ってあるんですか。

赤江　取ってありますね。

――たとえば、3冊目を抜き取って読み返す、なんてこともありますか。

赤江　ありますね。「うわー！　丸文字の頃の私！」とか、「中学生のときには、こんなことに悩んでいたのか！」とか、タイムマシーン的な役割になっています。

――タイムマシーンを使って自分の感情を管理できるのはとてもよさそうですね。

赤江　読み返して、「あー、あの頃にこんなことを思っていたのか」とわかると、それこそ、リスナーさんのメールを読みながら、この年齢だったらこういう感じかなと考えることにも繋がります。子どもの頃のことを細かく覚えているのは、このノートきっかけで感情まで思い出せるからですね。

――小学生の頃の記憶が特に濃いそうですね。

赤江　濃いと思います。なんの記録も残してなかったら、そのときの感情をすべて忘れちゃって、それなりにスマートに一人前の大人になってきたと勘違いしそうですが、プロセスが残っていますから。

――よく、セミをパンツの中に入れた話をされてますけど。

赤江　はい、入れていましたね。

――それより、「ウサギ小屋にいたウサギを解放して、レースをしていた」という話のほうが事件だと思います。

赤江　そうですね（笑）。結構な事件ですよね。そういう事件はいくつもやらかしてますね。

――小学校に「ミロ」を持っていって、もし先生に見つかっても「土です」と言えると企てたり。

赤江　「我ながら賢いぜ、これなら学校で甘味が摂れるぞ！」と。バレたら、運動場に行って撒いてしまえば、証拠隠滅できるのでは？なんて浅知恵で友達とルンルンしてました。結果、廊下であっさり見つかり、がっつり怒られましたけど。子ども時代は特に何をやってんだかって感じです。

――今年の夏も、「ひっくり返っているセミがいたら元に戻してあげよう運動」をして、すでに12匹ほどひっくり返したそうですが、やっていることが子どもの頃と変わらないですね。

赤江　そうなんでしょうかね。今、子育てをしていて、ママ友から、「よくそんなに、次々と子どもを遊ばせる方法を思いつくね」とは言われます。雨の日、公園で遊具が使えないけどどうしよう、ってときに、何かしら適当に遊ばせるのが得意です。「だって、これ、子どものときにもやってたじゃん」って言っても、周りはみんな覚えていない。そういう記憶だけは充実してるんでしょうね。

――セミは、歩いている途中にいたらひっくり返すのか、それとも、ちょっと離れたところにいても、ひっくり返しに行くんですか。

赤江　自分の目に入れれば。「あっ、あそこなら助けに行ける！」と思ったら行きます。

――それはどういう気持ちで。

赤江　『まんが日本昔ばなし』が好きな子どもだったので、いいことをすると虫が恩返ししてくれるだろう、っていう打算ですかね。

――今のところ、セミからのレスポンスはないですか。

赤江　今のところはないですが、もしも地獄に落ちたら、『蜘蛛の糸』みたいに、セミが降りてきて……。

——「あのときはありがとう」って。

赤江　助けに来てくれるんじゃないかと思っています（笑）。そう思うことで、ちょっとだけ死が怖くなくなる。そういうマイルールってありますよね。

私、兵庫県生まれなんですが、幼稚園に入る直前の3歳のときに高知県に引っ越したんです。そこで、庭の広い家に住むことにたまたまなりました。というのも、父親が転勤族の銀行員で、特に役職もないただの平社員だったにもかかわらず、支店長宅に住むことになりまして。なぜかというと、当時の支店長が一人暮らしで、自分一人でこんなに庭の広いところに住むのは嫌だと断り、その他にも何人かが順に断り、結局、若造だった当時の父にお鉢が。「赤江くん、住みなさい」となったそうなんです。芝生の庭が広くて、たしかに庭掃除が大変なぐらいでした。

そこを裸足で走り回っていた何年間かが大きかったですね。塀に登って、隣の家のセミを手摑みしたり。野生児の感覚は、そのたまたま住んだ邸宅で培われたと思います。

——『徹子の部屋』に出たときに（18年7月）、はしごに登っている赤江さんの写真が出ていましたが、戦後まもない頃みたいな、野山を駆け回っている感じのする写真でした。

赤江　本当、野生児。怖いもの知らずな子でしたね。

「くノ一」結成と挫折

——子どもの頃ってラジオ聴いてましたか。

赤江　ラジオはそんなに聴いていないですね。テレビっ子だったので。うちの親は長距離ドライブするのが好きで、高知に住んでいたときに四国八十八箇所を回る旅を毎週末していました。お遍路さんなのに、歩きもせず、すべて車で回るっていうなんちゃってお遍路です。その間は、ずっとラジオを聴いてました。あとは、中学生になってから、光GENJIファンの友達から『GENJI GENKI爆発』（ニッポン放送／1987年10月〜91年3月）を聴かないか、って誘われて毎週聴いていました。友達と次の日にラジオの話をするのが目的でしたね。あっくんがどうしたこうしたとか。でも、ちゃんと聴くようになったのは、ABCに入ってからですかね。

——アナウンサーになるのを意識したのが小学4年生のとき。先生に言われて、道徳の教科書を朗読する機会があったと。これは、どういうシチュエーションだったんですか。

赤江　とにかくいらんことをする活発な子どもだったんですけど、優等生的な一面もあって、小学生のときは勉強もちゃんとしていたんです。その中で、もっとも褒められたのが朗読でした。国語の教科書を読んだときに褒められて、他の学年の先生から、道徳の教科書を使った教材を作るから読んでくれないかって、頼まれたんです。

——それは、赤江さんの声で音声素材を作るってことですか。

赤江　はい。テープに録って、授業で使いたいと。朗読を録音したのが放課後だったので、お礼にお菓子をもらいました。これが、自分の労働への初めての対価です。

——自分で朗読して、「わりといけるな」という感触があったんですか。

赤江　読むことは好きだったので、朗読は楽しかったですね。で、親から言わせると、子どもの頃のほうが今より上手かったたって。

——なんと。

赤江　アナウンサーになると、小説を読む朗読とは違うスキルになってきますよね。どちらかというと、感情を押し殺しながら、均一に同じトーンで読めるようにする訓練を繰り返します。その訓練をする前のほうが味があったと言われましたね。

――朗読をきっかけにアナウンサーという仕事に興味を持ったと。

赤江　周囲の大人からも「珠緒ちゃん、アナウンサーになったら？」みたいに言われて、すっかりその気になって、卒業文集には「アナウンサーか声優になりたい」って書いたような気がします。自分の中でも得意なことだと思っていたんでしょうね。

――その朗読は、その後、学校で披露することもあったんですか。たとえば弁論大会みたいな。

赤江　国語は全般的に得意だったので、読書感想文の大会に出て朗読したり、あと、学年のお楽しみ会の司会をしたりしました。目立ちたがりで物怖じもしない子だったので、5、6年生のときには、アイドルグループ「くノ一」を友達と作りました。

――ちょっと待ってください、唐突です。なんですか、そのアイドルグループ。

赤江　クラスの中にアイドルグループが二つあって、私たちは「くノ一」、もう一つは「セイントなんとか」っていう、ちょっと洋風なアイドルグループをやっている人がいました。マネージャー役の子もいましたね。放課後、体育館に集まって、自分たちで作った曲を歌ったりしていました。

――「くノ一」は、一体、何を目指していたんですか。

赤江　ふーちゃんっていう、仲良い子とやっていたんですけど……なんでそんなこと始めたんだろう。オリジナル曲「レモン」を作りました。

――作詞作曲は。

赤江　作詞は私です。黒歴史のような作詞でした。ふーちゃんが仕込んできた、中森明菜さんのパロディっぽい曲に合わせました。「くノ一」が中森明菜風で、あっちはもうちょっと洋風な、チェッカーズが好きなメンバーによって構成されていました。

――「レモン」は、「人生は酸っぱい」みたいな、そういう方向ですか。

赤江　はい、恋の酸味です。

――その感じだけを知ると、とても自己顕示欲の強い人に見えますよね。

赤江　そうですね。小学校、そして、中学校に入ったくらいまでは、学級委員を任されるタイプでしたし、積極的な子どもだったんでしょうね。「女子対男子」の対立を作りやすい年代で。そこでこう、毎日口喧嘩するみたいな、そんなよくあるおきゃんな小学生時代でした。

――相当、弁が立ったってことですね。

赤江　言葉への興味は強かったです。親に「もう本を読むな！」って怒られるくらい読んでいましたから。早々に目も悪くなりましたし。本を読んでいて、言葉も達者、そして、すばしっこい。小学校時代って、それだけで学校生活をまわせるじゃないですか。

――今でも、本はたくさん読まれますか。

赤江　そうですね。空いている時間に、文字を読んでいると落ち着くかな。昔だと、駅で電車を待っているときに本を持ってなかったら、手持ち無沙汰でその辺のパンフレットをもらって読んだりしてました。何かしら読んでいたいという気持ちはありますね。

――実際にアナウンサーを目指して、ＴＢＳも受験したんですよね。

赤江　全国の中で、最初にアナウンサー試験があった放送局がＴＢＳなんです。実は関西のＭＢＳが第１希望だったんですが、最初に東京も一つくらい受けておこうかと思いまして。

ＴＢＳは、４次試験くらいまでいき、残りの30人くらいに絞られました。４日間の研修かつ試験みたいな段階までいきましたね。安住紳一郎アナや伊藤隆太アナ、小倉弘子アナの世代です。その中で残ったみんなで連絡網を作ろう、みたいな発想があったのが安住くんで、今となっては当時から仕事ができるなって感じですよね。私はそこで落ちましたが、あのとき、残っていた方は、ほとんどがどこかしらのアナウンサーになっていたみたいです。そんなふうにＴＢＳの試験では手ごたえもあったので、これは、本命の大阪ＭＢＳはもらったな！と思っていたら、そちらは、あっさり１次試験で落ちました。「ＴＢＳの系列なのにその辺は連携してないのかいっ！」と思いましたが別会社なので関係なかったです。その後、ＡＢＣが拾ってくれてアナウンサーになれました。でも、あとで聞いたら、ＡＢＣも「お前、最初は書類で落ちてたんだよ」って言われて。書類で合格と不合格を分けていったら、合格者の数が少なくなってしまったらしく、「ちょっと増やそうということになったんだけど、あんまり遠方から人を呼ぶのも悪いから、関西圏内の人にするかということで敗者復活したのがお前だ」って、のちに言われましたね。こうやって、ずっと一か八かみたいなところがあります。で、気がつけば、今、ＴＢＳで働かせてもらっている。なんだか変な感じです。

さっき、イケイケな小学生時代に「アナウンサーになりたい」と宣言した話をしましたが、中学2年生のときに転校しまして、ここで挫折を経験します。転校した途端、すぐにトラブルに遭いました。転校生の存在が珍しかったみたいで、恋愛関係みたいなことに巻き込まれまして……。

――いい感じだった男女の間に、転校生・赤江が登場して複雑になる、みたいな。

赤江　よくわからないまま目をつけられた感じでしょうか。でもそういうのを、転校した翌日に言われて、「その人、知らんし」って感じだったんですが、「○○公園に来い」と言われてしまいました。それでしばらく、学校に行くのも嫌になってしまって。

――少し前まで、アイドルグループ「くノ一」で一世風靡していたというのに。

赤江　それなりにブイブイ言わせていたつもりの私だったので、一気に人間不信になっちゃいました。新しい環境がよっぽど合わなかったのか、たまたまかはわかりませんが、急性肝炎になって入院もする羽目に。でもそれさえ、「学校に来ない理由を作るために入院しているんだ」みたいに言われたりで、自分自身は変わってないのに、周囲が変わるとここまで世界は変わってしまうのか、人の評価ってこんなにも脆いものなんだと痛感しました。そのあたりから、前に前に出よう、という気がすっかりなくなってしまって、将来の夢もそのあたりから、色々変遷したと思います。ただ大学で、人間の心理に興味があったので心理学部に入っていたとき、先生から「あなたがやっていることは、インタビュアーっぽいよ」って言われたんです。そこで、また「アナウンサーになりたい」という子どもの頃の夢を思い出した感じです。

転勤族の子どもって、生きてきた時代がブツ切りになるんです。転校する前の友達とも、最初こそ手紙のやりとりをするんだけど、そこは、子ども同士なので、徐々になくなっていきます。でも、テレビに出る仕事をすれば、これまで出会ってきた人達みんなに見てもらえるなという考えがどこかにありました。「赤江、ここにいます」って、連絡がなくなった知り合いに知らせるにはマスメディアだ、って。

――中2で挫折したときに、反抗心みたいなのは芽生えなかったんですか。「こいつらをギャフンと言わせてやりたい」みたいな。

赤江　あっ、芽生えた、芽生えました。学校って、ヒエラルキーみたいなのがあるじゃないですか。学校に行かなかったこともあり、ヒエラルキーの下のほうにいっちゃった感じがあって、見返すにはまず勉強だなと。とにかくこの学校で1回トップになろうと思って。ちゃんと取りましたよ、トップ。でも、トップを取ると、それはそれで扱いが変わってしまって、「なんじゃこりゃ」って。自分としては、地続きで何も変わっていないのに、周囲が上げ下げしてきて、全体的に人の評価って信用できないのだなって感じに行き着きましたね。

——それが、「人間の心理を知りたい」という気持ちに繫がっていくんですね。

赤江　そうですね。やっぱりそれまでは、自分中心で、自分の思っていること、考えていることだけに目を向けていたのが、ようやく、「この人はどう思っているんだろう?」「これに対してこの人はどう返してる?」と周りを見るようになりました。悪く言えば、人の目を気にするようになったんでしょうね。でもそれが、私にとっては大人になった、ということなのかもしれません。

——物事を客観視できるのはいいことですが、たとえば、何かしゃべったときに「あれ、自分、本当はどう思ってるんだろう?」って疑うようになると、話がこんがらがりますよね。

赤江　たしかに。でも、中学生のときの悶々とした感情のままに、人間不信も、人間関係も飽きるほど考えたので、今となっては考えすぎて熟成発酵して、こんがらがる自分すら面白くなってたりして。だから、どんな感情も役に立っている気がします。特にラジオの仕事はそうかな。これも、ラジオの醍醐味の一つですよね。

——これまでの自分が全部使える、って感じがラジオにはありますよね。

赤江　そうですね。調味料で言うと、負の感情とか、もやもやした感情は癖の強い素材だけど、でもそれを入れることでたまたまできた、熟成だれは、仕事に意外と役立つたれになってる気がしますね。

「額縁」から転身する葛藤

――アナウンサーになったら、みんなが見てくれるはずと思って、アナウンサーになった。実際、全方向から連絡は来ましたか。

赤江　来ましたね。高知に住んでいた頃の友達からも連絡が来ましたから。でも、見てもらったからなんなんだ、仕事のゴールがそれというわけにはいかないぞと。新たに課題が生まれたと思います。転校するたびに、子どもの力では関係性を維持できなくなってしまうことに無力感がありました。石川啄木の「いのちなき砂のかなしさよ　さらさらと　握れば指のあひだより落つ」みたいな気分で。大人になって関係性をもう1回手に入れられないか試したいというのが仕事の動機の一つだったわけなんですが。

――では、その作戦は成功したと。

赤江　そうですね。でも一方で、もっと晒されることになるじゃないですか。人の目を気にして、晒されることが嫌になっていたにもかかわらず、誰よりも晒される仕事を選んだわけですから。自分から選んだこの「晒され感」に鍛えられていくというか、慣れていく作業が自分の人生では必要だったのかもと今は思います。大阪のアナウンサーだったので、東京ほどタレント的な扱いではなく、一社員としての立ち位置がしっかりしてはいたので、守られている感じはありましたけど。

――評判って気にされましたか。見た人がなんと言っていたとか。

赤江　97年の入社なんですが、インターネットがまだ発達してなくて、お便りが番組に届くにしても、あまりにひどいのはスタッフが分別して演者側に届かないようにしてくれていた時代でした。まだ弱い芽のときに、そこまで逆風を浴びてないんです。今の時代は、いきなり晒されますからね。

――小学生時代からしゃべることに積極的な気持ちを持ってらっしゃったわけですが、実際にＡＢＣでアナウンサーを始めてみても、ポジティブなものであり続けましたか。

赤江　当初は先輩や会社から言われる仕事をこなすことに必死で、自分を見てくれている人の意見よりも一緒に働いている人の期待に応えることに終始していました。自分から見えない人のことは意識しないように仕事していたのかもしれません。何百万人を相手にしてます、と言われても、自分の想像が追い付かなくて。

ラジオって、リスナーさんからのレスポンスがありますよね。ＴＢＳラジオの仕事をするまでは正直、自分から見えている範囲の人たちの間での評判を一番のゴールにしていたところがあります。届いた相手の反応を直接しっかり感じるようになったのは、ラジオが大きいと思います。

――ＡＢＣではトミーズさんのラジオ『トミーズのトントン！』に半年ほど出られていたと思いますが、あれはどういったラジオだったんですか。

赤江　収録番組で、トミーズさんお二人がトークをされている横にアシスタント的にいて、ちょいちょい話に絡んでいく、くらいの感じでした。ＡＢＣでは他にもいくつかラジオを担当させてもらったんですが、すべてアシスタントでした。しかもメインの方の横で、「おっ」とか「ほう」とか、相槌を入れているくらいの気楽な感じです。「自分で番組を作っていかなきゃ」とか「この話をオチに持っていこう」などと話題の舵を切っていたわけではないので、今とはまったく違いますね。

――セミをパンツに入れる話をしていたわけではないんですね。

赤江　してないです、一切してないです。局アナでしたし、そんなにグイグイ出たいという感覚もなく、担当番組をちゃんとこなさなければという感じでしょうか。

――東京に来て、『スーパーモーニング』をやるようになってからも、その「出たい」という気持ちはなかったんですか。

赤江　ああやってメインの扱いになると、神輿の一番上に乗らなければなりません。そうなると、スタッフという担ぎ手が担いでくれてるのにお前が萎縮してどうする、と思うようになりました。自分がここで座長をやらなきゃって。私を見てください、というか、今ここで求められている役割はなんだろう、という仕事の仕方だと思いますね。

――今、『たまむすび』を聴いている人の多くは、セミをパンツに入れていた時代と、今の赤江さんの話しっぷりを直結させている人が多いと思うんですが、実は、中2で鼻を折られたあとに芽生えた感情のほうが、付き合いが長いわけですね。

赤江　そうですね。人生は深く考え込む時代のほうが長いですよ。ただ、三つ子の魂百までじゃないですが、相変わらずお気楽者だったり、どうせやるなら徹底的に面白くやろうよみたいな派手なことや突拍子もないことが好きという楽観的な性格も残っていて作用しているんでしょうね。

――セミをパンツに入れた話ばかりして恐縮ですが、セミをパンツに入れていた感じを表に出せるようになったのは、この『たまむすび』ですか。

赤江　それはホントにそうですね。アナウンサーの仕事って、やっぱりテレビでもラジオでも受け手の仕事が多いですよね。ゲストをお招きして、その人の良さを引き出すとか、絵で言うと、お前たちは額縁の部分を担えと言われてきました。その意識で来たのに、『たまむすび』では、急に自分のことを話してほしいと言われて、葛藤がありましたね。

TBSラジオの荒療治

――番組が始まったのが2012年4月ですが、『たまむすび』のオファーがあったのっていつ頃なんですか。

赤江　2011年の秋くらいですかね。実はその2年くらい前に、まったく違う番組の話をTBSラジオからいただいたことがあって、ラジオはやってみたい仕事だったんですけど、スケジュールがどうしても合わずにお断りしたんです。なので、今回はどうしても受けたいと思っていました。ABCのアナウンス部で、ラジオを担当している先輩たちがとても楽しそうに仕事をしていたのが印象的で、それを横目で見ながらテレビの仕事をしていたので、「ラジオ、もうちょっとやりたかった」という思いがあったんです。それに、当初は、自分のことをあだこうだ話すっていうより、どちらかと言うとニュースを扱う情報番組です、という依頼だったんです。当時、担当していた朝のニュース番組と内容的にも被るかもくらいのオファーでした。

――えっ、最初の企画書ではニュース中心だったと。

赤江　そうなんです。初代プロデューサーからもそうやって説明を受けましたから。蓋を開けてみたら、ニュースはほとんど扱わない。なので、迂闊だったと思って、オファーを受けたことをすごく後悔したというか、どうしたらいいんだろうって頭を抱えました。

――しかも、曜日パートナーも、芸能界を代表する猛獣たちというか、そういった人たちとやりとりして、なおかつ、赤江珠緒の『たまむすび』なので、自分の話をしなくてはいけない。

赤江　どんな話をしても面白くなる芸人さんの前で、何か面白い話をしろ、って言われることの、罰ゲーム的な辛さったらないですよ。「みなさんのほうが絶対に面白い話ができるとわかっているのに、なんでワシがここで話さなアカンのよ」って。しかも、TBSラジオって、ラジオ界でも長年の横綱みたいな存在。番組が始まってから、「えっ、この時間のTBSラジオのワイド番組って、想像以上の重責じゃん！」って実感し始めて。

——逆に言えば、パートナーのみなさんは、赤江さんが何を出しても、すべて料理してくれる人でもありますよね。どんな素材を投げるかが問われてしまうわけですけど。

赤江　何を投げればいいのか、それに半年ぐらい戸惑ってましたね。「うーん、どうしたもんかなあ」って。

——その、「どうしたもんかなあ」っていうのがちょっと晴れやかになるというか、光が射し込むタイミングって、どこかであったんですか。

赤江　気づいたらどうでもいい話ばかりする番組になっていき、そして自分もどうでもいいことを話すことにだんだん抵抗がなくなり、っていう感じですかね。

——2012年8月号の「TBSラジオPress」で、博多大吉さんと対談をしていて、赤江さんが開口一番、「おかげさまで、スタート時のあの緊張感はどこへやらという感じで、かなりリラックスさせてもらっています」と話しています。

赤江　たった4ヵ月でそんなこと言ってますか。生意気な。じゃ、半年も悩んでないんだ（笑）。

——「もう、このスタジオが自分の家かのようになってますね」ですって。

赤江　だからもう、TBSラジオの荒療治ですよね。泳げないのに深いところへ投げ込まれて、とにかく泳げ泳げって言われているうちに、気がつけばちょっとずつ泳力がついてきた、みたいな感じですね。

――強制的に泳がせる力のある方たちばかりですしね。泳げる・泳げないというか、泳ぐしかなかった。

赤江　それに何より自分が楽しくなってきましたし、パートナーとも信頼関係ができてきて、その人たちと話すことが楽しくなってきたんです。

――この対談の中で、赤江さんが、「スタート時にも、大吉先生自ら『75点を目指そう』って言って下さったんです」と。

赤江　はあ、なるほど。

――「はあ、なるほど」って、そう話したの赤江さんです。この「75点感」っていうのは、今はどうでしょう。

赤江　今もそう思ってますね。もちろん気持ちとしては、100点目指しての放送ですが、帯の番組って、プロ野球のシーズンみたいなもので、今日は打てなくてもトータルで3割打てていれば御の字、みたいな感じです。「この試合に絶対勝たなきゃいけない」っていう高校野球的な戦い方ではないですから。「全然ダメだったな」という放送があれば、「我ながら、今日の放送はめっちゃ面白かったな」という放送もあります。本当にムラのあるものをお届けしているなという実感がありますが、そういうのも全部込みで楽しんでいただいているといいんですが。

――自分の頭の中での採点と、リスナーさんの反応やパートナーの反応ってリンクしますか。

赤江　これが、リンクしてないんですよね。特に最初は何が喜ばれているのかが全然わからなくて。「おばあちゃんのつぶやき」コーナー（『たまむすび』1週間の赤江さんらのミスをリスナーが指摘する）も、どこがリスナーに刺さっているのか全然わかりませんでした。でも、コーナーが長く続くものだから、「そうか。需要があったのか……」と。自分の中で何が正解かわからないのですよ、いまだに。

——ABCに入った頃はまだインターネットが発達していなかった、という話をしていましたが、今はそうではなく、いくらでも可視化されていますね。自分で評判をチェックしようと思えばできてしまうわけですが、反応って、どれくらい見ていますか。

赤江　薄目で見ます。薄目で、シャーッと見る。そこには結構、核心というか、「あっ、図星！」みたいな指摘もあるんです。「いいこと言うな」「自分にとっては辛いけど、おっしゃる通りです」みたいな面もあったりして。まったく見ないほうが平和ですが、成長の糧になることもあるので薄目で見ます。もちろん、自分が直に接している人から言われたアドバイスほどには嚙み締めませんけど。

——赤江さんは、スタジオ内で話が盛り上がっていても、ブースの外を見てスタッフがあまり乗ってなかったら、その話を続けないようにするそうですね。

赤江　そうなのかな？　中2のときからの「人がどう思っているだろう」を探る能力がいい意味で作動しているのかもしれません。

——赤江さんは時折、「ポンコツ」って言い方をされるわけですが、冷静に考えてみると、「ポンコツ」って、なかなかヒドい言い方ですよね。

赤江　たしかに（笑）。でもなんか自分でもしっくりしていて納得してます。

——「ポンコツ」って、ちっとも客観視ができない人のイメージがありますが、でも、実際の赤江さんは、常に外の目を意識されていますね。

放送のおともは、モニター用のヘッドフォン（スタジオの生音も聞きたいので片耳）と、『たまむすび』グッズの湯飲み。リスナーには思い出深い品々も見せてくれた。放送2000回記念に配布されたすごろく、40歳を迎えたとき番組内で「買わされた」純金えびす様、名作オープニングトークの一つ「指輪がはずれなくなって深夜に消防署へ駆け込む」の元凶の指輪。

たまむすび すごろく 放送2000回記念！

2012

START
2012年4月2日
「たまむすび」スタート！

月曜パートナー・ビビる大木、幕末と日活ロマンポルノを大いに語る！

「赤江珠緒が『週刊プレイボーイ』でグラビアする／しない騒動」起きる。

赤江、旅行先のモロッコで食あたり！尻に無料の注射を打たれる。

ゲストで来た安住アナに赤江の過去の手紙を読まれる。

▷プレ放送。さして手ごたえが無いものの、博多大吉から「来世があります」と励まされ前を向く
▷赤江＆山里亮太、番組PRで「オールスター感謝祭」に出演。赤江、ヘンな着ぐるみでレースに出る

▷金曜パーソナリティ、小林悠（ナタリー）の大仏好

2015

小田嶋隆、転倒し骨折→入院。
一回休み

赤江＆玉袋、3Dプリンターで「タマオスカー像」を製作。

博多華丸・大吉、「THE MANZAI」王者に！スタッフがそれなりに気を遣い、やや豪華なイスを用意。

神戸マラソン初参加！赤江選手、見事完走。珍お守りを2代目P・橋本からもらう。

赤江の憧れ、市原悦子が生出演！オリジナル昔話を朗読してもらう。

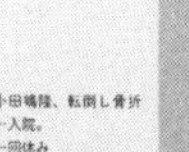

▷キャスター赤江、「モーニングバード」を（惜しまれつつ？）卒業
▷出演者8人揃って、「ラジフェス」ステージ登壇！“午後は任せろ！”ポスター製作

赤江、山里のLIVE後に指輪が抜けず…深夜 消防署で指輪を切断。山里の呪い？
他のプレイヤー1名を5マス戻す

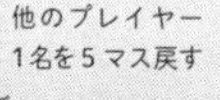

赤江、「およげ！たいやきくん」のレコードをかけるも放送事故寸前。

春風亭一之輔、飲み会の席でやらかして玉袋に叱られる。

ワイドFM開局特番放送。「セカンドたまきんは私だ～！」が東スポ記事になる。

文化放送にいる大竹まこと氏と電話中継。赤江、「40代バカ部門女子」と言われる。

▷四十歳の記念で!? 赤江、遂に金塊を買わされる

赤江珠緒、「TBSラジオ珍プレー好プレー大賞」3連覇！殿堂入り…。
もう1回サイコロを振って戻る

2017

赤江　今日お話ししたように、すごく意識していると自分では思います。ただ、1周回ってすごく遠いところだったり、明後日の方向から見ていたりするのかも。それが他の人から見ると、ポンコツに見えるのかしら。むしろ、めっちゃ気にしてますけど、ってくらい周り見ていますね。飲み会でも、飲んでない人がいたら気になるし。「あの人、楽しめているかな」って。だから、私、旅館の女将さんとかに向いているんじゃないかなって思ったりもしています（笑）。

茶会の主人みたいな気持ちで

――『たまむすび』のホームページを開くと、番組のテーマが「世の中をパ～ッと明るく！いちごを摘みながら聞いている農家のおばちゃんが、笑って思わずいちごを落としちゃうような（笑）一日一爆笑！トーク＆バラエティー〝たまむすび〟」とあります。

赤江　すごいテーマですよね、それ。

――かなりハードル高いですよね。

赤江　「いちご、そんなには落とさんだろ！」って。でもこれ、最初からこのコンセプトですからね。私、なんで爆笑を目指して仕事をしているんだろうって、冷静に考えると不思議ですね。

――『たまむすび』は、お昼の1時から3時半までやっているわけですが、この時間帯については、どういうイメージでいますか。

赤江　昼ご飯を食べて、一番昼寝したくなる時間帯ですよね。おやつタイムも入ってくるし。家事や仕事で大変な方が、本当は休憩したい時間。だからこそ、あまり実のないものを届けて、この番組で時間を潰してもらいたい、というのが、スタッフや演者の人も含めた共通認識になっているかもしれません。これ、時間帯が変わったら、さすがにもっと情報がないといけないはずですから。

――ラジオって、その時間帯ならではの振る舞いというのがありますよね。

赤江　あります。なので、前番組の（ジェーン・）スーさんからの流れは気にします。「スーさんのところと同じ話題にならないようにしよう」とか、その1日を通した流れに乗っていけるようには気をつけますね。

――「その日のTBSラジオの流れ」＝「縦軸」と、「ラジオを聴いてくれるみなさん」＝「横軸」を意識しているとおっしゃっていますね。

赤江　たとえば、悲惨な災害があったとき、この番組を報道的な内容に切り替えるわけではないけれど、心が落ち込んでしまっている状態を前にして、「わー！」って元気にいくほうがいいのか、逆に穏やかにいくのがいいのか悩みますね。あんまり落ち着いて低くいきすぎても「いや、それを求めてないし」ってなるかもしれない。でもしょっぱなから、能天気が許されない日もある。茶会の主人みたいな気持ちで、今日の気温、ニュース、世の中の雰囲気を感じながら、「うちの部屋、今日のお花はこれにしよう」「掛け軸はこれを飾ろう」とかそういうおもてなしというか、準備をします。

――2014年、毒蝮三太夫さん×生島ヒロシさん×赤江さんの座談会が「BRUTUS」（3月15日号）に載っているんですが、読み返すと、赤江さん、ほとんどしゃべってないんです。

赤江　そうでした。たしかにそんな記憶があります。あれだけのキャリアのパーソナリティの前では新参者パーソナリティはまったく入る隙がなくて（笑）。

――ほとんど二人がしゃべっているんですが、ほぼ唯一、赤江さんが切り出したのが、「飽きられてしまうんじゃないかっていう心配があるんですよ」という話題でした。

赤江　そう言ったときの蝮さんの答えは、自分の中で今でも忘れられません。「飽きられるのは、自分が自分に飽きたときじゃないかね」と言われて、「ああ、なるほど」と思いました。たしかに人に飽きられるのは怖いんですけど、それ以上に怖いのが、自分が飽きてしまうことだと。帯番組って、どうしてもマンネリで同じことをしていく部分があるので、そこに自分が飽きてはいけないし、自分が毎日本気で楽しめるかが重要で、そことの戦いですね。

――その戦いは、日々、色々と上下はあるのでしょうが、勝ち続けている感じですか。

赤江　おかげさまで、気持ちはキープできていますので、今のところ続いているんですけど、でも、もしも気持ちが保てなくなったら、それは辞めどきだな、とも思っています。この10年間、そう思うことで緊張感を自分に持たせているのかもしれません。最終的には自分の懐刀で自分を始末しよう、という気では向かっていますね。

――朝から晩までTBSラジオを聴いている人っていうのは、いつもの感じというか、慣れ親しんだ上で聴いてくれる、みたいなところがありますよね。

赤江　そうですよね。でもだからこそ、出ている人が飽きていたらダメだと思います。その感性だけは、自分でキープしておかないと。それができなくなったらもうここに座る資格はないだろうなって思いますね。

――お子さんを出産される前後に、番組を一度お休みされましたが、そのときにも、赤江さんは局側に対して、復帰するのは難しい、と伝えていたそうですね。

赤江　ほぼほぼ辞める、というか、最初は「辞めさせてください」という話をしていました。子どもを産んだあとに、育児と共にできる仕事かどうかはわかりませんでしたから。それがわからない時点で、簡単に「戻ってきます！」とは言えないなって。

——自分が思うようなクオリティの番組、そして、意欲を持って臨むことができないのではないかと想像していたということですか。

赤江　はい。でも、結果的に引き止めていただいて。実際に産んだあとで、もう1回考えましょう、ということになったんです。

ラジオならではの間柄

——赤江さんが、パートナーのことをネーミングした記事がありまして（「TBSラジオPress」2018年4月&5月号）、月曜のカンニング竹山さんが「心が二枚目」、火曜の山里亮太さんが「こじらせ妖怪」、水曜の博多大吉さんが「名言自動販売機」、木曜のピエール瀧さんが「鬼襲来」、それぞれものすごく的確なネーミングですね。

赤江　うーん、いいネーミングですね。

——これはそれぞれ変更ナシでいいですかね。

赤江　変更ないですね。そのままいけますね。

——あっ、でも、現在の木曜担当、土屋礼央さんのネーミングがないと、ぐずる可能性がありますね。

赤江　そうですね。レオレオ……なんだろうな、「サービスの塊」と書いて「サービスエース」

と読みたいですね。

――土屋さんとの放送を聴いていると、土屋さんが、この1週間にあったことをすべて赤江さんにぶつけようとする、準備万全な感じがありますね。

赤江　そうなんです。そういう意味では、一番頼ってもいい存在です。レオレオは帯のラジオ番組の経験もありますので、帯ならではの苦労をわかってくれていて、そこをすごくケアしてくれますね。

――自分の番組では、事前に用意された台本にほとんど添わずにしゃべるんですが、土屋さんが『アシタノカレッジ』(20年9月〜)にゲストで出てくださったときに、土屋さんは、台本に基づいて色々と考えてくださっていて、それを使わずに進めたら、少々ズレが生じてしまいまして。

赤江　砂鉄さんは、相手の思考に添って素潜りしていく達人で、「一緒に深いところまで潜ろう」って連れていく。だから「いや、ちょっと落ち着いて。レオレオは酸素ボンベないとそんなところまで潜っちゃダメだよ。我々は酸素ボンベなしでは無理!」って事前に言っておいたんですけどね。砂鉄さんは「思考素潜りの達人、ジャック・マイヨール級」でお願いします。

――あら、自分にまでネーミングを。ありがとうございます。各パートナーが、赤江さんのことを名付けているものもあります。竹山さんからは「最高の〝普通人〟」、山里さんからは「バカボンのパパ」、大吉さんからは「こちらが〝一肌脱ぎたくなるような〟ほっとけないところが魅力」。で、瀧さんからは「あげたら何でも食べちゃう人懐っこい犬」。

赤江　ははは、そうですね、なるほどなるほど。でも、ラジオの仕事はこういうところが面白いですよね。テレビで共演させていただいても、こういう間柄にはなかなかなれないから。毎週2時間半も話していると、お互いにかなりの引き出しを開けることになるので、信頼関係が深まります。

――瀧さん、元月曜パートナーのビビる大木さんも含め、パートナーの方たちって、日本屈指の頭の回転の速い人たちですよね。この、回転のクソ速い人たちと一緒にいて、ご自身も反応が速くなった感じってありますか。

赤江 それはどうでしょう。もはや何も考えずに口にしても大丈夫ですから、筋力使ってるのかな？　身内みたいなものです。家族に対して、これを言ったらどう思うかな、なんてわざわざ考えないじゃないですか。それと一緒です。金曜日の玉さん（玉袋筋太郎）も番組当初から、曜日は違えども一緒に走ってもらっている感じだし。新しい風を吹き込んでくれた外山惠理さんも。阿吽の呼吸に救われています。

――タクシー運転手さんから頻繁に「何曜日が一番やりやすいですか」って聞かれるそうですね。

赤江 言われます、言われます。

――なんて答えるんですか。

赤江 タクシーの運転手さんからこう言ってほしいって感じが出ているときがあるんですよ。「えっと、火曜……」「ああ、そうでしょ！」みたいな感じになったり、「やっぱ、水曜日の大吉先生が何言っても助けてくれて」って言うと、「そうでしょうね」みたいな。その場その場で変えていますね。「ここは、昔の瀧さんの話がいいのかな」とか。それで、話を切り出してみたら、「いや、でもね、赤江さんは、月曜日の竹山さんのときが一番落ち着いて話してますよ」みたいな。

――順位があるってことではなく、毎回、特性がある人たちとやりとりしている、ってことですよね。

赤江 そうですね。順位じゃなくて色合いですね。この色合いがすべて揃ったときになんとなく楽しいってなるんです。

どんな声でも一回受け止める

――こうしてお話を聞いていると、とにかく俯瞰で見ることを徹底されているんだな、と思います。その一方で、『爆笑問題の日曜サンデー』（08年4月〜）内で毎年やっている「TBSラジオ珍プレー好プレー大賞」では、早々に殿堂入りされました。

赤江　はい、そうなんです。

――この事実、どう受け止めていますか。

赤江　最初、「ノミネートされています」と言われて「ええ、うちの番組、そんなの入るかな？」なんて首を傾げていたら、「優勝です！」って言われて、まさかそのあと、殿堂入りするとは……ただただ恥ずかしいというか、「私、むっちゃ恥かいている」って感じですね。

――昨年、新型コロナウイルスに感染されたあとに、『荻上チキ・Session-22』（13年4月〜20年9月）に出演して、その様子を語られたり、月曜日の小田嶋隆さんや火曜日の町山智浩さんとのコーナーでは、社会時事を踏まえて話されることもありますね。そういうときの赤江さんは、今、起きていることにとても敏感というか、熟知されていらっしゃるんだなと思いながら聴いています。

赤江　新聞は、朝の情報番組をやっていたときからの習慣で、4紙に目を通してはいます。自分が特に興味ないと思っているような記事も目に入るし、「そうか、今、こういう話題もあるのか」

と感じながら読んでいます。

——だいたい、毎日、どんなルーティンでスタジオまで辿り着くんですか。

赤江　今は、朝6時半くらいに起きて、少し子どもとウダウダして、朝ごはん作って、お弁当作って、夫が子どもを保育園に連れていきます。で、たまに二度寝したり、新聞を読んだり、朝のニュースを見返したり。そこから支度をしながら朝のラジオを遡りつつ、ちょっとだけ家事をやって、家を出ます。そして、開始までは雑談していますね。

——スタジオ入りしても、パートナーがそこにいるわけではないですよね。

赤江　みんな、結構ギリギリに来ますね。なので、それまでにいかに自分が、ある程度の情報というか、こんな雑談ができそうだなと仕込めるかが勝負みたいなところがあります。

——オープニングトークは、どっちが主導するか、その場にならないとわからないんですよね。相撲の立ち合いみたいにどっちが前のめりにいくか駆け引きする。

赤江　はい。柔道の試合みたいに、お互いに技をかけず、「指導！」みたいな日もあります。いい加減、技かけてよ、みたいな。最初の曲まで、15分くらいありますからね。

——『たまむすび』は始まってから今までで、とにかく様々な事件がありましたよね。笑えるものから、そうじゃないものまで……なんでこう、色々と引きつけるんでしょうね。

赤江　自分の人生というか、友達にしても、変な人たちが寄ってきたり、旅行に行っても何かしらおかしな、おバカなことがよく起こるんです。

——その点を、いつも客観視してきた赤江さんは、自分でどう分析しているんですか。

赤江　一言で言うと、迂闊なんでしょうね。客観視している感じでカッコ良く話してますけど、迂闊が8割ですから。だから、落語の中の人物にとても共感します。モロッコを旅していたら、自分が病気になってしまい、夜中に砂漠の街で病院に運ばれ、注射を打たれたんですけど、「無料です」と言われて。「え、なんで？　逆に怖い。何を打った？」と不安になったら、その当時の王様が、「旅行者には全員タダってことに決めた」と言われたり、素敵な日本の宿の部屋にパンツを忘れて、ジップロックに丁寧に入れられて戻ってきたとか……。子どものときからこんなのだったので、家族の中でもあまり信用されてないです。「ここで川に落ちる人がいますよ、気をつけてね」って言ったそばから、自分が落ちているみたいな。

――トルストイの『人にはどれだけの土地がいるか』がとてもお好きだとか。

赤江　最終的に自分の体を埋める分の土地さえあればいい、必要なものって実はそんなに多くはないのかもねっというお話です。宮大工の祖父が山伏みたいなこともしていて、子どもの頃から人を弔う行事に接することが多かったからか、死ぬことを大らかに捉える重要性を大人になるとより強く感じるようになり、最後はみんな死ぬんだから、あんまり、欲張らないようにねっていう自分への戒めの話ですね。

――これから『たまむすび』をこのようにしていきたい、というイメージはありますか。

赤江　そうですね〜。やっぱり、大らかでありたいですね。どんな声でも、とりあえず1回受け止める場所でありたいです。パートナーの人たちにも、自由に、自分たちの好きなようにしてほしい。その結果どうなるかは……知らんっていう感じですね。

――結果は知らん。

赤江　正直知らん。大らかに楽しく、みんながちょっとでも和む、そういう時間を提供したいなと思います。そのための努力はしますが、その結果までは知らん、と思っています。聴く人に楽しんでもらうためには、自分たちが本心から楽しむのが必須です。そこが楽しめなくなったら、もう終わったほうがいいですから。

——そのときは自分から刀を出して……。

赤江　はい。シュパッと刺して。それは明日かもしれません。自分の気持ちには正直でいたいですね。

——刺す日が来ないことを祈っています。

赤江　そうですね、私も、その日が来ないよう、努力しようと思っています。

（２０２１年８月９日）

2:21

思考のプロセスをリスナーと培う。そして、先へ。

荻上チキ （評論家）

おぎうえ・ちき　1981年兵庫県生まれ。TBSラジオ『荻上チキ・Session』（月～金・15:30～17:50／2020年9月～）のメインパーソナリティ。『文化系トークラジオ Life』（06年10月～）『BATTLE TALK RADIO アクセス』（98年10月～10年4月）への出演を経て、『ニュース探究ラジオ Dig』（10年4月～13年3月）でレギュラーとしてパーソナリティを務めた。13年4月、『荻上チキ・Session-22』が開始（16年、ギャラクシー賞・ラジオ部門DJパーソナリティ賞受賞）。放送時間を変更し現在に至る。NPO法人「ストップいじめ！ナビ」代表、「社会調査支援機構チキラボ」所長。主な著書に、『彼女たちの売春（ワリキリ）』（新潮文庫）『災害支援手帖』（木楽舎）『すべての新聞は「偏って」いる』（扶桑社）『いじめを生む教室』（PHP新書）『みらいめがね（1～2）』（ヨシタケシンスケとの共著／暮しの手帖社）などがある。

毎日、ありとあらゆるニュースが飛び込んでくる。とても追いきれない。結果的に、もういいや、と諦めてしまう。「今、社会で起きていること」をすべて把握し、整理するのが不可能になった。何が問題で、その問題をどのように解決し、どのような社会を望めばいいのか……日々のニュースを懇切丁寧に追いかける荻上チキの言葉には、いつも提言が含まれている。番組のスローガンに「発信型ニュース・プロジェクト　～日本の新しい民主主義のためのプラットフォーム～」とある。まずそれだけを知ると、正直、何を大仰な、と思う。でも、この番組に慣れ親しむと、まさにその通りの番組だという実感を得る。ニュースを受け取り、噛み砕き、提言する。社会を変え、整えようとしている。

日本の窓事情について考えた日々

――チキさんのエッセイ『みらいめがね』（暮しの手帖社）を読んでいたら、「赤坂の数ある喫茶店の中から、あえてコージーコーナーを指定する人は、『仕事熱心な人』だという印象がある」と書いてありました。これ、どういった根拠からなんですか。

荻上チキ　なぜそんなことから……編集者が打ち合わせ場所にどういう喫茶店を指定してくるかって、特徴が出ますよね。自分との打ち合わせをきっかけに、その喫茶店でゆっくりしようって人もいれば、よくわからないなりに検索して、「まっ、コージーコーナーなら普通の喫茶スペースかな」と指定してくる人もいる。コージーコーナーを指定してくる人は、仕事にすれていない朴訥さというか、土地勘がないなりによく考える熱心さが、保守的な店のチョイスに表れているんじゃないかと思っていたんです。

――なるほど。あとあと、上手くいった仕事と上手くいかなかった仕事の、最初の出会いの場所って頭に残りますよね。

荻上　ただ、そのコージーコーナーの喫茶コーナー、もうなくなってしまったんです。

――えっ、そうだったんですか。指定されてみたかったです。もう聞かれ飽きたと思いますが、夜の時間帯から、昼というか、夕方の時間帯に移られていかがですか。

荻上　体調が良くなりました。

――やはり体調ですか。これまでは夜中に終わって、寝るのが……。

荻上　寝るのは3、4時くらいですね。1時に家に着いて、夜食を食べて、で、ゲームしたり、映画観たり、ひと原稿したり……。

――えっ、ひと原稿しますか。

荻上　〆切があるときはそうですね。ほら、「その日の〆切」って、僕ら書く側にとっては「翌日、編集者が出社するまで」って変換されますよね。

――もちろんです。では、原稿が忙しいときは、夜が明けるまでやられていたと。

荻上　そうですね。睡眠障害を抱えていたので、色々と試しながらやっていたんですが、この時間帯に移行したら、1ヵ月もしないうちに治りました。やっぱり、生活リズムと太陽、そして、音というのは大事ですね。

――音ってなんですか。

荻上　3、4時に寝入るじゃないですか。そうすると5時くらいに近所のスーパーに、荷物の搬入が来るんです。ガラガラガラと大きな音がします。8時くらいになると車も動きだすし、9時を過ぎると、場合によっては選挙カーまで動きだします。宅配便の午前着も届き始める。かれこれ、7、8年、その生活が続きました。

——やっぱり、大事なんですね、静けさ。そして、太陽。日を浴びるってことが。

荻上　当時は、太陽を一切入れないように、カーテンを画鋲で留めていたんです。光が入ると、どうしても起きてしまうので。でも、やっぱり限界があって、どうしても光が入るんです。日本の窓事情についても、考えさせられました。

——日本の窓事情ってなんですか。

荻上　まず、多くの場合、アルミサッシで一重窓ですよね。本来、二重窓のほうが、防寒、防音、両面においていいんですが、なかなか二重窓はない。加えて、カーテンレールも、直に窓枠に付けるものが多いですが、コの字に遮光カバーが付けてあると光が入りにくくなる。でも、そうではない物件が多い。なので、人目を避ける役割は果たすけど、遮光性と遮音性の限界がどうしても出てきます。福祉のために、住宅のクオリティ全般を上げてほしいなあ、って考えていました。

——自分が今担当している『アシタノカレッジ』（22時〜23時55分／2020年9月〜）では、TBSには放送開始1時間前の21時に来ます。以前、夕方の『ACTION』（15時半〜17時半／19年4月〜20年9月）をやっていたときは14時入りでしたが、やっぱり夜に来ると、フロア全体が結構静かなんですよね。最初はそれに慣れなくて。

荻上　『Session-22』では、その静けさによって、セクト感というのか、仲間感が強まりましたね。「みんなは帰ったけど、自分たちは、これから夜のお仕事だ！」みたいな。夕方は色々とニュースも動きますし、かかわる人数も増えたし、社交の場面を見ることも増えました。前の番組の『たまむすび』（13時～15時半／12年4月～）が終わって、そのゲストの方が帰られるところを見たり。

チキ少年の1週間

――チキさんの声はとにかく「よく通る」という印象なんですが、子どもの頃から大人っぽい声だと言われていたそうですね。

荻上　そうですね。中学生くらいの頃から、大阪の祖母が自分の声をよく褒めてくれたんです。「あんたはアナウンサーになれるで」って。それを母に伝えると、母も「あんたの声はいいんだよ、お父さんに似て。お父さんは声と姿勢だけはいいから」って言われました。

――チキ少年は、そう言われて、どう感じたんですか。

荻上　父親がいい声をしているという印象がなかったので、ピンとこなかったですね。聞き慣れてしまってて。それに声って、自分の実力で摑んだものではないじゃないですか。

――でも、人から褒められて悪い気はしないですよね。

荻上　それを自慢にできるような属性だったらそこをアイデンティティにできる可能性もあったんですけど、ピンとこないものを褒められても、ピンとこないままでしたね。

――姿勢は良くなかったですか。

荻上　良くなかったですね。猫背で。「あんた、背中が丸まってるから直しなさい。腰悪くするよ」って、しょっちゅう言われてました。で、直らないままでした。

——小学校の頃から、とにかくたくさんの習い事をしていたそうで。

荻上　書道、スイミング、ボーイスカウト、ピアノ、絵画教室、スケート教室、スキー教室、テニス……あとは、塾ですね。

——時間なさすぎじゃないですか。

荻上　月から金まで、びっしり予定が埋まっていて、「今日の放課後はこれ」って決まってました。

——チキ少年、納得しながらやっていたんですか。

荻上　うーん。親から言われていたんです、「いつかためになるかもしれないし、ためにならなくても、こういうものがあるっていうのを知るのは大事なんだ」と。納得はしてなかったですね。でも、そういうものなのかなって。逆らう気持ちはなかったですね。ゲームや時代劇を見るのが好きだったので、「1日何時間」って決められた時間、勉強をやって、それが終わったら好きなゲームをちょっとやる、っていう暮らしでした。

——自由時間のために作業を頑張る受刑者のような……。

荻上　土日は6時間くらい机に向かってなさい、って言われるんです。一応向かっているんですけど、そこまで熱心に勉強しているわけではなく。何度も読んだ本やマンガを読み返していました。母親が、横に開けるタイプのドアをスーッと開けて、時々見にくるんです。なので、いかにも「勉強してます」って感じで座っておきながら、読んでるものは別の本、みたいな。耳にイヤホンを入れてラジオを聴いたりもしていました。

——子どもの頃は、結構なテレビっ子だったと。

荻上　テレビっ子でしたね。うちはＶＨＳじゃなくてベータだったんですけど、自分専用のビデオラックを6個くらい用意していて、ビデオ100本くらいを保存していました。映画やバラエティ番組を録画しておいて。バラエティ番組は自分で編集していましたね。

——自分で編集！

荻上　いや、当時はそれが普通で。デッキ2台使って。『ダウンタウンのごっつええ感じ』とか、テレビ番組を録画したものを「これ面白かったから」と、自分でラベルを作り、「総集編①」などと貼っていきました。テレビ雑誌を買って、1ヵ月先まで何が放送されるかをチェックします。「夏休み特番はこれだ」「今度新しく始まるドラマはこれだ」と。ドラマも第1話は一通り見て、そのあと、追い続けるのはどれにしようかと、結構真面目にやっていましたね。

——その真面目さ、マメさは、もっと子どもの頃からあったんですか。

荻上　どうでしょう。わりと飽きっぽい子でしたし、集中力が保たない子でしたから、趣味があって、それに打ち込むってタイプではなかったですね。当時、「Wizardry（ウィザードリィ）」っていうRPGゲームがあったんですけど。方眼紙を買ってきて、そのゲームのマップを方眼紙で作ってみようと思い立つんだけど、1フロア、2フロアくらい作って飽きてしまうみたいな、そういうのを繰り返していました。子どもの頃って、「何かに猛烈にハマる」というよりは「何かに猛烈にハマっている自分」「マメな自分」をどこかで持っておきたいものじゃないですか。

——たしかに。「ハマりたい」っていう謎の欲がありました。

荻上　そう。でも、結局はオタクになりきれなかった感覚があります。自発的に何かにハマっちゃってどうしようもないっていうものがそこまでなかった。

洗脳されるテープ、ラジオドラマ、小説

――子どもの頃、部屋で聴いていたラジオはどんな番組ですか。

荻上　森口博子さんの番組ですね。森口さんが当時、ＴＯＫＹＯ ＦＭで日曜お昼の番組のパーソナリティをやっていて（『出光ゼアスステーション ヒッツ・イン・モーション』１９９３年４月～98年９月）、毎週聴いていました。これっていうコンセプトがあるわけではなく、ただただ雑談が繰り広げられる番組だったんですが、そのテンポや運びがすごく上手かったんです。他の番組を聴くと物足りなく感じるのに、ここはなんかハズレがないぞ、と。夜は、文化放送で声優さんの番組、『ツインビー PARADISE』（93年10月～97年３月）や、あかほりさとるさんの『あかほりさとる劇場 爆れつハンター』（94年４月～10月）『まんがの森シアター あかほりさとるのわぁんちゃってＳＡＹ ＹＯＵ！』（94年10月～95年10月）などを聴いていました。あとは中島みゆきさんの番組ですね。

――まさか『オールナイトニッポン』（79年４月～87年３月）ではないですね。

荻上　いや、『オールナイト』以外にも、ＴＯＫＹＯ ＦＭで『中島みゆき お時間拝借』（94年４月～97年９月）という番組があったんですよ。『オールナイト』同様に一人しゃべりなんですが、これも面白くて。

――『ツインビー PARADISE』には、リスナー同士で、カバンに何かを装着するルールがあったとか。

荻上　ベルですね。コナミのシューティングゲーム「ツインビー」に出てくるアイテムの、小さ

な鐘のような形の鈴。それがリスナーの証なんです。当時はまだ、ケータイもポケベルも普及してないですから、人と繋がる場所はインターネットではなくリアルに限られていました。なので、街行く人が隠れたサインを送り合って、ゆるやかに繋がっていくのが楽しかったです。二人ほど知り合いましたね。

――隣のクラスの人が、チキさんの鈴を見つけたとか。

荻上　はいはい、ありました。「聴いてんの？」「合言葉は？」「ビー」。

――なんですか、「ビー」って。

荻上　「合言葉は？」って聞かれたら、「ビー」って答えるのがリスナーのルールでした。そうやってリスナー同士で繋がった経験を、番組に送るんです。「電車の中で鈴を付けている人がいたから勇気を持って声をかけてみました」とか、「図書館だったのでちょっと声を出すのは憚（はばか）られたし、メモを急に渡しても怖がられると思ったので、こっそり心に持ち帰ってきました」みたいな感じ。それを國府田マリ子さんが読んでくれるんです。

――じゃあ、「『ビー』って言ってみたけどまったく無視されました」みたいなものも……。

荻上　そうそう、「まったく関係ない鈴でした」って。そういうエピソードを聴いていました。見えない人との仲間意識を高めるような仕掛けですね。

――チキさんの合図に気づいてくれたその男子と、「聴くだけで洗脳されるカセットテープ」を作るにはどうしたらいいか考えたとか。なんですか、それは。

荻上　作りましたね。その彼は、『新世紀エヴァンゲリオン』に感化されて、「人類はやっぱり補完しなきゃいけない」という思想にハマっていて。

――自分の学生時代にもいました、まさにそういう人が。

荻上　放送部だったので、放送機材を使って、洗脳されるカセットテープを作ってみようということになったんです。『幽☆遊☆白書』に出てくる、人間の陰の部分だけを収録した「黒の章」のビデオのような音声ファイルを作ってみようと。二人でマイクの右と左を使い、同じことを言うんです。「お前は一体何者だ？」「お前は一体なんのために生きているんだ？」みたいな。アイデンティティを問われて不安になるようなワードを延々と言い続けるという、それだけなんですけど。

――それは誰かに聴かせたんですか。

荻上　聴かせたかなぁ。たぶん、録っただけで満足していましたね。

――そのテープ、残っていないんですか。

荻上　浦和西高の放送部に眠っているかもしれないけど……。MDじゃなくDATで、結構、高音質でした。

――放送部には率先して入ったんですか。

荻上　中学でまず放送委員会に入って、高校でも放送部を継続、っていう感じでしたね。

――それだけ聞くと、先ほど、「自分の声がいいって言われてもピンとこなかった」って言ってたの、ウソじゃないかって思ってしまうんですけど。

荻上　いや、でも、アナウンスではなく、どちらかというと技術側に興味がありました。放送委員会に入ったのも、体を動かさなくて良さそうだし、親から、内申書のために委員会に入りなさいって言われて入ったわけです。「じゃあ、放送委員会かな」と。あと、高校の放送部は、部室が使いやすかったというのが大きな理由ですね。他の部室はワンルームというか、ただの6畳部屋なんですが、放送部は2部屋あったので。機材室と、収録スタジオと。スタジオ側に畳を入れて、好きに飲み食いできるようになっていた。そこにテレビやゲームを置いて遊ぶんです。メガドライブとかスーパーファミコンとか。なので、他の部よりもリッチな部室が使えたんです。

――その放送部で、何がしかの作品を作って応募したことはあったんですか。

荻上　ありますね。Nコン（NHKコンテスト）っていうのがあって。Nコンにアナウンス部門で1回出て、1回戦で落ちてしまいました。あとは、ラジオドラマを作って応募したな。

――ラジオドラマ。どんなものを作ったんですか。

荻上　SF作品です。どういう物語かというと、「とてもよく眠れる枕」が売られるようになったという設定で。それを使って眠ると、人は見たい夢を選んで眠ることができるようになる。ドラマは、「気持ちよく眠ることができるので、みなさん買ってくださいね」というラジオCMから始まるんですね。で、学校で多くの人が「あの枕、効いた?」「あれ、いいよね!」「今度、買ってもらえるんだ」って話をしている。クラスメイトや恋人が、その枕を実際に買って使うようになったら、だんだん学校に来なくなってしまうんです。寝ている時間のほうが楽しくなっちゃうから、過眠してしまう。これが社会問題化していくわけですが、主人公は高校生なのでどうしようもないという。

――面白そうですね。

荻上　星新一が好きだったので、そのパターンです。今考えると典型的なメディア有害論ですが。

――その脚本は、全部チキさんが書いたんですか。

荻上　そうです。原稿を書いて、「誰々さん、これの声やって」とお願いして。放課後に収録して、みんなで作品にしました。予選で落ちましたけどね。上の世代が全国に行ってるので、自分のせいだなーって思いましたけど。その作品を作ったのが高校3年生の夏でした。最後のシーンでは、冒頭のCMをもう一度かけて、その音が徐々に大きくなってノイジーになって終わるんですね。いかにも『世にも奇妙な物語』でありそうな不穏な感じ。でも、その音量コントロールが良くなっていってことで減点されてしまいました。音の上げ方が、ピークを超えてしまっていたと。どんな効果音を使うのかとか、そういう様々な点が評価対象になったんです。

——でもとにかく、創作欲が旺盛だったんですね。

荻上　ものを作るのは好きでした。小説も書いたし、曲も作ったり詩を書いたり。下手の横好きなりに「創作者になりたい」という気持ちが強く、創作に費やす時間は楽しかったんです。

——高校時代、『論語』を持ち歩いていたとか。

荻上　はい、暗記しようと思ってました。中高生の頃、江川達也作品が好きだったんですね。江川作品ってちょっと教養趣味なところがあって、「子曰く」とか「ソクラテスはこう言った」といった表現が作品に出てくるんです。そういう教養は持ち合わせていなかったので、勉強したいなと思ったのと、自分のアイデンティティが結構グラついている時期だったので、何かしらの指針がほしいなと思って。で、色々と、『TVタックル』見たりとか『ゴーマニズム宣言』読んだりとかして、その一つが『論語』でした。あとはフロイトなどの心理学。陰謀論系のものを収集していた時期でもありますね。タロット占いもやりました。

——その頃ですか、マクドナルドに行って、ポテトだけを頼んで、水にガムシロップ入れて飲んでいて友人から……

荻上　「カブトムシか」って言われた。

——これ、なかなかヤバいエピソードです。

荻上　お金なかったんですよね。何か一品買えば、お店の人がレモン汁をくれるんですよ。本来はレモンティーにするための。水にそれとガムシロップを入れたら、もうレモネードじゃないですか、基本的には。

――いやいや……倉庫番のバイトをしていたのはその頃ですか。

荻上　そうですね。倉庫で荷物の管理をして、荷物を適切なところに置く、その荷物を適切なタイミングで出す。この繰り返しです。その荷物の中には、スーパーで使っているようなプレートやシールが入っているんです。その他には、お魚のトレー、バラン、ドラキュラ・マット、紙コップ、マドラーなどなど。「100円引」「200円引」「10%オフ」などのシールを発送してほしいと、いろんな地域のスーパーから依頼が来るんです。「○○スーパーの○○店、『1割引シール』がなくなったから○○枚補充してください」というように。そのオーダーがレシートのように次々と刷られて、それを手に取ってバイトがアイテムを倉庫から集めてくる。「これは2階のどこにある」「1階のあそこだ」と、記憶した場所に探しに行って。それを段ボールに詰めて、トラックドライバーに渡して、スーパーに届ける。倉庫は、夏は暑くて、冬はものすごく寒い。

知性の「ち」がついた頃

――僕とチキさんの最大の共通点って言うと、成城大学出身ですね。1歳差なので同じ時期に通っていたはずなんですが、こちらはあまり大学に行ってなかったし、いい思い出もないので、プロフィールにも載せていません。チキさんは比較的、大学生活を積極的に語られますね。

荻上　そうですね、大学から僕はようやく人間らしくなったので。

――カブトムシからようやく人間に。

荻上　ようやく。高校に入って文学を読むようになって、社会問題に関心を持ち、研究にも触れるようなことをして、ようやく知性の「ち」の字がつく頃かなって感じを持てたのが大学時代でした。ただ、やっぱりこう、ウェイウェイしてるような人たちに対する苦手意識のようなものはありましたが……。

――あの大学では、食堂の真ん中あたりに、そういう感じの人たちがいましたね。小中高大とそのまま上がってきた人たちが幅を利かせていた印象があります。僕は、音楽ライターになりたかったので、学生課などがある1号館の地下の部屋に、音楽雑誌を作るサークルみたいなのがあって、そこに行ったんです。

荻上　音研（音楽研究会）かな。

――そうだったかなぁ。こちらが野心を燃やして「音楽雑誌作りたいです、書きたいです」って挨拶しに行ったら、ちょっと肩透かしというか、積極的にやっているのはイベントで、ひとまずイベント来てよって言われたので行ったら、僕の嫌いな打ち込み系の音楽が夜通し流れていて。

荻上　たぶんニアミスしていると思います。僕は、その音研の裏にある文学研究会っていうのに入っていて。

――え、あの、中庭があるところですか。

荻上　音楽研究会の裏に、ミステリー研究会と文学研究会がある。で、その文学研究会で僕は会長をやってました。

――こちらがそのジメジメした部屋で「雑誌作らないのかな」なんて思っている壁の向こう側に荻上チキがいたかもしれない。

荻上　壁の向こう側で読書会をやっていました。自分の代は雑誌の発行も積極的にやっていましたね。文芸誌は年2回発行するんですけど、僕の代だけ年3回にしたりとかして。

――その雑誌、読んだはずです。1号館のラックにおいてある文芸誌を読んでいたから。「なんだよ、くだらねえな」って粋がりながら、でも、ちょっと羨ましがりながら、読んでました。

荻上　そうそう。3冊目は、その号だけ特別に音楽と映画の雑誌にしました。自分でも、評論や小説を書いていました。読むこと/書くことに興味を持ち、馴染んでいく期間でした。大学生になるとラジオは聴かなくなり、ネットでテキスト系のサイトを読み、「現代思想」や「批評空間」などにある議論を読み、そういった関連の本が古本屋に出回れば買って読み、新刊が出れば立ち読みをして……を繰り返していました。同時にミュージシャンを目指してもいたので、下北沢にある「ハイラインレコーズ」というレコード屋さんでインディーズシーンが今どうなってるのかをチェックしたり、自分でも自作のデモテープを置いてもらっていました。「ロッキング・オン」とか「クイック・ジャパン」とか読んだり。

2000年代前半のネットって、YouTubeもないし、ニコ動もTwitterもない。あるのはテキストサイトと2ちゃんねるくらい。修羅の時代というか、未整理の状況だったので、コンテンツが充実しているとは言い難かった。偶発性に頼るところがあり、よくわからないアングラサイトもあった。そのアングラノリによって差別や攻撃をカジュアルにするカルチャーが育ってしまったタイミングでもあると思います。

――チキさんは「論争は好きではない」と『みらいめがね』にお書きになっていますが、当時のBBSでは、論争的なものがよく行われていましたよね。

荻上　よくしていましたね。ブログでトラックバックを送って論争する、みたいなことを。でも、得意不得意で言うと、メンタル的に不得意だったんです。コメントが来ると、それを読んでとても腹が立って、丸1日、そのレスポンスに何を返すかばかり考えるから。「どんな手を使ってでも言い負かす」みたいなことになっていて、あれは精神的に良くなかったですね。しかも、今とは文体もキャラも違っていて、ネット文法なんです。相手の言い回しをおちょくり、ギャラリーに勝ちだと思わせる。目的が勝つことなので、議題となっている事柄を明らかにする誠実さが何段階も低い。相手の言ったことを、「……などと意味不明の供述をしており」と、カッコで引用して嫌らしく受けて、「w」とか「笑」を多用して、相手に不快な思いをさせたりして。

――あー、嫌な感じです。

荻上 「では、整理していきましょう」みたいな。「ツッコミどころが満載なのでイチからいきたいと思います」みたいな。無駄な衝突を生み続けては摩耗していました。今思えば、ネットの毒を飲んでみて、疲弊するみたいな感じではありました。

――一人出版社・双風舎の仕事を手伝われたのも、その頃ですか。

荻上 そうです。『バックラッシュ！ なぜジェンダーフリーは叩かれたのか？』を手伝いました。僕がジェンダーフリーについてのまとめサイトを作っていて、その問題に関心のあった双風舎の谷川茂さんが「これを本にしたい」と言ってくれたんです。ただ、自分の原稿だけでは売れないから、他の論客にこの点をどう思っているのかを執筆依頼して、それをまとめたほうがいいんじゃないですかとこちらから提案したら、単著ではなく、様々な人に寄稿してもらう本ができあがりました。

――ブログを本にしてデビューする人はいても、真っ先に編者となって本を作るパターンって珍しいですよね。

荻上　「自分の本なんて」って断って、「こっちのほうがいいですよ」「他の人に書いてもらいましょう」って言いましたからね。前に前にという感じではないです。当時は苗字もなく、「チキ」名義でした。単著を出すには荷が重いと思っていました。

――「ようやく俺の才能に気づいたか」とか思わなかったですか。

荻上　いやいやまったく。たとえばその頃、ブログでは、文学の話を一切しないようにしていて。それは、文学研究では自分と同じようなことをしている人がいると知っていたから。「もっと上がいるのに自分なんか」という思いが強く働いていたんです。物書きになってからは、それを徐々に外していきました。自分が成長したというのもあるし、完璧でなかったとしても読者が価値を見出してくれれば、その段階で共有する必要もあるだろう、と。

ラジオの世界へ

――そういう経験を経て、ラジオの現場、マイクの前に初めて座ったのはいつになりますか。

荻上　２００７年後半ですね。その年の10月に1冊目の単著『ウェブ炎上　ネット群集の暴走と可能性』（ちくま新書）を出したんですが、それを読んだＴＢＳラジオ・長谷川裕プロデューサーから『文化系トークラジオ Ｌｉｆｅ』に出てほしい、と言われたんです。そのとき僕、２ちゃんねるを見ながら番組でしゃべったんですね。当時はまだTwitterがなく、２ちゃんの実況板があって、その実況板で放送された発言に対するレスポンスが全部流れてくるんですよ。それを見ながら、「こんな反応もありますけど……」と拾いながらやっていたら、長谷川さんが「今の若い人は、ながら作業でラジオができるんだ」と驚いてて。で、これからはそんな時代になるんだろうなと、どこかで思っていたらしいんです。今ではTwitter見ながら番組を進行するのって、それなりにいろんなところで見られるようになりましたが、そのときの様子に興味を持ってくれたようです。そのあと、『BATTLE TALK RADIO アクセス』に何度か呼んでもらい、２０１０年からは『ニュース探究ラジオＤｉｇ』へのレギュラー出演が始まりました。

――マイクの前で話すのに緊張したとか、意外と平気だったとか、当初の感じは覚えていますか。

荻上　ラジオで話すこと自体の緊張っていうのはあまりなかったですが、他の論客がいる中で自説を披露する機会って、ブログや本を書く中では、あまりない経験なんですよね。「そんなの全然違う、お子ちゃまじゃん」とか言われてしまうかもしれない。ああ言われたらどう返そうかと予測したり、総合格闘技にエントリーするような緊張感のほうが高かったと思います。

――今でこそ、討論番組や書店イベントで、数人が集まって議論する機会って多くありますが、当時、若手の書き手が集まってそれをするのは珍しかったですよね。

荻上　『朝まで生テレビ!』や『ＴＶタックル』などに出ている世代と僕たちネット世代で、世代交代するのかどうかと言われていた時期ですよね。ネット社会への転換に対していかにレスポンスしていくのかが注目されていたタイミングでした。

――緊張感があったとのことですが、実際に出てみてどうでしたか。手応えはありましたか。

荻上　手応えって難しいですよね。ただ、同じ依頼元から2回目の依頼が来たら「これはいいことだな」というか。駆け出しのときって、あちこちで仕事するのも大事ですけど、「またお願いね」って言われるのが大事ですよね。ラジオから「またお願いね」って言われたのはいいことだと思っていたので、出るときには毎回しっかり準備していったつもりです。

――『Ｌｉｆｅ』から『アクセス』と『Ｄｉｇ』、そして、『Session-22』に繋がってくると。

荻上　『Ｄｉｇ』では、初回から、青少年健全育成条例について取り上げたのを覚えています。マンガを規制する動きが懸念されていたので、そのどこが問題なのか、青少年の健全育成という観点で法律が内心に入ってくることの問題点をゲストの方と話すっていうのが第１回でした。

――当時、出演するにあたっての準備ってどれくらいしていましたか。

荻上　最初の頃は、レジュメ10枚くらい用意していましたね。引用するのにも、正確に引かなければと。一角の論客として聞こえるように、という備えがありましたね。自分はＭＣとして出演していたので全部開陳する必要はないんですが、相手の話したことがわからなければ拾えなかったりするし、自分の知性の限界を超えるとフリーズしてしまう可能性があるので、入念に下調べしていきました。

――となると、１回の放送のために、結構な時間がかかりますね。

荻上　当時はそこまで仕事が忙しかったわけでもなかったので、「よーし、明日の準備を、今日からするぞ」みたいな感じでやってましたね。

――今、チキさんのラジオを聴いている人から、「なんであんなに落ち着いているんだろう」「なんで何聞かれても答えられるんだろう」って言われることが多いはずですが、あの感じ、最初からあったんですか。

荻上　放送って、重ねていくと大半は続きモノになります。たとえば、菅政権の日本学術会議への介入問題があったとしても、あれはあれで初めての出来事ではあるけれど、学術組織に対して権力者が手を突っ込むというのは初めてではない。戦中日本でもありますし、他国では現在でもあります。となると、「今回はこのバージョンなんだ」とストックが蓄積されていく。まったく新しいことに向き合うのではなく、過去との連続性と、今起きていることとの特殊性が見えてくる。では、アカデミーの歴史とはどういうものなのか、それぞれの国にそれぞれの歴史があるはずだとアカデミー関連の資料を集めていく。こうして、ある程度の議題が続くと、関連性が出てくる。

――あれとこれが関連している、という気づきはラジオをやっていると感じますよね。枝葉がどんどん広がっていって、「あそこであれをやったから、こうなったのか」と頭の中でピックアップできるようになってくる。

荻上　そうですね。学生時代にはどうしても知識がないから、大きな思想の言葉に頼ろうとします。思想の言葉って、物事の本質をえぐる助けになることもあるんですけど、複雑性を単純化するため空振りも多い。「近代社会の限界が……」と言っても今の問題はほとんど語れないし、「新自由主義の限界が……」と言っても、個別の再分配政策の批判をやるときにその分析が使えるかというと、あまり使えないんです。安倍政権が新自由主義とか言っても、財政支出や金融介入は増えているし。

――その言葉に寄りかかりたくなる気持ちはよくわかりますけどね。

荻上　そう、頼りがいがあるんです、デカいから。でも、より細かな問題を追うには、たとえば、生活保護バッシングが２０１１年からあって、そのあとで保護法の改正や要件変更があり、扶養要件がつき、金額がこれくらい切り下げられて……という個別の歴史を追わないとなかなか言及できない。日々のニュースを伝えるには思想の言葉を使うより具体的に流れを摑むほうが大事だったりする。なので、ラジオをやるようになって、世俗のニュースと思考の言葉を結びつけることに力を割くようになりましたね。

――『Session』のキャッチコピー、「知る→わかる→動かす」というのも、その辺りの考え方が反映されているんですか。

荻上　これはプロデューサーの長谷川裕さんと、単に伝えるだけではなく、その先までイメージできる番組にできたらいいね、と話し合っていたんです。なので、色々な言葉を考えました。「いったん寝かせる」なんていうのもありましたね。

――いったん寝かせる！

荻上　思考のプロセスって単線的じゃないので、番組はそれらをリスナーの方々とコミュニケーションした上で培っていく場なんだ、と。とにかく、「知る」ではなく、ちゃんと「わかる」まで、そしてその先で「動かす」、というフレーズを設けたんです。

――『Session』には、「ディスカッションモード」など、色々な「モード」がありますね。

荻上　当初は僕がそのモードを選ぶボタンを押していたんです。モードの各種ボタンが自分の手元に置いてあって、「今日はディスカッションモードだ！」と生放送中に押していました。

――なんのために？　自分の気合いのためですか。

荻上　気持ちがアガるから。「よし！　今日はディスカッションモードだ！」って。

荻上　そうそう。バビル2世がしもべを呼ぶときや、仮面ライダーが変身するときに、「この敵にはこのモードで戦うのがいい」みたいなのがあるじゃないですか。ニュース番組のフォーマットって、どの番組でも「この番組はこうやります」って決まっているから、柔軟にやりたいと思っていたんです。でもしばらくして、終わりました。面倒くさくなったのと、あと、たまに押し間違えるんですよ。

――それ、まずいじゃないですか（笑）。

荻上　間違えないようにするために無駄な緊張感が生まれたので、その制度、2、3週間で終わりました。モードを宣言する音声を出すのは、ディレクターに今はおまかせです。

『Session-22』『Session』の作り方

――何度か『Session-22』の代打をやらせてもらったことがありますが、その日の動きに対応するとはいえ、とにかくニュースとして扱う話題がギリギリに決まりますね。どれくらいに決まることが多いんですか。

荻上　日によって違いますね。ディレクターの癖もあって、あらかじめ準備するタイプと、当日に動くタイプの人がいます。あとは曜日の特徴もあります。たとえば、月曜ってほとんどニュースが動かない日で、かといって、先週のニュースを月曜にやるとどうしても古びてしまう。ならば月曜日は、国際ニュースを追いかけてみようとか、そういう特徴がありました。

――夜の番組はしばらくは3時間でしたよね。22時台にその日のニュースを扱い、23時台にメインとなる討論があって、24時台にカルチャー方面の企画をやる。初めて代打をやったときに、「荻上チキって、これ、毎日やってるのか。あの人、どうかしてるな」と思いましたよ。その日、南部広美さんにもそう伝えたはず。

荻上　でも楽しかったですよ。今でも「夜に戻りますか?」って言われたら「戻ろうかな」って悩むと思います。でも、「不健康になりそうだな」とは思いますけど。

――ニュースに対応する集中力が問われる22時台、特集で人を招いてしゃべる集中力が問われる

23時台、似ている部分と違う部分があるんですけど、そのあとに、もうひと山やってくる。

荻上 24時台のカルチャー系のほうが緊張しましたね。だって、ニュースだったら知識もあるし、自分の意見を言えばいい。でも、カルチャーは、まったく知らない分野の話をゲストから聞き出さなきゃいけない。たまにどうしてもラジオ向きじゃない人が来ると大変です。ニュースコーナーに出てくださる専門家は、話が上手でなくても、専門知の引き出しは豊富。こちらの相槌を変えるとか、聞き方を変えることで調整しながら聞き出せばいいんですが、カルチャー系、アーティストの方は、自分の作品を言葉で説明する人ばかりではなく、だからこそ表現活動をしているので。いい球しか打たない、っていう方もいますし、あちらが想定していること以外の質問をすると一気に話さなくなる方もいて。その緊張感たるや、でしたね。

――「こういう特集テーマでいこう」というのはどういうふうに決めているんですか。

荻上 曜日によりますが、『Session-22』が始まったばかりの頃は、企画にわりと口を出していましたね。「この人を呼ぶんだったらこっちのテーマで」とか、「このテーマでこの人を呼ばないほうがいい」などと言っていたので。当時は、こうした番組作りにそこまで関わったことのない若いスタッフも多かったので。でも、今はもう、僕はおんぶにだっこです。スタッフが「今回はこれでやろうと思います」という提案に合わせて資料をしっかり用意してくれて、進行表も用意してくれています。なので、安心してやってます。人選も8割は任せています。時折、「こういう人がいるよ」「今度この人がこういう本を出すみたいだから呼んでみたらどうか」「この日はこの記者会見があるから、これを受けてこの人はどうか」ということは言っていますが。

――社会で何か大きな問題が生じたときに『Session』はどう取り上げてくれるのだろうと、この番組のリスナーは思っているはずです。長く続いている番組だからという安定感だけで聴かれているのではなく、その都度、新たな角度や視点を得ている人が多いと思います。その点、気をつけていることはありますか。

荻上　スタッフとポリシーを共有できているのが大きいですね。あるニュースを取り上げるにしても、専門家を呼ぶのと当事者を呼ぶのとでは、伝える意味合いも内容も変わってきます。当事者を軽視して専門家ばかりを呼ぶのは、ある種暴力的ではあるけれども、当事者に自分が被害に遭ったことをしゃべらせるというのも、酷なことだよね、と。誰に語ってもらうのか、どんな構成にするのか、そのときにどんな問題が生まれがちなのかを考えて、その感覚を共有する必要があります。

――ギャラクシー賞を獲った「薬物報道ガイドライン」などの放送が顕著なように、ニュースを知る、だけではなく、学びに繋げていきますね。

荻上　メディア論が専門の一つではあるので、リテラシーの限界やメディアで伝えられることはどこまでなのか、という意識が常にあります。「これが正しい」と伝えるだけじゃなくて、「こう考えると、『これが正しい』に辿り着けますよね」っていう再現可能な思考性を提示するのが評論の役割だと思う。「薬物報道ガイドライン」についても、そもそもメディアがなぜああいった報道をするのか、議論し、分析し、共有していく。画がほしいから注射器を映してしまう、そのほうがリアリティが増すだろうと考えてしまう。でも、そのリアリティってあくまでステレオタイプでしかない。それが当事者を追い込んでしまう。その根拠もある。ならばそれを変えましょう、と。「じゃあ何を映せばいいんですか」って悩むだろうから、注射以外のものにしましょう、でも、たとえばペットボトルは意外と危険で、イメージカットで白書をめくるとか、連絡先を紹介するようにしませんかと、現場感覚と研究を踏まえた上で届けていく。

ストレートニュースでもワイドショーでもやらないことを

――チキさんの隣で何度か出演したことがありますが、とにかくまぁ、マルチタスクですよね。パソコン開いてTwitter見て、メールを渡されて読んで、ゲストと話して、スタッフとやりとりして、みたいな。

荻上　落ち着きがないんですよね、元から。一つのことに集中するのが苦手なんです。ゲームをしていても、1分間のローディング時間があると、その時間に別のゲームをやったり、マンガ読んだりして。何かしてないと落ち着かないところがあるので、向いてるっちゃ向いてるのかもしれません。ゲストの方の話を聴きながらパソコンを見ていることもあるので、それって礼儀的にも問題だとは思うし、ゲストの方も安心して続きを話せないはず。でも、そこで南部さんの無言の相槌に助けられているんです。ラジオには乗らないんですけどね。

――それは、番組に出ているとよくわかります。

荻上　なので、ゲストの方を半分以上コントロールしているのは南部さん。音声上は乗ってないので、「今日、南部さんいるのかな？」みたいな書き込みもたまに見かけますが、南部さんのコーディネート力が発揮されているからこその『Session』なんです。

――チキさんと南部さん、二人の役割分担と作り出す空気は、とても独特だなと思っています。あらためて聞きますが、南部さんってどういう人ですか。

荻上　南部さんといると、ストレスがないです。オフでも、ホスピタリティの塊です。自分から積極的に説を述べたいという人ではなく、役割に徹し、よい相槌を打つことで引き出す、ということをやっている。南部さんの仕事に対する向き合い方の感覚は勉強になりますし、一緒にいるだけで安心していられます。

――『Session』が15時半に移って、オープニングで3、4分ほど二人で話すじゃないですか。あれはその場で考えているんですよね。

荻上　そうですね、特に用意することもなく。ごくたまに「今日こんなことがあったからオープニングで話すね」って言うことはあるんですけど、2週間に1回あるかないかですね。

――あのときの、南部さんの軽く受ける感じがいいですよね。ゆっくりエンジンをかけていきます、っていう。

荻上　どんな球を投げるのか僕も言ってないから、どの方向に受ければいいのか迷われているかもしれないですが。

――平日にラジオがあると、どうしてもそちらの仕事が中心になってくるとは思うんですが……。

荻上　僕、今でも原稿を結構書いていて。基本的に年1冊、本を出そうという感覚でやっています。番組が夕方になってからの毎日は、午前中に原稿を書いてから赤坂に来ていて、書く時間がしっかり確保できるようになりましたね。

――そもそも、荻上チキの1日ってどんな感じなのか、教えてください。

荻上　朝8時頃に起きて、シャワー浴びて、朝食を摂って、ゲームをしたりして。原稿を10時から12時半くらいまで書く。昼ご飯食べてから局に来るか、来てから食べるかは、その日の気分によって決めます。赤坂に来るのは13時半から14時半の間ですね。

――そんなに変動するんですね。

荻上　なんとなくの気分とか、あとは気温とか。ラジオ終わって真っ直ぐ家に帰ったら、だいた

荻上チキさんの放送のおとも。飲み物は、麦茶と決めている。家でも、同じ容器に常時２本ストックしてある。ノートパソコンも欠かせない。現代のラジオ・パーソナリティはみんな SNS などをチェックしながら放送している、わけではない。武田さんも「そんなこと無理。荻上さんは変わってる。すごい」と言う。

い19時前後。ご飯食べて、そのあと、リモートで仕事がある日とない日があって。日によって原稿書くか、あるいは映画観たり本読んだりゲームしたりするか。

——なんとも、ちゃんとした生活ですね。

荻上　ちゃんとした生活になりました。前はもう、バラバラでダラダラだったんで。

——かつての「ＴＢＳラジオＰｒｅｓｓ」（２０１９年２月＆３月号）に、「南部広美が明かすSession-22の舞台ウラ」というコーナーがあって、南部さんが、「何があっても常に落ち着いてこなすチキさん。そんなチキさんが放送後に必ず口にする一言」があると言っています。なんだかわかりますか。

荻上　……「お腹空いた」かな。

——正解です。

荻上　夜ですからね。あ、でも今の時間帯でも変わらないかな。帰るとき、「お腹空いたね」って話しながら帰ります。

——ラジオは、独特の体力の使い方がありますね。お腹が減る体力の使い方というか。あれ、なんなんでしょう。

荻上　以前、栄養や睡眠の専門家の方に来てもらったときに聞いたのは、こういった番組をやるっていうのは、アスリート並みにものすごい量のブドウ糖を使うことになるだろうから、特に血糖値低下を中心とした疲労と空腹感が強くなるはずだと。血糖値を急に上げないように、合間合間でナッツを食べるといいですよ、って言われました。

——ホントですか。でも、特に守ってないですよね。

荻上　聞いた当時はナッツが入っている箱をスタッフが用意してくれて、気がついたときにナッツをつまんでいましたけどね。

——ナッツ、喉にカスが残って、話しにくくなりそう。

荻上　渇きますね。なので、南部さんが原稿読んでくれている数分の間にちょっとモグモグって食べていました。

——『Session』では、国会の音声をよく紹介していますが、あの企画はとても重要だと思います。ただ、編集が間に合わないことも多く、今でも、台本がほとんどないような状況で話すこともあるようですね。

荻上　今は体制ができているので、どの模様を使うかをある程度は決めていますが、証人喚問や参考人招致など、疑惑を追及する機会が安倍政権時には多くあって。リアルタイムで起きたことをその日の夜に流さなきゃいけないというのが続いた時期は大変でしたね。

——チキさんが『Session-22』をやっていた頃の国会って、安保法制、秘密保護法、共謀罪など、戦後日本政治史から考えても、なかなか国会が荒れ狂っている時期でしたね。あれをライブで伝えることって重要だなと思いました。

荻上　『アシタノカレッジ』でもそうですけど、その日に起きたことをその日に受けるって大事だし、流れている最中に考えるのも大事。週ごとに振り返る、月ごとに振り返る、いろんな尺感で物事を捉える必要があります。

——チキさんの放送を聴いていると、繰り返し、なぜその件が問題なのか、丁寧に振り返りますね。その上で、肉付けして語らなければいけないところはどこなのか考えてくっつけていく。リスナーと一緒に補強していく。縦軸を提示して、だからこそこんなことが起きたのではないかと伝える。これをやってくれる番組があまりないですね。

荻上　そうですね。ストレートニュースでは解説してくれないし、ワイドショーでは、解説してくれるテーマとしてくれないテーマが極端に分かれる。そして、ワイドショーは答えを出すのが目的じゃなくてワイワイと時間が流れていくもの。そうではなく、思考して、一定のコンセンサスを作り、先に行くための足掛かりにしようとする番組は限られますね。

「よくぞ言った！」より「なるほどな」がいい

――チキさんは『サンデーモーニング』（ＴＢＳテレビ）をはじめ、テレビ番組にも出演されています。インタビューでもよくおっしゃっていますが、ラジオっていうのは多く聴いていても数十万人、でも、テレビだとそれが掛ける10になる、と。掛ける10になるテレビの可能性を感じているところもあるんですか。

荻上　あります。ありますが、今は、自分発では番組を作れないので、良い関わり方ができる番組があれば嬉しいなとは思っています。「あの枠に収まりたい」とは思わないですね。むしろ、テレビ番組のためにリサーチするとか、企画や構成を考えるとか、そういうこともしてみたい。テレビに出て、知名度を得たいわけではありませんし。ネガティブな反応を気にするタイプの人間なので、「静かにしていたい」という気持ちがあります。おとなしくしていたい。家の布団でマンガをずっと読んでいたいみたいな。そういう性分なので、自分が話したことについて、一方的に違うストーリーを膨らまされてしまっているときにも、介入するか介入しないかいつも悩んでしまうんです。不測の事態とか、いかんともしがたいときにリアクションを考えるのが、やっぱり嫌ですね。

——今、ラジオで話していて、なんでもかんでも「意見」になってしまうのに違和感があって、それこそ「差別するのはやめましょう」と言ったときに、それは当然のことなのに、でもそれがなぜか「オピニオン」になってしまう。ゲストにあえて勢いよくツッコんでいくと、「バトルしてる」「喧嘩しているのか」みたいに受け取られちゃうこともある。「それぐらいわかってくれよ」って思うんですが、でも、それを言わないと面白くならない、というか、ある程度は刺激的にやるほうがいいと思っています。チキさんのTwitterを見ていると、ご自身がおっしゃったことが変な形で要約されたりしている場合は、これ違います、と明確に否定されていますよね。

荻上 はい。評論家なので。イタリアンなのに「あそこはカレー出すとこだよ」って言われたら、「いやいや、ウチのメニューはこれです」ってなると思う。それと同じことです。論点と概念は広げていきたいですが、やっぱり度が過ぎているものに関しては「いや、違いますよ」って介入します。さっき、砂鉄さんが「『差別するのはやめましょう』って当然のことじゃないですか」って言ってましたが、これが当然じゃない人たちっていうのがいるわけです。差別の見積もりが違う人、批判することとの見積もりが違う人がいる。「差別は問題だけど伝統も大事だよ」みたいな返し方で打ち消そうとする動きもある。そういう道徳基盤や感覚の見積もりの違いがある人に対して、「その道徳は昔からあった伝統ではない」とか「伝統とか忠誠は、こうした不公正を許してまで守られるものなのか」と、異なる切り口から語り直していく。

——マイクの前で自分がしゃべるときには、自分の頭の中にあるものが出るはずだし、ラジオを聴いてる人たちは、その出てきたものを、合う・合わない含めて、体感してくれるはず。「あいつのラジオはこういうところが合わないから聴きたくねえ」って人もいるだろうし、ピントが合うから聴く人もいると思っています。でも、チキさんは、さっきからおっしゃるように、リスナーに近づいていく欲がそこまで強いわけではない。常におもねらず「これはこうだから、こうなんです」としゃべっているのだとすると、大変じゃないかな……って思うんですが。

荻上　うーん、大変……楽です。

――大変、楽ですか。「荻上チキ、これについてはこう言うよ」って突っ込んでアピールする感覚はないですか。

荻上　テレビのテロップに「快刀乱麻」とか「俺強い」感が感じられる言葉が並んでいることがありますが、ああいったオラオラしたものが苦手なんです。こっちは、追い詰めようと思っているんじゃなくて、1から10まで疑問があるなら、それを順番に聞いているんだけど、1で止まっちゃったら、「答えてませんよね」と確認する。それを「いいぞ！」って褒められたりする。でも、褒められるのを目指しているわけではない。そう反応されるのも嫌じゃないけど、毒舌な人、斬る人、バッサリいく人、みたいな評価は欲しくない。

――「よくぞ言った！」って言われたいわけではないと。

荻上　「なるほどな」がいいですね。

――誰かの視野を広げたとか、見たことのない視界を提供できたって思えるときにやり甲斐を感じると。

荻上　そうですね。「初めて聞いた、それ面白い」っていうより、「よくわかった上であれを伝えたね」っていう、ちょっと玄人受けしたいとか、当事者に「よくやってくれましたね」みたいな一言をもらいたいという気持ちはありますけどね。

――これから『Session』という番組をこういうふうにしていきたい、という思いはありますか。

荻上　このコロナ禍は、どうしても非常時感が強いですよね。何かやろうと思ってもどうしても流されちゃうんです。夕方に移動してきてからはそういう日々が続いていて、特集主義がちょっとやりづらい期間です。夜から夕方に移動する前に、「夕方の時間に改めて、もう一巡、これまで取り組んできたテーマをやり直すことが大事」と話をしていたので、語り直す必要を感じているところです。

（2021年7月29日）

全部自分のせい
なわけない。
手柄も自分だけの
ものじゃない。

宇多丸 （ラッパー、ラジオパーソナリティ）

うたまる　1969年東京都生まれ。TBSラジオ『アフター6ジャンクション』(月〜金・18:00〜21:00／2018年4月〜）のメインパーソナリティ。『ライムスター宇多丸のウィークエンド・シャッフル』（07年4月〜18年3月）のメインパーソナリティ（09年、ギャラクシー賞・ラジオ部門DJパーソナリティ賞受賞）や『小島慶子 キラ☆キラ』(09年3月〜12年3月）の水曜パートナーなどを務めたのち現番組を開始した。ラッパーとしては、89年結成のヒップホップ・グループ「ライムスター」の一員として活動。主な書籍に『森田芳光全映画』（三沢和子との共編著／リトルモア）『ライムスター宇多丸の映画カウンセリング』（新潮文庫）『TAMAFLE BOOK　ザ・シネマハスラー』（白夜書房）などがある。

「カルチャー」という言葉を聞いて、イメージするものは人それぞれ。誰かが頭の中で思い浮かべた「カルチャー」が、自分と完全に同じ形をしていることってなかなかありえない。しかも、その領域はどんどん膨張し続けている。「今、何が流行っているのか」「どうして、あれが生き残っているのか」「そろそろ、これを打ち出してみるのはどうか」、大量の素材が目の前にあり、無数の調理法が頭にある。「カルチャー・キュレーション・プログラム」を謳う番組で、宇多丸はその調理を続けている。あちこちから厳選された素材が持ち込まれる。自らを「編集長」と語るパーソナリティは、どこまでも膨張していくカルチャーの編集を誰よりも楽しんでいるようだ。

スタジオは共有の場所

――ジェーン・スーさんにもこの本でインタビューしたんですが、「自分がジェーン・スーになるのは、タクシーに乗ったときからだ」とおっしゃったんです。宇多丸さんは1日の中でいつから「宇多丸」になりますか。

宇多丸　僕はそこまで覚悟決めてないけど……サングラスかける瞬間かもしれない。ＴＢＳラジオに来るときは、社屋に入る寸前にかけます。たとえば、赤坂駅から来るんだったら、地上に出るエスカレーターを登っている途中で。だいたい僕のラッキーポイントはそこだな。

――その瞬間、あまり見られたくないですよね。

宇多丸　だから、それなりに周りに気を遣って変身しますよ。その瞬間に声をかけてくる人はデリカシーがないですよね。「わかんだろっ！」って。

——自分の家の最寄駅ではなくて、赤坂駅なんですね。

宇多丸　それは間違いない。電車にサングラスかけたまま乗りたくないです。

——あっ、そうか、むしろ逆に宇多丸さんになっちゃいますもんね。

宇多丸　そうです。タクシーだったら、警備員さんの前を過ぎる直前でかけます。入館をチェックされるときに、宇多丸になっていないと、入れてくれませんから。

——スタジオでもずっとサングラスをかけていますよね。

宇多丸　基本的には。でも、最近は結構気が抜けてきて、帰りたいときはわざと眼鏡にかけかえて、普通のおじさんになって「もう帰らせてくれる？」っていうアピールに使ってます。「もう俺、眼鏡なんだけど」みたいな。

——2度ほど『アフター6ジャンクション（以下・アトロク）』に出させてもらいましたが、スタジオの中でも濃いサングラスをかけていらっしゃるので、とにかく目の動きが読めないんです。ラジオって、相手の細かい所作を見ながら、その人の態度や次の行動を探るじゃないですか。だから正直、やりにくかったです。

宇多丸　そう思いますし、今、スタジオ内でもマスクをするのが推奨されているから、月光仮面みたいなことになっているわけですよ。

——もう、どこから情報を得たらいいかわからない。

宇多丸　情報ないですよ。まゆの上げ下げくらいですかね。僕にあんまり慣れていないゲストの方は、ブースに放送作家とパートナーと僕がいる状態では、やっぱり目が見えているほうを見てますね。僕がメインパーソナリティなのに、僕のほうを見ない人が多かったりする。ちょっと哀しいなって感じますけど、まあ自業自得だよなっていう（笑）。

――荻上チキさんは、本番中にTwitterを見たりメールを読んだり、とにかくマルチタスクなので、ゲストが、南部広美さんとコミュニケーションをとりがちだ、と。

宇多丸　チキさんは色々やってるからだけど、僕は一生懸命うんうん頷いてるのに「あれ？　目を逸らされてる」みたいな。

――『KING OF STAGE～ライムスターのライブ哲学』（ライムスター・高橋芳朗／ぴあ）を読んだのですが……。

宇多丸　あら、恥ずかしい。

――宇多丸さんが、部屋に食べ物の匂いが漂ってるのが嫌いだ、とおっしゃっていて、特に許せないのがコーヒーの飲みさし。「誰のだこれ」と思いながら速攻で捨てる、とにかく有機物がだらしないのがダメなんだ、と。これ、なかなか力強い発言だと思います。ラジオブースでも同じですか。

宇多丸　お菓子がちょこちょこ置いてある時代もあったけど、僕からはまず食べなかったし、スタジオ内で食べる企画は、ラジオ、テレビ問わず好きじゃないです。

――それはなぜですか。

宇多丸　いや、なんかその……ご飯はちゃんと食べたい（笑）。片手間で食べたくないんです。あとはやっぱり食べ物の匂いが――これ、自宅だろうとなんでもそうですけど――食べてないときに漂うっていうのが好きじゃないんです。おいしい、おいしいって食べるんです。でも、食べ終わったら、部屋の匂いとか口の中の感じとか、そのすべてを取り去りたいんです。

――その思いは、『アトロク』のパートナーやスタッフ間でも共有されているんですか。

宇多丸　みんな本当は食べたいのかな……。パートナーのアナウンサー陣は、やっぱり忙しいからちょいちょい「食べる時間ない」って言いながら、モリモリ食べてますよ。

――でも、コンビニのおにぎりの海苔の切れ端が、机の上に散らばっていたら、嫌ですよね。

宇多丸　ハッピーターンの粉なんか散らばってたりしたら、もう「おいっ！！！」って感じです。食べてもいいけど、食べ終わったあとはすぐ片付けようって促します。だって、スタジオって共有の場所じゃないですか。スタジオが汚く使われてることがあって、そういうときは「てめえの部屋じゃないからな！」って文句言ってます。

――僕も、以降、より丁寧に使うようにいたします。ところで、『アトロク』のオープニングは、宇多丸さんがいつも「はい」って言うところから始まりますよね。

宇多丸　嫌なこと言うなあ（笑）。

――嫌でしたか。

宇多丸　毎度「はい」で始まるのは、全然良くなくて。もっといろんなテンションで入ればいいんだけど、僕の入りの引き出しが少ないだけです。単純になんか区切りをつけるワードを入れたくて「はい」って言っているだけなんです。たまにローテンションで入ることもあるはあって、そのギャップは効果的なのかもしれないけど……。とにかくオープニングは全体的に何も決めてないんです。なんとなくこう、フリーハンドなところから入ろうかと。

――フリートークのあと、パートナーと「アフター」「シックス」「ジャンクション」と言い合ってから始まりますが、メインパーソナリティの宇多丸さんが先に「アフター」って言うのが普通かな、なんて思うんですが、なんであれ、「アフター」の担当が曜日パートナーなんですか。

宇多丸　僕が仕切れば仕切るほど、予定調和的なところに入っちゃうというか、読めるところになっちゃうから、読めない要素を増やしたいってことですかね。

――それは、リスナーが、ですか。

宇多丸　リスナーも僕も。僕の計算の範囲外のことが起こる可能性を高めたいんです。あれ、どのタイミングで言うか、性格がめちゃくちゃ出るんです。まずもって水曜日の日比麻音子さんは「アフター」って切りださないって宣言してるし。とにかく食い気味に来るのは火曜日の宇垣美里さんですね。でも彼女くらいの勘所が、実は僕が一番求めていることなんだけど。一瞬でも話がダレそうだと思ったら切っちゃっていいよって、みんなに言ってるんですが、なかなかそこまで思い切れない。月曜日の熊崎風斗くんとか、「ほら、言っていいんだよ」「あ、あ、じゃあ、『アフター』」みたいなあの間(ま)の悪い感じも「っぽい」からいいんですけどね。アナウンサーって、基本的には自分が勝手に判断する局面が少ないし、それが抑制、抑圧、もっと言えば禁止されている立場でもあるわけで、自分から切り出すのは慣れてない。たぶん「私ごときが」が働いちゃうんでしょう。自主的な「今だ！」に「今でいいのか？」が混じっている。聴いている側は「あ、今、躊躇した」って気づく。それはあんまりカッコ良くないかもしれないけど、その人っぽいとも言えます。そんな人がすごい食い気味にくると「あれ、今日はどうしたの？」となる。今日の調子をうかがえる「何か」でもあるんです。

宇多丸編集長

――先週の放送では、ほぼ毎日、オープニングトークで、宇多丸さんがいつ休んでるのかが話題になってましたね。いつ休んでるんですか。

宇多丸　いや、番組終わって朝まで（笑）。今、幸か不幸かコロナ禍で、ライブもあまりないので週末は休めちゃってるし。「みんなが言うほどのこと？　みんなだって毎日働いてるじゃん！」っていつも言い返してます。

――僕の予想ですが、半日休みがあるとわりと十分な休みと思うんじゃないですか。

宇多丸　「これは相当あいてるぞ！」と思うかもしれない。長い休みがもらえれば「わーい」ってなりますけどね。

――『アトロク』は3時間を週5日間ですから、かなりの量のインプットが必要になると思います。言い方は悪いかもしれませんが、「話すことを作っとかなきゃ」とノルマに追われる感覚はないですか。

宇多丸　もちろん、「あ、これは番組で話せるな」とか「ネタになるな」とか思いながらいろんなものに接してるところはありますけど、「俺、今週忙しくてなんもねえわ」って、普通に言ったりしますからね。そこまで必死になってやってるわけではないですね。

――広い範囲の話題を扱っていますが、いろんなものを摂取するのは、幼少期からの習慣ですか。

宇多丸　それは『アトロク』が始まってからです。それまではどっちかっていうと好きなものに関しては集中するけど、そうじゃないものに関してまったく知らない。偏りがある情報摂取っていうか、勉強の仕方だったと思いますけど。でも、今は僕発の企画のほうが珍しいくらいですからね。最近だと、こないだの「森田芳光特集」くらい。たまに僕が「やる！」って言いだすと「え、いいんですか？」みたいにスタッフが言う。それくらいで回せているのがとてもいいと思います。

――となると、企画はスタッフの発案が多いんですね。

宇多丸　スタッフ会議で出たものを聞かされて、「これってどういうこと？」とか「これ、もうちょっとちゃんとしてよ」とか言うことはありますけど、はなから「これナシ」みたいなことはないと思います。基本的には来るものをやっているので。

――出てきたものに対して意図や狙いを精査するっていうことですか。

宇多丸　そう、「これだけじゃ弱いよ」とか。

――そうやって繰り返していると自ずとジャンルは広がりますね。宇多丸さんにとってみたら「なんじゃこりゃ」っていうのも出てくるけれど、理由があればいいってことですね。

宇多丸　そうですね。なんでもいいけど、とにかく切り口が大事ってことですね。

――『アトロク』を語る宇多丸さんのインタビューの中で、自分は雑誌の編集長みたいな役回りだっておっしゃっていましたけど、まさに仕事が編集長っぽいです。

宇多丸　挙がってきた企画を「お前、見出しつくのかこれ。見出しつけらんないような特集やんじゃねえぞ！」って言う役（笑）。

――編集長は、自分の趣味以外のものを切り捨てたときに編集部員から嫌われますからね。

宇多丸　みんながどう思ってるかは、わからないですけどね。

――宇多丸さんとは大学生の頃から知り合いのジェーン・スーさんが、宇多丸さんとの対談の中で、学生時代の宇多丸さんについて、「知らないことを教えてくれるとかではなくて、取るに足らないことをどうやって聞くに耐えうるコンテンツにしていくかとか、どうでもいい話をいかに面白く話すかとかで。士郎さん（宇多丸さんの本名／引用者注）たちは、自分たちで造語を作ったり、新しいゲームを考えたりしてましたね」（ジェーン・スー『私がオバさんになったよ』幻冬舎文庫）と言っています。もしかして、ずっとやってることが変わらないんですか。

宇多丸　ま、そうですね。取るに足らない……取るに足らないなんて言うんじゃない！　って話ですけど（笑）。ただ、まったくおっしゃる通りで、どんな場にいても自分たちの見方次第で面白くなるよね、みたいな自負は持っていたい、っていう感じですね。「角度発見マン」でいたい。

――学生の頃は、「ＰＯＰＥＹＥ」や「宝島」などの雑誌をよく読まれていたとか。

宇多丸　「ＢＲＵＴＵＳ」とかね。雑誌は今でも好きです。昔の雑誌を集めるのも趣味なんです。「ＰＯＰＥＹＥ」に関しては学生の頃から、隅から隅まで読んでノイローゼになってる感じでしたね。「このページで言ってることとこのページで言ってることが違う」ということに真剣に悩んだり。「ちょっとよくわかんないけど、これが面白いってことらしい」とか、「これがいいってことらしい」みたいなものに、自分でもわかるまで頑張ってみようという意欲があり、色々なものに引っ張られた気がしますね。わかるまでさまざまな本を読んだり、映画を観たり、考えたり。雑誌が原動力でした。蓮實重彥さんの文章を読んで、何を良しとして何を悪いとしているのかを自分なりに理解できるまで映画を観まくろうと思ったり。「ＰＯＰＥＹＥ」ならば普通のファッションページ以外に高木完さんや藤原ヒロシさんがなんの説明もなくいきなり登場して、最先端カルチャーを紹介している治外法権的なページがあったんです。要は、一番カッコ良く見える人たちが「いい」って言ってるものを、よくわかんなくてもとりあえず追っかけてみようとする。あれは大きかったですね。そこから発展していろんな知識が付いたんで。

――ラジオでの初めてのレギュラー番組は、２００５年からRHYMESTERの3人でやっていたＴＯＫＹＯ ＦＭの『WANTED！』（05年4月〜07年3月）ですね。ミュージシャンを始めたときから、ラジオ番組をやりたいという思いはありましたか。

宇多丸　はい。もう最初からずっと言ってました。単純にヒップホップの番組をやりたいっていう動機もありましたし、「向いてる」って言い張ってたんです。おしゃべりだからってだけの根拠なんですけどね。『WANTED！』の前に、J-WAVEの『SOUL TRAIN』（1999年4月〜05年9月）という番組で、メインMCのRYUくんが1週間お休みとるときに「士郎くん、ラップ業界の中ではしゃべれる人として有名だから1週間やってよ」的な理由でパーソナリティをやらせてもらったこともありました。そのときは「この1週間で勝負をかける！」と言わんばかりにもう毎日独自企画みたいなのをブチ込んで、意気込みまくったんです。「さあ！　これからもうオファー、大変でしょ？」と仕事を待っていたら、全然来ない……。

――その1週間はどういう攻め方をしたんですか。

宇多丸　RYUくんがやらないような楽曲の解説などですね。ヒップホップのサンプリングのネタの話やリリック、歴史について。ヒップホップ啓蒙企画ばかりでしたね。ホント、反応なかったなあ。で、RHYMESTERで冠番組を始めさせてもらったけど、最初は意気込んでいろんなことを言うものの、スタッフの数や体制も整っていなくて、なかなか思ったことができなかった。「向いてる」だなんて、完全に思い上がってたなと思って。その件、取り下げますみたいな感じになっちゃってました。TBSラジオから声をかけていただいたのは、ちょうど、自信喪失しているときだったんです。前だったら「ああ、もうやります！」でしょうけど、そのときは「僕なんか……僕に何があるんですか……？」みたいな。ラジオって、やり続けないと反響がなかなか返ってこないもんですよね。『ウィークエンド・シャッフル（以下・タマフル）』を始めるときに「リスナーが定着するまで2年かかります」と言われましたが、実際に僕が「ああ、広く聴かれてるんだな」みたいなことを心から実感できたのはもっとずっと先、それこそ5年以上過ぎて、ようやく数字が追い着いてきた頃とかですから。

『タマフル』黎明期

――TBSラジオが声をかけたというのは、『ストリーム』（01年10月～09年3月）のことですか。

宇多丸　そうですね。最初は5分間のブックレビューコーナーでしたね。そのあと、また呼んでもらって、Perfumeと嘉陽愛子を紹介したはずです。プロデューサー・中田ヤスタカについての小特集ですね。それは、爪痕残したいとかではなく、ウケようがウケまいが「これについて言いたい！」っていう熱がはっきりあったときだったので。それから2回くらい小西克哉さんの代打を務めたときも、『ストリーム』のフォーマットに乗っかれば良かった。そういうのは楽にできるんですよ。だけどゼロからやんなさいってなるとね……。

――そのあと、2007年1月に『宇多丸独演会』という1時間の特番が放送されます。

宇多丸　『タマフル』でも『アトロク』でもプロデューサーをしている橋本吉史さんから何か番組を、と声をかけていただいたんです。レギュラーとして使い物になるのかどうかを試す特番だったってことですよね。ゲストで試し、特番で試す。『タマフル』をやってた土曜22時から24時の枠についても、帯でやるお試しの枠だって、ずっと前に言われてたんです。

――『独演会』の評判はいかがでしたか。

宇多丸　自分で言うのもなんですけど「まあ、少なくとも〝しゃべれる〟な」ってことにはなったんじゃないですかね。

――そして、『タマフル』が始まるわけですが、その頃には自信喪失から回復していたんですか。

宇多丸　「こういうことをやりたい」っていうアイデアには自信があったんだけど、しゃべり手としての自分には自信がなかったですね。「オープニングトークは大事なんで」って言われても「何、何?」ですよ。「自分のことを話せ」って言われても「いや、自分のことは話したくないよ。面白くないもん、俺の話なんか」って思ってしまう。とにかく自信がなかった。自分を雑誌の編集長になぞらえるのも、少なくとも編集長は、書く文章が面白いかどうかは問われてないじゃないですか。そういう気分ではありましたね。

――でも、自分の冠番組なら、我の部分を出さなきゃいけないわけですよね。

宇多丸　それが困りましたね。初年度は、僕がそれまで持ってた引き出しを全部出していくっていう形で特集を組んでいたので、直接語らずとも、自ずと「宇多丸とは何か」っていうのは浮かび上がってきたとは思います。

――開始当初、2007年の「TBSラジオPress」(7月号)で「AM的な喋り」を通じてヒップホップの間口を広げていきたいと語っています。「AM的な喋り」とはどういうことでしょうか。

宇多丸　いやー、今の自分からすると、いい加減なこと言ってやがんなとしか思わないですけど。TBSラジオのリスナーにとって「おめえ誰だ」状態であることは間違いなかったわけです。まずは「ラッパーですよ」と自己紹介して、自分がヒップホップの何がどう面白いと思っているか伝えるのが仕事の大きな柱の一つだと思っていました。ただ、いきなりラッパーをたくさん紹介しますとか、そういう企画ではダメだと思って、いろんな特集をやりながら、僕が面白いと感じている角度をわかってもらおうとしました。「『LOVEマシーン』はここがすごいんだ」「このいく、と。

映画はここが面白いんだ」と伝えながら、僕がどうしてラップを面白いと思っているかも伝えて

——先ほどのインタビューでは「伝説のパーソナリティとして後世に語り継がれる存在になるのが『野望』」とおっしゃっています。

宇多丸 え、ええ……何を言ってるんでしょうか僕は……でも、やるからには、そういう意気込みは常にないとね。ラップ業界でそれなりに実績を残してきた人で、その業界の中ではしゃべれるって言われてた人を、TBSラジオというしゃべりのメジャーフィールドに連れてきたら「まあこんなもんでした」になると、ヒップホップシーン全体が「まあそんなもんか」になりますからね。ヒップホップの中で面白い人を連れてきたらトップ級に面白かったです、ってことにしないとダメだと思ってきました。僕は他の人にもそれを求めたい。ラップ業界の人がよそのところに行ったらそこでも結局トップだった、っていうくらいの気合いでやってほしい。さっきの発言は、そういう理想の姿でありたいっていうことですね。

——『アトロク』でも続けている映画評（『タマフル』では「シネマハスラー」、『アトロク』では「ムービーウォッチメン」というコーナー）は当初からやろうと思っていたんですか。

宇多丸 月に1回くらいは、最近観た映画について話していたんです。そこで、ある邦画をこき下ろしたことがあったんですが、ベテラン放送作家の妹尾匡夫さんという方がリスナーとして番組にメールをくださったんです。「自分も非常に評判が高いとされるあの映画を観て良くないと思った。で、宇多丸くんが言っているのを聴いてまったくその通りだと思った」と。僕も、プロデューサーの橋本さんも、『アトロク』でも放送作家をしてくれている古川耕さんも、意気込みすぎて空回りしてるところがあったので、ベテランに教えを乞おうと2年目から妹尾さんにアド

バイザーとして入ってもらうことにしたんです。すると「映画の話が面白いからあれは定番コーナーにしたほうがいいよ」って言うんです。僕は「映画評論シーンってどんなに怖いところかわかってるんですか」ってぐずってたんだけど、「ぐずってる感じでいい。観たくない作品を観るっていう感じで。サイコロで観る作品を決めるとかさ」みたいに妹尾さんにシステムまで考えてもらってやったのが始まりです。嫌々という体(てい)(笑)。それまで基本的に映画評はずっと避けてきたんです。

――『ライムスター宇多丸のウィークエンド・シャッフル〝神回〟傑作選』(スモール出版)に放送第5回で、鈴木亜美のことをしゃべった内容が載っています。台本もなく、宇多丸さんの頭にあるものを勢いよくしゃべったら、リスナーの反応があったのが印象深かったとありました。

宇多丸　その回について書いてくれたブログがあったんです。そこで初めて番組についてのポジティブなリアクションを受けました。特に嬉しかったのは、僕が「この曲はこうなんだ」って文脈を話したあとで曲が流れだして、それがすごく響いたと書いてあったこと。『SOUL TRAIN』をやったときもまったく同じなんですけど、「レストーク、モアミュージック」が良いことなんだっていう風潮が、我々のような音楽業界では多いんですよ。でも、僕は「そうかな?」って思ってます。文脈をわかった上で聴いたほうがよく響くってこともあるんじゃないのって思っていて。映画評でもなんでもそうなんですけど、わかってから体感してもらったほうがもっといいことあんじゃん、というのが持論だったから。

――初期には他に、『タマフル』を知る誰もが語り継ぐ、「小沢一郎、マイケル・ジャクソンほぼ同一人物説」という企画(小沢とマイケルの偶然とは思えないキャリアの相似を指摘する)も反響を呼びましたね。

宇多丸　これはもう、プレゼンしてくれた西寺郷太という男の才能に尽きます。編集長として面白い人に依頼して、試しにしゃべってもらったら、当初予想していたよりはるかに、何百倍もすごかったという。最初は「戦後自民党史」って企画だったんですけど、熱意があれば違う企画に急にシフトチェンジしてしまう。だからこそそういう面白い放送が生まれたわけです。これ、テレビでやろうとしても許されないでしょう。ラジオならではですよね。

――反響はありつつも、プロデューサーからは、浸透するまで2年と言われていたとのことですが、それを聞いて「あ、それくらいまでになんとか頑張ればいいのか」と思いましたか。それとも、「馬鹿野郎、俺は2年経たずして、3ヶ月でリスナーを納得させてやるわ」と思ったのか、どちらでしょう。

宇多丸　どっちかっていうと「2年も待ってもらえるんだ」というほうかもしれないです。音楽業界って、とにかくすぐに結果を求められる世界なんです。アルバム出して、プロモーション期間があって、それを過ぎたら宣伝してくれないわけだから。何年かけて作ろうがおんなじです。それに比べれば、2年も結果を待ってくれるって、これはなかなかありがたいという感じはしました。どんな業界も2年待ってくれればいいのに。ありがたいことに、『タマフル』は2年目にセノチンこと妹尾さんが入ってくれて映画評を始めたり、そのあとに定番企画になるような企画が固まってきて、そうこうするうちにギャラクシー賞をその1年の流れでもらうことができた。「あ、味方がいる」とか「あ、評価されてる」とか、要は2年の間に幸運にも助け舟が2回くらい出てくれた。ギャラクシー賞をもらうのが早かったせいもあって「思ったより順調にいって良かった」と感じていました。ただ、なかなか聴取率がついてこなかったんで、それはヒヤヒヤもんでしたけど。

土曜日にずっといなくてよかった

――09年からは、小島慶子さんの『キラ☆キラ』の水曜パートナーも始められました。

宇多丸　僕としては昼の番組もやりたかったんです。ラジオショッピングのコーナーとかやってみたくて。これまでアングラな人生を送ってきて、『タマフル』もアングラなノリだったから、お茶の間と接してる感じをやってみたかったんです。しかも、自分はそういうのもできるんじゃないかって、ちょっと自信が出てきたのかも。

――実際にやってみてどうでしたか。

宇多丸　僕は楽しかったです。小島さんともすごくウマが合ったと思ってるし、今でも仲いいくらいです。今も小島さんは社会的なテーマについてビシバシ言うけど、当時はよりくだけた感じでもありましたよね。小島さんと言い合いになった回が伝説化しちゃっているんだけど、基本的にはのんびりした番組でした。社会問題に限らず、他の出演者よりも倫理の基準が僕と小島さんでは一致していたと自負してるから、安心してやれたところはあるって勝手に僕は思っています。

――ラジオを一緒にやる上で倫理のラインを相手と共有できているかはすごく重要ですよね。

宇多丸　そうなんです。冗談言うときってそれが大事じゃないですか。何をどこまで茶化していいって瞬時に判断しなきゃいけないわけだし。

――その倫理で言うと、『タマフル』にも出演していた（『アトロク』では月1レギュラー）しまおまほさんという相手はどうでしたか。

宇多丸　しまおさんのことは信頼してます。どんなにめちゃくちゃやってるように見えても、なんていうのかなあ……こんなこと、本人には言ったことないけど、なんかのイベントの帰りに打ち上げ会場に向かってて、しまおさんがちょっと先に歩いてて、僕は、しまおさんの友人でもある歌手の土岐麻子さんと一緒だったんです。そこで僕が「しまおさんはいいなあ」みたいなことをしみじみ言ったら、土岐さんが、正確な言葉じゃないかもだけど、「しまおさんは人として〝きれい〟なのよ」みたいな表現をされて。「ああ、そうかもね」って。そう言い切れる信頼感みたいなものが常にあります。だから、他の人だったら「ちょっとお前、それはどうだ」って止めるような下ネタを言いだしても「大丈夫、しまおさんだから」ってなる（笑）。小島さんともそうだけど、全部が全部一致するわけじゃなくて、ウマが合うという言葉でしか表現し得ない何かがある。ウマが合わないとラジオって辛いでしょう。僕は幸いにもそういう目に遭ったことがないけど、だからこそ、『アトロク』を始めるときに一番ドキドキしてたのが曜日パートナー5人とのウマですね。

――土曜の夜に『タマフル』を11年続けたわけですが、「次はもっと早い時間、平日の帯で」と言われたときの自分の反応は覚えていますか。

宇多丸　「あ、その話消えてなかったんすか?」っていう感じです。「やる気ある?」って聞かれてからなんの音沙汰もなかったから、「ああ、これはねえんだな。神田松之丞がやることになったんだな」とずっと思ってたんですけど。

――土曜の夜は、世の中がちょっと浮わついてワクワクしている時間帯だと思います。その時間帯から平日の夜に帯でやるとなるとあれこれ変わったはず。どういう心の転換がありましたか。

宇多丸　転換というよりも、土曜の番組のペースであのぐらいのことをやるのはたぶん永久にできるんですけど、そろそろ違う人と違うことをやってもいいな、という感じでしたかね。僕には、

「そろそろ一から始めてもいいかな期」っていうのがあるんです。日本語ラップやDJを一から始めた感覚とラジオは近いんですが、またそろそろ別のことを始めてもいい頃合いなんじゃないかな、みたいな。

――その「そろそろ」は宇多丸さんの頭の中で徐々に出てくるんですか。それとも、頭の上の電球がピカッと光るような感じですか。

宇多丸　僕の中から一方的に出てくるものというよりは、然るべき努力を重ねていると然るべきタイミングで然るべきところからお呼びがかかる、という感じですね。いくらやる気があっても、いきなり自分から「毎日やらしてくれ」って言ったって無理なわけで。僕の場合、10年番組をやってきた上で、TBSが「あんたそろそろやってもいいんじゃない？」って言うからには、僕にはできると見込んだから言ってくれてるんだろうし、じゃ、できるんじゃないの、と。その上で失敗しても、「お前らが声かけたんだから知らねえぞ」みたいな（笑）。

――『アトロク』の時間帯は、プロ野球中継の長い長い歴史がありました。それに対しての特別な思いはありましたか。

宇多丸　最初は、「え、いいの⁉」って思いましたよ。だから初めはずっと言ってましたね。「TBSラジオが決めたことで、俺が野球中継をやめさせたわけじゃないから」「俺のせいじゃないからね！」「過去に比較対象がない枠で番組をやるんだから失敗も成功もない……全部ウィンだからね！　そこんとこよろしく」みたいなことを。

――わりと人のせいにするクセが……（笑）。

宇多丸　（笑）。いや、でもこれは大事で、全部自分のせいなわけないじゃないですか。あんまり背負いすぎないのが大事ですよ、何事も。自分のせいもあるかもしれないけど全部じゃない。

――それは、宇多丸さんのラジオ哲学じゃなく、音楽活動含めていろんなところに共通することですか。

宇多丸 逆に言うと手柄も自分だけのものじゃないし、失敗も誰かだけのものじゃないっていう感じですね。

――先ほど、5人のパートナーと上手くいくかが心配だったとおっしゃってましたが、実際にはどうでしたか。

宇多丸 ってかもう、子どもみたいなものですよ。一人も手放せない感じです。改編で変わるとか考えられない。

――それは始まってすぐにそう思えましたか。

宇多丸 今思えば始まってわりとすぐにそんなこと言ってたな。でもここへきていよいよそれぞれの個性が花開いてきて、みんないいなあって思う。最初はウマが合うかどうかだとかを心配してたけど、彼らが活きるようにこっちが接すればいいだけのことで、別になんの心配もすることはなかったと今になって思います。それぞれのパートナーに、自分の中にある部分を見るっていうのもあります。「わかるわかる、その感じ。俺もそうだから」って。

――宇多丸さんは、5人のパートナーに今週何があったか、こんなことを考えていたというのを丁寧に引き出そうという気持ちが強くあるのではないかと思って聴いています。

宇多丸 まあそれはできるだけ自分のアウトプットを減らすためですね（笑）。僕が楽をしたいので、できるだけパートナーやスタッフがいいものを発信してくれれば僕は「なるほど～」と言ってりゃすむ。残った時間で「あと3分あるんなら僕からもちょっと言いますけど」くらいで全然いいです。

――その試みによって、たとえば木曜パートナーの宇内梨沙さんがゲーム好きだとか、日比麻音子さんの高校演劇への想いとか、それぞれの興味の分厚いところが出てきて、今やそれが番組に浸透してますよね。

宇多丸　『アトロク』には『タマフル』からのスタッフも多いけど、土曜日に僕らだけでやってたら絶対にできないことがいっぱいできています。土曜に留まったまま気づかぬうちに保守的になってしまわないで本当に良かった、という感じです。

――生演奏でライブをしたり、DJプレイをじっくり放送する19時台の「LIVE & DIRECT」のコーナーも、宇多丸さんが『アトロク』で実現したかったことでしたか。

宇多丸　そうですね。『タマフル』を始めたときに、僕が何がなんでもやりたいって言ったのが日本語モノ縛りのDJコーナー。音楽畑の人間だし、自分にしかできない角度としての日本語DJを最初に打ち出したかった。ただ、この10年でそれもあまり珍しくなくなりましたからね。今回の番組を始めるにあたっては、主に橋本吉史プロデューサー発の案だと思うけど、単に音楽を流すんじゃなくて、毎日バンドセットを組んでライブをやってしまおうよ、と。これ、世界的に見てもちょっと例がないですよね。アーティストの持ち時間は約15分間あるんですが、みんな「とってもありがたい」って言ってくださって。それは自分も出る側としてはすごくそう思う。15分って、ちょっとした音楽フェスの短めな出番、くらいの時間ですからね。ミュージシャンフレンドリーな番組ではありたいなと思ってますね。

――『タマフル』から『アトロク』に変わって、想定しているリスナーに変化はありましたか。

宇多丸　想定リスナー層、みたいなことは、あくまで僕個人はということですけど、あえて考えないようにしているんです。どう受け取られているか、そういうところに理想のラインを求めても、失望しかしないから。自分なりにベストを尽くすことだけを考えています。想定すると、つい、見積もりを甘く出しちゃうんですよ。「こんぐらいわかんだろ」って際どい球を投げる感じがなくなってきちゃう。どんどんどんどん設定を甘くして「これわかるかな……わかんねえかもな」って。だから、「どうせわかるかわからないかなんて、わかんないんだし」「わかるヤツも必ずいるでしょ」くらいの気分も必ず入れるようにしてます、僕自身は。

——その姿勢は、音楽活動とは異なりますか。ライブをやれば、目の前にいる人の多くは、自分に対して熱狂してくれる人であるはず。

宇多丸　もちろんそうですが、同時に、目の前で熱狂している人がリスナーのすべてではない、とも意識しないといけない。あんまり「この人たちに向けて」とは考えすぎないようにしている。顔が見える特定層の期待にばかり応えだしちゃうと、自動販売機になってしまう。こっちも人が好いから求められりゃやってしまうわけで。要望を知りつつちょっと切り離す、という感じですかね。ラジオってエゴサでもしない限り、反響なんてわかんないから。最近はエゴサもやめました。前はね、「勉強になります」みたいな殊勝なことを言ってましたけど、「ならねえよ、やっぱ」って思って。

「おじさん黙っててくれます?」になりたい

——07年から番組を続けていると、言葉の表現を変えるというか、考え方をシフトチェンジしないといけない場面がたくさんあったのではないかと思います。それは、いくつもの言葉が使えなくなって面倒だ、ってことではなくて、時代に合わせて、カルチャーをめぐる言葉がどう捉えられるかが変わってきたはずです。

宇多丸　まったくおっしゃる通りです。『アトロク』は18時から21時っていう公性（おおやけ）が比較的高い時間帯で、なおかつ5人のうち3人が女性パートナーという中で、自ずと以前の態度のままでいられるわけがないんです。加えて、最新のカルチャー情報や映画を扱っているので、まさしく呼吸するかのごとく時代の空気を体内に取り込んでいるから、当然同じではいられない。もちろんいまだに「あちゃー、俺またこんなこと言った」「あ、またこんな表現してしまってる」っていうときもあります。わざわざ訂正するほどではないものの、僕がリスナーとしてこれ聴いたら「うわ、こいつ引くわ」って思うだろうなっていう、そういう瞬間はまだまだちょいちょいあります。その都度自分の中に、釘を打ってトントントンみたいな。「二度と言うなよ」って。そういうのも、『タマフル』からのお馴染みのスタッフと、僕たちだけの「おじさんのお城」で楽しくやってたら、気づくのはだいぶ遅くなっていたか、そもそも気づかなかったかもしれない。なので、本当に良かったです。

――小山田圭吾の東京五輪開会式の辞任問題であるとか、音楽フェス「NAMIMONOGATARI」の感染症対策不徹底の件だとか、カルチャー界に大きな事象が起きたとき、「宇多丸さんが何か言うのかな」と思って聴いてみると、かなり時間をかけて考えを述べられますよね。ラジオでしっかりと語らなくちゃいけないという思いがあるんでしょうか。

宇多丸　いつも正直に言ってますけど、「学級委員じゃねえぞ、この野郎」って感じです（笑）。なんに対しても意見を求められるのには閉口するんだけど、「関係あるじゃん、お前」っていうことに対しては言わなきゃいけないと思ってます。それが毎日放送している宿命ですね。歯切れ

『タマフル』から『アトロク』になって、ゲストのことや話したこと、気になった言葉などを書いておくようになった。「足跡を残しておかないと、流れていってしまう感じがして」と宇多丸さん。ノートは番組と文具メーカー「ミドリ」がコラボした別注品。ボールペンはサラサドライの芯×サラサグランドの軸という文具好きが唸る一品を愛用。

よく切って捨てるみたいなのが本当は得意じゃなくて、考えながら話しているところもあるから時間もかかるんですが、それが許されるのがラジオです。思考のプロセスそのものを晒す、そのことも番組たり得るっていうのが特性だと思う。それこそ訃報が入ってきたときに、すぐに話したくないですよ、本当は。近ければ近い人ほど。こないだ音楽プロデューサーの江崎マサルさんが亡くなったときも、考えが整理できているわけでもないんで、曲聴いて偲んでくださいみたいなことしか言えなかったですね。それがそのときの僕のモードだったら、それを出せばいいとも思ってます。「なんも言えねえ」が正直な気持ちだったらそれでいいんじゃないかって。

――ここ数年は「あいちトリエンナーレ」の「表現の不自由展・その後」の展示中止の件が象徴的なように、文化と社会、文化と政治の関係が問われる局面が多いですね。でも、それに対して表現者や当事者があまり意見を言ってくれない。そんな苛立ちがあって、きちっと言ってくれる人は誰なんだろうと、探してしまうところがあります。すると、『アトロク』で宇多丸さんが話してくださる。

宇多丸　それでも砂鉄さんのお眼鏡にかなうようなことはあまり言えてないと思うので、お恥ずかしいですけどね。たとえば僕一人でやってる番組だったらもっとある方向にトゲがある話し方をすると思うんだけど、いいとか悪いとかじゃなくて、毎日パートナーがいて、「会話」の中で話すので、社会性を帯びるというか、一人で意見を言うのとは違うバランスが生じますよね。「こう思うんだけどなあ……」「そうですね、う～ん」みたいな感じがこの時間のラジオとしてはいいと思ってるんです。僕のオピニオン番組ではないので。もちろん僕も意見を言うけど、それは「僕も」であって、会話で成り立たせている番組ですから。ただ、映画批評の「ムービーウォッチメン」のコーナーだけはたぶんトーンが違います。覚悟を決めてディスるときなどは明らかにまだ「てめえ」のトーンだから、「相変わらずこいつ、こういうことを言わせるとひでえな」みたいな感じになると思うんだけど。

――『ウィークエンド・シャッフル』のときには「ライムスター宇多丸の」って頭についてましたが、『アトロク』にはついてないですよね。

宇多丸　僕が上に君臨して何かを発するっていう見え方よりは「いろんな人が出ますけど一応仕切りは私がやらせていただいてますんで」みたいなくらいがふさわしいと思っているので。「ライムスター宇多丸の」ってしないで本当に良かったと思ってます。

――でも『タマフル』を始めたときは、「伝説に残るパーソナリティになる」って豪語していたので、元々は「ライムスター宇多丸の」っていう思いは強かったんじゃないですか。

宇多丸　番組の初年度は僕の引き出しのみでやってたから、それは「ライムスター宇多丸の」でした。さっき話した鈴木亜美特集しかり、僕の考える藤井隆のすごさ特集とか、僕の考える岡村ちゃん（岡村靖幸）すげえよ特集みたいなことばっかりやってたわけだから。それは間違いじゃないんだけど、今やってることはそうじゃない。「俺の」欲は、『タマフル』でギャラクシー賞もらった時点で抜けました。『タマフル』も最後のほうは、もうほとんど半分以上はスタッフ発だったり、あとはゲスト発案で、僕が出したアイデアはそんなに多くなかったと思う。そういう意味でも『アトロク』への移行もスムーズでした。

――『タマフル』を始めた頃のインタビューで「長く続けたいんだ」とおっしゃっていました。その思いは変わらないですか。

宇多丸　それはもちろん。今はラッパー、ラジオパーソナリティって2本柱の肩書を名乗ってるくらいなんで。細くてもいいから長く続けたい。音楽は完全にそうなんですけど、ラジオも続けることが一番大事って思います。長くやらせてもらって、ときどき幸せを噛み締めてますよ。「俺がTBSラジオでずっとレギュラー持ってるなんて夢のようだ」って。

――TBSラジオって、どういう局だと思いますか。

宇多丸　TBSラジオって言ってもいろんな側面があるからなあ。でも、他の局に行くと思うけど、ラジオ局としてはやっぱり抜群に優れていると思う。小島慶子さんも言ってましたよ。単純にスタッフの練度が高い。数も多いし、ちゃんとお金をかけてる。少なくとも僕は「面白い番組を作ろう」っていうテンションを感じてる。恵まれているという言い方をしてもいいかもしれない。（大きな声で）「他の局じゃなくて良かった」って思います。他の局の人ごめんね。でも本当にそう思う。

――赤江珠緒さんとジェーン・スーさんにインタビューしたときに共通していたのが、自分が飽きたらスパッとやめる、という意見で、とても正直な意見だなと思ったんです。

宇多丸　飽きたら僕だってやめますよ。でも、僕の場合、「つまんねえな」みたいなことを感じ始めたとしたら、それはお前がつまんなくなっただけなんじゃねえの、っていう風に思ったほうがいいとは考えるようにしてますね。だって、ラジオそのものはどんなやり方をしたっていいわけだし、切り口は無限にあるはずで、懐が深いと思うんですよ。それに加えて、映画をはじめカルチャー作品は新しいものがどんどん出てくるし、じゃあそれでも飽きる、つまらないと感じるってどういうことかといえば、僕の好奇心や、面白がり力が枯渇したってことでしょう。できれば死ぬまでそうならないようにしたいです。

――ここから、番組を「こういう風にしていきたい」という思いはありますか。

宇多丸　もう課題だらけですよ。まだ4年目で、基本的な番組としての筋力は弱いと思ってます。

まだ基礎レベルで頑張っているところです。ＢＧＭ出すタイミングとか、そういうつまらないこともまだまだ口酸っぱく言って色々やってる状態なので。もちろん企画の立て方とかも、まだまだ安心して任せて、次の高みを目指すみたいな状態じゃないです。コロナ禍でリモートでの放送が増えているのもあるし、今やれるベストは何かって探り中なところもある。完成にはほど遠いです。放送が終わると、毎日何かしら、「もうちょっとこうだったかな」と反省点が出てきます。逆に、今まで一緒にやってなかった若手のスタッフの新しいアイデアが意外と上手くいったときとか、さっき言ったように、企画が挙がってきたところで僕が「これはちょっとどうよ？　もうちょっとなんとかしてよ」みたいに言っていた企画が、本番でなんとかなっていたときに、「あ、ここにひとアイデア入れたんだ。いいじゃん、これだよ〜」「できてんじゃ〜ん」ってガッツポーズして前進できる感じとか、すごくいいものです。

——振る舞いが完全に編集長ですよね。

宇多丸　たとえば今日（インタビュー当日）の放送で良かったのは、何度目かになりますけど宇垣美里さん主導でインタビューして、僕はあくまで添え物っていうスタンスというのが、フォーマットとしていけるようになったことですね。もっともっと、こういうのをやっていきたい。他の曜日パートナーのときも、僕は添え物で構わないというか。「おじさんちょっと邪魔だから黙っててくれます？」みたいな感じになっていくといいですね。

（２０２１年９月21日）

いつやめても「よくやったなぁ」と思えます。

大沢悠里　（フリーアナウンサー）

おおさわ・ゆうり　1941年東京生まれ。64年、アナウンサーとしてTBS入社。91年、フリーとなる。TBSラジオ『大沢悠里のゆうゆうワイド土曜日版』（土・15:00～17:00／2016年4月～）のメインパーソナリティ。過去には『ラジオ寄席』（74年10月～）の司会（放送開始から85年9月まで）や『土曜日です おはよう大沢悠里です』（72年4月～79年3月）『大沢悠里ののんびりワイド』（79年4月～83年9月）のメインパーソナリティを務めた。その後、『大沢悠里のゆうゆうワイド』を86年4月にスタート。16年4月まで実に30年続き、その後『土曜日版』となる。永六輔がメインパーソナリティの『六輔七転八倒』（76年10月～81年4月）ではディレクターを務めるなど、TBSアナ時代には、番組制作にも携わった。

インタビューを始める前に写真撮影をしていると、「僕、カメラに撮られるの、本当に好きじゃないんだよ。家族写真だってないんだから」と笑いながら愚痴をこぼしている。その理由を聞くと、いつの間にか「いや、ラジオってさ……」とラジオの魅力に話が切り替わっている。カメラマンもスタッフも、その話に引き込まれていく。インタビューを始めても、そんな場面が幾度とあった。ラジオにできること、ラジオだからこそできることをやり尽くしてきた。幼少期、唯一、自分のそばにいてくれたラジオに魅せられてから、ずっとラジオと共にいる。「僕の歴史？　番組のこと？　いや、話すことなんてないよ」と始まったインタビューは、止まることなく2時間も続いた。

あだ名は「大本営」

――以前、番組にお邪魔したときにも伝えたんですが、母親が『ゆうゆうワイド』と阪急交通社が組んだパッケージツアーに出かけて、これが本当に素晴らしかったと。九州を2泊3日で巡るツアーで、バスガイドの方も、旅館も、すごく良かった、「人生で一番いい旅行だった」とまで言ってました。

大沢悠里　そう、嬉しいねぇ。僕の番組のツアーに申し込んでくれるのは、子育てが終わって子どもが独立してくる頃、50代半ばになって旅行を楽しむような女性の方が多かったですね。香港返還の直前のツアーなんて、900人くらいで行きましたから。飛行機1機では足りなかった。現地のホテルでトークショーをやったり、パートナーのさこみちよちゃんが歌を歌って、最後に写真を撮り、バスを見送るんだよ。色々なところへ行きましたね。

――3、4歳の頃からアナウンサーになりたかったそうで、とにかくずっと、話すことを続けてこられたと。

大沢　僕、浅草生まれなんだけど、昔は今みたいに遊ぶものがないでしょう。外へ出ても、石蹴りとかそんなもんです。小学校に上がる前ぐらいまでは遊び道具ってあまりなかったんです。兄弟がいたものの、最も近くても6つ年上。だから、何かっていうとラジオの前にいたわけです。「5球スーパーラジオ」っていう真空管が5本あるラジオ。戦争中はラジオが「東部軍管区情報」ばかりになった。で、それを真似していたのよ。「東部軍管区情報、敵一機銚子沖にあり、厳に警戒を要す」と真似して、近所を触れ回ってたわけ。だから近所では、僕、「大本営」って言われてたからね。

――あたかも、戦況の最新情報を教えてくれるみたいな存在に……。

大沢　そうなの。東京大空襲のときに市川に逃げて、また戻ってくることになるんだけど、3つ4つぐらいまでは浅草にいたんだよ。あの頃は週に1回くらい、リアカーにイワシを積んで売りに来る人がいてね。元気なおじさんが、「イワシこ～い！」って叫ぶんだけど、その真似をして、「イワシこ～い！」って言うと、これがそっくりなんだよ。真似していると、近所のおばさんが、売り切れちゃうからって、ザルを持って飛び出してくる。そうすると、「あー、また悠里ちゃんだ」なんて。お袋がずいぶんと謝ってたね（笑）。逆に、「また、悠里がバカやってる」なんて思ってると、今度は本物で、「買えなかった」って、お袋は怒られたらしいからね。

――3、4歳なのに、だいぶ地域社会を困惑させていましたね。

大沢　でも、その頃から興味のあった仕事に就けて、それをこうしてそのまま続けてこられたんだから、幸せなもんだと思うよ。

――小学生の頃は、筆箱をマイクに見立ててアナウンサーの真似をしていたとか。

大沢　そうなんだよ、僕の友達が、お前はそんなことをしてたぞって言うんだよ。国語が得意だったのね、「将来アナウンサーになるために字を覚えなきゃいけない」みたいな意識があったから。だから、3年のときに4年、4年のときに5年の教科書を読むような感じだった。NHKラジオの『話の泉』（1946年12月～64年3月）を真似したりね。「みなさん、『話の泉』でおくつろぎください。今晩の回答者は堀内敬三さん、渡辺紳一郎さん、大田黒元雄さん、サトウハチローさん……」なんて言いながらね。アナウンサーは高橋圭三さん。それから、宮田輝さんの『三つの歌』（NHKラジオ／51年1月～70年3月）の「みんなに親しまれた古い歌。だれでも知っている新しい歌……」とかね、アナウンサーのフリを真似していた。『民謡をたずねて』（NHKラジオ／52年1月～）の「地の香り、磯の香りに育まれ、古く伝わる民謡の数々を紐解いてまいります……」、こんな時代のアナウンスが今でも頭に残っているわけ。うちのお袋がPTAに呼ばれて、「もうおたくの子どもにラジオを聴かせないでくれ」って言われたらしいよ。でも、ラジオは想像が膨らむ世界で、子どもには面白かったの。

――想像力を鍛えられたと。

大沢　その頃はラジオが今のテレビみたいな存在だから、箪笥の上に置いて唐草の風呂敷がかけてあった。それを見上げるようにして聴いていたんだから。ラジオは文明の利器だった。

――学生時代も放送部に入られたということは、とにかくずっと「放送の仕事をしたい」と思われていたんですね。

大沢　そうですね、高校で放送部に入り、大学ももちろん、放送研究会に入りたくて早稲田を選んだみたいなもんだから。高校の放送部ではドラマを作った。『高瀬舟』の朗読劇とかさ。僕はしゃべるのも作るのも好きなんだよ。番組を作って自分で出るのが好き。チャップリンみたいな感じでさ。

――企画、制作、出演という。

大沢　クリント・イーストウッドだよ（笑）。自分の思うように自分を使って、自分のはまり役になるようなものを作る。のちにTBSに入っても、制作としてずいぶんと企画書を書きましたからね。アナウンス部だけではなく、制作部も兼務していたので、人の番組も作りました。

――人前に立ってしゃべる体験として、大学に入られてからはお祭りの司会もやられていたそうですね。

大沢　椿山荘の「納涼ちょうちん祭り蛍の夕べ」とかね。ハワイアンバンドを呼んだりして、その司会をやっていました。あとは「電話ニュース」というのがあった。今みたいに野球の途中経過が簡単にはわからないから、みんな、「巨人対阪神は今どうなってるんだ」って気になるでしょう。電話をかけると「こちらカラー印刷でお馴染みの東京中日です。野球の途中経過です……」って、15分か30分おきに録音したテープが聴ける。それに吹き込む仕事をしていましたね。

――どうしてそんな職にありつけたんですか。

大沢　それは早稲田の放送研究会がそういう仕事を請け負っていたんですよ。僕の1年上が露木茂さん。そのさらに上が鈴木史朗さんでした。「早慶ジャズフェスティバル」なんて催しで地方を回ったりね。あの頃は早慶って言うだけで田舎ではモテたんだよ。結構儲けてたと思う。それで学費も賄っていたほどだったから。そもそも、研究会に入るのに試験があるんだから。

——えっ、アナウンス試験があるんですか。

大沢　筆記試験もあった。時事問題について「李承晩ラインを説明しろ」なんて問題が出た。部室も狭いし、毎年10人ぐらいしか入れない。筆記試験と音声テストをやって、合格番号が学内で発表された。そこに受かったやつは、僕の同期もほとんどアナウンサーになったよ。

——悠里さんは少年時代からずっとラジオの真似をしてきたわけですから……。

大沢　だからまあ、チョロいもんだよ（笑）。ちょうど、安保の時代だった。大学に入ったのは、デモで樺美智子さんが亡くなった年でしたね。

街歩き・電車・「ココイチ」

——入社試験はＴＢＳしか受けていないんですよね。

大沢　募集が早かったの。そしたら受かっちゃった。でも、何千人応募があろうが、残るのは結局、各大学の放送研究会の30人ぐらいなの。それを各局で奪い合うわけ。今とは違うよね。今はほら、逆に色ついてるやつはダメだなんて言うでしょう。僕が面接官で「アナウンス研究会」なんて書いてあったらハネるかもしれない。久米宏とみのもんたが両方ＴＢＳを受けて、みのもんたが落っこちた。それで、彼は文化放送に行くわけ。逆に石川顯は文化放送を蹴ってＴＢＳに来た。露木茂さんの時代はＴＢＳの採用がなかったんだよ。自分はラジオをやりたかったから、文化放送でもニッポン放送でもいいとは思っていたものの、あの頃のＴＢＳは「民放の雄」なんて言われてたからね。

――面接で何を聞かれたか、覚えてますか。

大沢　覚えてます。「あっ、これ、受かったな」って思ったのはさ、写真を渡されるのね。薄暗いコンソール・ルームみたいなところで、ヘッドフォンをつけてジッとしているおじさんが4人ぐらい並んでる写真を渡された。で、「これを3分で実況してください」って言われた。この頃、ワレンチナ・テレシコワさんっていうソビエトの女性宇宙飛行士が空に上がったのね。そのときの写真だとわかった。「こちらは小金井市にあります、郵政省電波研究所、電離層室、中田室長を中心にして、真剣な面持ちで、みなさん、今レシーバーを耳にあてて、宇宙からの声を待っております」って実況するんだよ。『『ヤー・チャイカ、コーコー（通信ノイズ）、ヤー・チャイカ、コーコー』、聴こえてまいりました！　天女の声！　テレシコワさんの天の声です！　『ヤー・チャイカ』』なんて完璧に再現してさ。面接官がゲラゲラ笑ってるんだよ。もっと笑わせてやろうと思って、「聴こえてまいりました！　テレシコワさんの声です！　地球に届いてまいりました！」って、3分間しゃべっちゃった。これで受かったんだよね。時間配分も考えて、それを3分にまとめたわけ。

――面接なのに、完全にプロの仕事ですよね。アナウンス技術だけじゃなく、当時の時事問題もわかってないといけなかったわけですね。

大沢　マスコミに行くなら、新聞はよく読んでいないとダメだったね。でも、小島一慶くんに聞いたらね、彼の場合は、ビアホールのジョッキをみんなで上げてる写真だけで3分しゃべったって。そういう写真もあったらしい。

――最初から「ラジオの仕事をさせてほしい」と言っていたんですか。

大沢　いや、それはないよ。テレビもやっていたからね。でもさ、テレビって面白くないんだよ。2、3年やったけど。『ゆうYOUサンデー!·生放送』（84年4月〜9月）という、ワイドショーのはしりみたいな番組も。もう、この時間にこれをして、と完全に構成されていた。僕は、強制されたものを読むのが嫌なんだわ。テレビに出ると顔は有名になるけど、街を歩いて振り返られても、それは尊敬されているんじゃない。チンパンジーだって振り返る。「それを勘違いするな」ってアナウンサーの教育のときによく言ってたね。

——いつ頃から「テレビじゃないな」と思ったんですか。

大沢　しばらくやってからかな。でも、テレビのナレーションの仕事はずいぶんとやりました。『そこが知りたい』（82年5月〜97年9月）とかね。でも、とにかく、ラジオの仕事がテレビよりも充足感があってさ。だって、テレビに出ても、中身について誰も言ってくれないんだから。有名になったら、街を歩けないし、電車に乗れないでしょう。さっきもカレーの「ココイチ」行ってきたよ。

——辛さ、指定しましたか。

大沢　うん、イチ辛。こういうのも、金持っちゃうとわかんないんだよ。そういうところに平気で行けるんだから。

——これまでのインタビューでも、ラジオのパーソナリティは、電車に乗って、そこにいる人がどういう顔をして、どんなことをしているのかを見なきゃいけないとおっしゃってますね。

大沢　それがラジオなんです。

——1964年にアナウンサーとして入社されてから、ラジオで「大沢悠里の」という冠がついたのは1972年の……

モニター用のイヤホンは、「ボカー」と鈍く聞こえるものはダメ。自分の声が、純粋に、鋭く聞こえるものがいいと大沢さん。スタジオ備え付けの備品入れには、他の『ゆうゆうワイド』のパートナーのものも入っていた。

大沢　『土曜日です　おはよう大沢悠里です』だね。それまでは、ニュース的なものを読んだりとか、『ラジオ・スケッチ』（51年12月～69年4月）とか、そういう番組に出ていた。最初の1年ぐらいはほとんどしゃべらせてくれなくて、ミキサーや送出業務もやっていました。一人で『朝のひととき』（58年1月～66年10月）という番組を1週間に1回やってたのね。ディレクターもいなくて一人でレコードをかけて、曲の頭出しをやって、「それでは一曲いきましょう」って。自分で番組を持ったのが、『土曜日です　おはよう大沢悠里です』だった。朝6時から9時5分まで。その次が永さんの番組だった。『土曜日です～』が終わったあと、『のんびりワイド』で13時から16時半までやって、それから『ゆうゆうワイド』で8時半から13時まで。まあ、長く続いたよね。

――ご自身の冠番組を持ったときは嬉しかったですか。

大沢　いや、それは特に感じなかったね。今でも自分では名前をつけず『ゆうゆうワイド』だけで充分です。場を持ってることが幸せであって、自分を売り込むっていうんじゃないんだ。もちろん、数字はとらなきゃいけない。「大沢企画」っていう会社を作って、自分で広告をとってくる仕事もしたね。ほら、今、生島ヒロシくんがやってるでしょう。

――この間、生島さんにインタビューをしたら、悠里さんに「自分が広告塔になって広告を持ってこい」と言われたと。
大沢　そう、よく飲み屋でスポンサーを探しましたよ。それを生島くんに教えたんだよ。生島くんも必死で頑張ってるよ。偉いなぁと思って見ています。

「人情・愛情・みな情報」

——1986年から『ゆうゆうワイド』が始まりました。スタジオには何時に入られていたんですか。
大沢　6時。起きるのは4時すぎかな。寝るのが24時過ぎだからずっと睡眠不足でした。
——ただし、絶対に遅刻はされなかったと。
大沢　一度もなし！　僕の趣味は遅刻しないことだから。
——目覚ましは5個ぐらいかけてたそうですが、寝起きが良くないんですか。
大沢　いや、良くなくないの。でも、目覚まし1個だと心配でしょう。家族を起こすのは負担かけちゃうから、必ず自分で起きなきゃならない。1個じゃ「万が一」ってことがある。でも、2個でも「万が一」ってことがある。5個かければまず安心して寝られるよ。精神的な安心だね。寝起きが悪いわけじゃない。目覚ましを全部止めていくのも大変なんだから。
（と、ここで携帯電話が鳴る。偶然にも毒蝮三太夫さんから電話）
大沢　おお、蝮さん？　今、砂鉄さんからインタビュー受けてんのよ。ほら、インタビューあったろ？　TBSのことについて聞かれたでしょ？　ひょろ長い彼……砂鉄さん、「ひょろ長い彼」って言われてるぞ（笑）。そうそう、週刊誌の対談読んだよ、面白かったよ。おい、短めにしてくれよ、今、インタビュー受けてるんだから。また電話するよ。

――ここで蝮さんから電話がかかってくるというのは、なかなか奇跡的なタイミングですね。その蝮さんも「ミュージックプレゼント」で登場し続けた『ゆうゆうワイド』。番組の「人情・愛情・みな情報」というコンセプトは最初からあったんですか。

大沢　テレビって、どうしても「お前らに教えてやるよ」みたいな感じになるでしょう。そうすると、視聴者も「そうですか、見させていただきます」になっちゃう。でもラジオはさ、政治の話も夫婦喧嘩の話も恋でフラれたって話も、それぞれがニュースで、同じ扱いなんだよ。昔、僕、同期と喧嘩したことがあるのね。ちょうどベトナム戦争の頃。相手は、ベトナム戦争の報道を担当していて、一方で僕は西郷輝彦のデビューの話をしていた。「ベトナムを扱ってるニュースのほうが偉いんだ」なんて話になってさ、「そういうもんじゃないだろ」って返したね。「人情・愛情・みな情報」、ホッとするじゃないですか。

――『ゆうゆうワイド』が始まった当初は、ニッポン放送の玉置宏さんの番組（『玉置宏の笑顔でこんにちは』78年4月～96年3月）がものすごく人気だったと。

大沢　あのときは、文化放送とニッポン放送に抜かれていて、TBS全体がどん底だったからね。とにかく朝が弱かった。やっぱり午前中に持ち上げないと、1日の流れができないんだわな。当時のラジオっていうのはダイヤルを回して聴いていたから、それなりに手間がかかる。ラーメン屋さんなんか、油で固まってダイヤルが動かないんじゃないかっていうぐらいになるわけだから、1回合わせちゃうと、もう何がなんでも回さない。とにかく「玉置さんを追い越さなければ」「1位にならなければ」って言いながら毎日やって、1位になるのに5年かかったわけ。放送中の10時すぎに聴取率の速報が届くんだよ。当時、北山くんっていうプロデューサーがいてね、1位になった結果を聞いたときはスタジオで一緒にバンザイしたな。普段、玉置さんとは仲良くさせてもらってね、「悠里さんがきたときはもう正念場だと思ったよ」って言われたけど、お互いに、とにかく面白いもの、楽しいもの、タメになる何かを探さなければ、っていう必死感があったなぁ。

――そんなときに写真週刊誌に取り上げてもらおうと思って企んだのが「人妻コンテスト」。

大沢　そうそう。ラジオだけど、写真週刊誌に取り上げてもらうには何をしたらいいんだろう、って考えたのね。当時は、写真週刊誌全盛だったから。昔のTBSホールで水着のコンテストをやって、50人ぐらい来たのかな。そこから5人選んで、スタジオにたらい持ってきて、お湯を入れて……僕もミキサーもディレクターもみんな海水パンツ。人妻をたらいに入れて、インタビューするの。そういうのを1週間やった。そしたら、写真週刊誌が飛んできて、大きな記事にしてくれたんだよ。よくもあんな企画を任せてくれたよね。30代の奥さんが「アローハー」なんて言いながら、僕を笑わせてくるんだよ。

でもこうやって、勝負する、稼ぐって意識がないといけない。僕、「なんとか食っていける」って感覚が一番嫌いなんだよ。なんとか食ってるからそのままで行こうとすると、絶対に先細りになる。そうならないためにアイデアを出して、いい番組にしなきゃいけない。「ラッキーカーチェイス」なんてのも考えたね。40年前って、まだ道が空いてたの。まだ知名度がぜんぜんなかったラジオカーに乗って、「今、甲州街道のどこそこに来ております」「白のクラウン、ナンバーが○○番の方、もし、ラジオを聴いていたら、左に寄って止まってください」なんて、放送を通して呼びかけるんだよ。で、聴いてるドライバーが止まってくれるわけ。それで寄っていって、キャスタードライバーがインタビューして、記念品をあげる。ただそれだけなんだよ。でも、面白いでしょう。そのうち、そのコーナーが有名になっちゃって、今度は、954の車を見つけるとみんな寄ってくるようになった。

「タクシーハッピーカード」という往復ハガキもあったね。タクシーに乗って、お礼するときに『ゆうゆうワイド』のものですけど……」って名刺出すのもなかなか大変でしょう。だから、『ゆうゆうワイド』でしゃべってる大沢悠里と申します。TBSラジオ聴いてますか」って聞いて、「聴いてねぇな」なんて言われてしまったら、そこで、往復ハガキを渡して、「ぜひちょっと聴いてくださいよ。聴いたら、住所書いて、送ってください。記念品のボールペンを送りますから」なんて言うと、送ってくれるんだよ。だから、その「タクシーハッピーカード」をいつも束で持っておく。

——それを繰り返すと、タクシードライバーの間で「あれ、送ったんだよ」と話が広がっていき、番組が話題になっていった。

大沢　口コミだよ。「1人の客には100人ついてる」ってよく言うんだよ。逆に「1人離すと100人離れる」とも言う。その積み重ねなんだよね。

企画は放送の中から

——去年、『大沢悠里のゆうゆうワイド土曜日版』にゲスト出演したときに驚いたのが、台本が一切ないことです。ペラ1枚、大雑把な進行表のみでしたね。

大沢　時間が書いてあるだけ。作家もいないからね。事前の顔合わせでも、「この話をしましょ

大沢さん愛用のストップウォッチ。原稿を読み上げるのにどれくらいかかるか測るときや、生放送でコマーシャルを読むとき、中継のときも、この針の動きを見て話す。カチッという音が鳴らないのがいい。

う」とは言わない。僕が台本を読んで、「こういうこと言おう」って練習しているようだったら嫌でしょう。帯だった頃はさ、ゲストの時間が9時半頃だったんだけど、番組が始まる前に来てもらうのね。8時頃に来てもらうことになるから、朝ごはんを食ってないんだ。それで、ゲストと二人でTBSの食堂のお弁当を食べるんだよね。諏訪中央病院の鎌田實先生なんかそれで感動しちゃってさ。今も兄弟みたいに付き合ってくれるんだけど懐かしいね。

——朝ごはんを食べながら色々聞き出すと。

大沢　いや、ただ食べるだけ。距離を近付けるというか、それが自分にとっては打ち合わせなの。だって、本番でスッと入れるようにしないと時間がもったいないでしょう。

——それを週1ならまだしも、週5ですから大変ですよね。

大沢　TBSを50歳で辞めて、フリーになった。当然、固定給がなくなったんだから稼がなきゃいけない。講演会もだいぶやりましたね。講演っていうか、漫談の会みたいなもんだけど。「文化放送聴いてる人?」って聞くと、たくさんの人が手を挙げて、「TBS聴いてる人?」って聞くといないんだよ。「これはまずい」と思って、人集めも兼ねて講演会をたくさんやり始めた。

多いときは最高で年間128回だったかな。

――えっ、毎週末だけじゃ足りないですよね。

大沢　当然、平日も行くのよ。冬の時期には、エンディングの挨拶をコートを着ながらやっちゃうのね。「また明日、お会いしましょう。ごきげんよう～！」って言い終えたら、すぐにスタジオを飛び出すの。スタッフがエレベーターで待っていて降りていく。赤坂駅から千代田線の一番前に乗るのね。二重橋前駅で降りて東京駅まで走る。で、13時25分ぐらいの新幹線に乗っちゃう。14時半には高崎に着くんだよ。それから、15時から講演会が始まる。移動の間に1時間あるから、次の日のゲストについて調べるわけ。講演会を2回やったときもあるよ。最終の新幹線で帰ってくる。そうやって、いろんな人の顔を見ながら話をして、そこで聞いた話をまたラジオでする。すると、その場で会った皆さんが喜んで聴いてくれるし、今度は、次に来る機会を待ってくれるようになる。とても楽しい忙しさだったね。やりすぎて、脳梗塞になっちゃったこともあったけどさ。

――フリーランスになるという考えは最初から持っていたんですか。

大沢　持ってないね。フリーになると思わなかったよ。45歳のときに『ゆうゆうワイド』を始めて、結構な反響があったでしょう。そうすると「コマーシャルをやってくれませんか？」と依頼が来るの。その頃にはもう「大沢企画」って会社を作ってたんだよね。TBSの社員は自分で会社を作っても社長にはなれないってことで、カミさんが社長になって、ナレーションのアルバイトを結構してましたね。

――当時は管理職ですよね。その立場で副業をしていたと。

大沢　アナウンス部の専門職部長になったのは47歳ぐらいのときかな。依頼を受けても、「僕は社員でしてね、やりたくてもできないんですよ」って、会社を作る前にはずいぶん断っていたんだけど、会社を作ってからは色々とやっていたのね。あるとき、人事部から「ちょっと来てくれ」って呼び出されて、「大沢さん、アナウンス部員のアルバイトが目に付くので、注意してもらいたい」なんて言うんだよ。「わかりました！」なんて言ったけど、そのほとんどが僕と生島くんなのよ（笑）。これは、注意のしようがないでしょう。それを聞いて、辞めちゃったの。フリーになって豪華な家を買ってベンツに乗りたいとかそういうことじゃなくて、やっぱり自由にナレーションもやりたかったし、いろんなことをやりたかった。

――とにかく現場に居続けるために、ってことですね。

大沢　うん、そういうことだな。

――『ゆうゆうワイド』には様々な名物企画がありますが、やはり「お色気大賞」ですよね。

大沢　「女のスケッチ」っていうコーナーを11時からやってたの。それがのちに「女のリポート」になるんだけど、「女のリポート」も「お色気大賞」も実は原点は同じなの。手紙やハガキを読むときに「面白く読もう」と心がけていたので、色っぽい内容ならば、色っぽい女の声で読んだりしてたのね。でも、戦争体験とか、真面目なのも多いわけ。おおまかに内容が二つに分かれてくるから、それぞれのコーナーにしたの。だから、企画の会議なんてのはさ、会議室で腕組んでやるもんじゃないのよ。日頃の放送の中で出てくるものなんだよね。

――それにしても、改めて「お色気大賞」の音声を聴くと、悠里さんの演技力に引き込まれます。

大沢　それは「東部軍管区情報」だろうな。あそこから始まってるから（笑）。

――リハーサルを一切せずにその場で読んでいたと。

大沢　そう。選ぶのは全部僕。封書でいっぱい来るんだよ。原稿はほとんど直さない。直しちゃ

う と面白くないから。1回だけ目を通して、いかがわしいところは直すけども、それでおしまい。本番では初めて読んだ感覚でやる。生でやる以上は時間をチェックしながら読むんだけど、「これはこの人の声帯模写でいこう」なんてあらかじめ考えないで、とにかくその場で読んでいく。女の声で読んだら、実は男の話で、慌てて男の声に戻したりとか、そんなこともあったね。

何回も繰り返しやったら新鮮味がないでしょう。今はみんな、朗読を練習しすぎていて面白くないんだな。「ここでちょっと持ち上げたほうがいい」とか「下げたほうがいい」とか、そういうことばっかり考えて、台本に記号ばかりつけて読んでいるでしょう。でも、心で読むもんだから。一発勝負だからこそ、自分でも「こんな感じで読むとは思わなかった」っていうのが出ちゃう。これがいいんだよ。蝮さんのコーナーも同じで、何が起こるかわからないでしょう。蝮なんだから、やっぱり棒で突かなきゃダメだよ。そのあとで歯向かってくるのが面白いわけでさ。どこかの会社に行った蝮さんに、僕が「ところで、この会社の社歌はどんな歌なの?」なんて聞くと、あの人、アドリブで見事に歌い始めるんだよ。なんとも言えない歌詞で上手いんだよ。そこで「もう一度歌って」って言うと、「バカ言ってんな、お前、二度と歌えない歌だよ」と返ってくる。

聴いている人の立場で考える

――悠里さんの番組の中では、『秋山ちえ子の談話室』(P262参照)が放送されていました。今でも8月になると、童話『かわいそうなぞう』の秋山さんによる朗読を流していますね。

大沢　ああいう番組って、TBSラジオのポリシーだと思う。かつては「TBSラジオは硬い」みたいなイメージもあったんだけど、今はそういうものがなくなってきたでしょう。柔らかい中にああいう真面目なコーナーがあってもいいと思う。僕はずっと、NHKと民間の中庸をいくような番組を作りたいな、と思ってきた。ニュースのときは真面目にやって、そのあとで「お色気大賞」をやる。

――どっちが上、下じゃなくて、両方やるってことですよね。

大沢　そう、同じなんだよ。

――TBSラジオの70年の歴史を考えると、「戦争をどう伝え継ぐか」ということをとても大切にしてきたとわかります。永さん、蝮さん、秋山さん、そして悠里さん……。

大沢　1945年3月10日の東京大空襲で、お袋は僕をおぶって逃げました。親父が戦争に行き、耳を悪くして戻ってきたときには、上の兄弟3人は疎開していて東北のほうにいて、東京には僕しかいなかった。市川の菅野ってところにお袋の実家があって、そこまで、下駄履いて僕をおぶって歩いていったんだからね。

――2000年の3月6日の放送で、お母様にインタビューをされていますね。

大沢　その年に亡くなったんだよ。ちょっとモタモタした話し方だったけど、しゃべりが上手かったね。焼け跡の話も聞いて、それを自分で録音して編集しました。永さんに「悠里ちゃん、あのアイデアは俺にはなかったよ」って言われたね。戦争をよく知ってる人がいなくなってきた。戦争では、鉄砲の弾で死ぬより餓死した人のほうが多かった。そういう事実を伝えていきたい。「時間を埋めている」という感覚のラジオではいけない。5分なら5分でできることがある。そして、途中から聴いても、仲間はずれにならないような番組を作れと言い続けてきました。

――番組に出たとき、途中で意識的に僕の名前を何回も言ってくれたのはそういうことでしたか。

大沢　ゲストの名前は繰り返し言う。途中から聴いた人は「誰だよこの人」って思っちゃうでしょう。「砂鉄さんとしてはどう思ったんですか?」と話に組み込んでいけばいい。こういう工夫っていうのは、努力しないと忘れちゃうことなんだよね。

――ゲストが歌う『ゆうゆうワイド』のジングル、あれ、すごい量が溜まっているんじゃないですか。

大沢　ありますね。三橋美智也さんのもあるしね。あれ、大変だよ、放送の直前に録るんだから。

――ゲストの名前を繰り返し言うとか、電話番号や出版社・レコード会社の基本情報をとにかく丁寧に伝えますよね。

大沢　思いやり、やさしさです。それこそ「人情・愛情・みな情報」なんだよね。聴いてる人の立場で考えてやらなきゃいけない。いろんな立場の人がいるからさ。身体の不自由な人もいる。不自由にしたって、色々とあるでしょう。テレビってどうしても、元気な人が前提になるでしょう。でも、ラジオは違う。聴いている光景を思い浮かべるわけ。作物を収穫している農家の人、ミシンを踏んでる人、お豆腐を作ってる人。働きながら聴いている人が多いじゃないですか。一時期、10時台は、テレビを見ている人より『ゆうゆうワイド』を聴いてる人のほうが多いっていう時代もありました。

――だからこそ、電話番号を丁寧に言う必要があると。

大沢　自分で体験するとわかるけど、そんなに簡単に控えられないからね。『ゆうゆうワイド』はもう35年でしょう。東西ドイツのベルリンの壁が壊れたことから何から、もう全部伝えてきたわけだからね。

――オウム真理教、阪神・淡路大震災、アメリカの同時多発テロ……。

大沢　生だから、急にニュースが入ってくる。一番困ったのは、やっぱり東日本大震災のときかな。1週間、コマーシャルが1本も入らない中で4時間半やった。曲で埋めるわけにもいかないから、たくさん話さなきゃいけない。新聞を隅から隅まで読んで、それ以外にもいろんなところから情報を集めて「こんな話があった」と言いながら繋いでいく。大変な経験でした。

――3・11のときは、番組のツアーで熱海あたりにいて、新幹線に乗っていたと。

大沢　東海道新幹線の車内から荒川強啓さんの『デイ・キャッチ！』に電話をかけて今の状況を伝えたの、公衆電話から。新幹線の中はみんな平静だった。棚の荷物は一つも落ちていない。最初はなんで止まったのかわからなくてさ、九段会館の天井が落ちたことぐらいしか知らなかった。でもそうやって、伝えるってことが大切なの。繰り返しになるけど、時間を埋める、ってことじゃなくてね。地下鉄サリン事件のときも、なかなか情報が入らなかった。上九一色村の富士山が見えるところで、なんでこんなに悪いことしたのかねって思いながら毎日伝えていたね。

盆栽いじりみたいな放送

――『ゆうゆうワイド』は2016年に平日の放送を終えたわけですが、これは悠里さんから申し出られたそうで。

大沢　はい、終わる1年以上前ですね。やっぱり4時間半って長いですよ。それまでは、秋山ちえ子さん、小沢昭一さん、永六輔さん、森山良子さんなどのコーナーがあったんですが、多くの人が鬼籍に入っちゃった。そうすると、ずっとしゃべってなきゃいけないでしょう。トイレにも行けなくなって、お腹も壊せない。お酒もほとんど飲めなくなるし、家族旅行もしたい。だから70歳になったら、一旦ちょっとやめようとは思っていたんです。体力的に元気な声も出なくなるし、講演会やナレーションの仕事も70歳を前にすべてやめて、『ゆうゆうワイド』1本だけにしたんです。それまでは13時に終わると、14時までに神谷町のスタジオに行って「はい、悠里さんお願いします」って、2時間の『日曜ビッグバラエティ』(テレビ東京)などの分厚いナレーション原稿を渡されたりしていた。20時くらいまでかかったね。そういうのもやめて1本に絞ったけれども、やっぱり自分の中で元気がない声だったり、誤魔化してるみたいなところがでてきて、許せなくなっちゃう。だけど、「1週間に1回でいいからやってくれ」と言われたんで「じゃあ土曜日だけやろうか」ということになり、もうそろそろ6年になるかな。今は週に1回、趣味的にやっています。もう、盆栽いじりみたいな放送ですよ。

もう悔いはないんです。いつやめても「よくやったなぁ」と思えます。聴いてくださっているみなさんもよくついてきてくださいました。今、会社の重役になっているような人から声をかけられて、「悠里さん、私は長いこと営業マンをやっていて、車であちこち回っているときに、『お色気大賞』を聴いて笑いながら行ってましたよ」なんて聞くわけ。平社員が重役になってるんだよ。嬉しいよね。砂鉄さんのお母さんが聴いてたとか、こういう声が嬉しいんですよ。

――先日、母親と電話で話していたら、「私は旦那より悠里さんと過ごした時間のほうが長い」と言っていて、その言い方はどうなんだと思いましたけどね。

大沢　あははは。でも、そういう番組にしたかったからさ。秋山さんの話を聴いて勉強になったり、森山良子さんの鼻歌を聴いて楽しんだり、この時間になれば配達するんだとか、この仕事を始めるんだとか、生活リズムの中に組み入れられていたから。木の実ナナちゃんの家なんかは、ラジオが5、6個あって、どこにいてもいろんなところから大沢悠里の声が聞こえてきたって。嬉しいよね。

――今回の本は開局70周年記念というタイミングで出すことになります。ラジオの聴かれ方、在り方が変わってきてますね。

大沢　変わってきてますよ。でもね、「悠里さん、今後のラジオはどうなりますか？」って聞かれても、僕は知らないよ。

――今、それを聞こうと思っていたんですけど。

大沢　ふふふ。無理。それはわからない。これからどんな媒体が出てくるかもわからないし。テレビはどこまでもきれいになっていくね。昔は色がなかったんだから。夕方の16時頃で各局全部一回お休みして、17時半頃からまた始まった。信じられないでしょう、テレビに休憩時間があったんだから。ＮＨＫでは24時になると、「君が代」が鳴り、白黒の画面に日の丸がはためいて終わっちゃう。今はテレビもラジオも遅くまでやってるけど、信じられないでしょう。そうやって変わっていく。だから、「これからのラジオ」って、誰も答えられないんじゃないかな。

――「どうなるか」ではなく、「こうあってほしい」ではどうでしょう。

大沢　今は、どういう人がラジオを聴いているのか、その事情も見えにくくなってきてるからね。僕の頃は、ラジオを聴く人のラジオ像みたいなものが、ある程度頭にあった。昔の深夜放送って青春そのものでさ、「ナチチャコが良かった」「いや、亀渕が良かった」とかさ、それが青春だった（ナチチャコ＝野沢那智と白石冬美／67年7月～82年7月『パック・イン・ミュージック』金曜日担当、亀渕＝亀渕昭信／69年10月～73年6月、ニッポン放送で『オールナイトニッポン』を担当）。もっと遡れば、『君の名は』（ＮＨＫラジオ／52年4月〜54年4月）というラジオドラマが流れたときは、お風呂屋さんの女湯からお客がいなくなっちゃうくらいラジオを聴いてたっていう、そういう時代があった。今はそういうことがない。いろんな媒体があって、若者もいろんな楽しみ方があるもんね。

ラジオを作る人は、どうしても、若者に向けて、って言うんだけど、今一番寄り添いたいのはお年寄りだなと思います。お年寄りは機械に弱いから、せめてラジオぐらいは簡単に聴けるようにしたい。産業構造は一気に変わっていきます。「ラジオがどうあるべきか」って難しい。経営者だって、そのあたりはわからないでしょう。予測がつかない時代になってきた。なくなっちゃうのは寂しいなとは思うけどね。

――お話を聞いていて、３、４歳の頃からやっていることが変わらない、というのがすごいですよね。

大沢　半分趣味なんだよ。嫌だったらやらないもん。会社勤めなら、定年退職して60歳で終わりでしょう。でも今でもこうやって、ＴＢＳで続けてやらせてもらって、ありがたいことですよ。

（２０２１年10月8日）

「伝説のラジオ」にするために、とか、カッコ悪いじゃない？

爆笑問題 （お笑い芸人）

ばくしょうもんだい　1965年埼玉県生まれの太田光（おおた・ひかり、左）と、同年東京都生まれの田中裕二（たなか・ゆうじ、右）の漫才コンビ。TBSラジオ『火曜JUNK 爆笑問題カーボーイ』（火曜深夜1:00～3:00／97年4月～）『爆笑問題の日曜サンデー』（日・13:00～17:00／2008年4月～）のメインパーソナリティ。過去の担当番組に『週刊爆笑フォルテシモ』（95年10月～96年3月）「爆笑メゾフォルテ」（『～次はオレらだ～東京爆裂DJ』内／96年4月～97年4月）がある。「爆笑問題」結成は太田と田中が日本大学芸術学部演劇学科中退後の88年。NHK新人演芸大賞、国立演芸場花形演芸会銀賞、ゴールデン・アロー芸能賞、芸術選奨文部科学大臣賞などを受賞。主な書籍に『爆笑問題の日本原論』『爆笑問題の日本史原論』各シリーズなど。太田には『文明の子』（新潮文庫）などの小説もある。

スタジオで二人を待っていると、まずは田中裕二が静かに入ってくる。雑談をしていると、少し遅れて入ってきた太田光が、自分を見かけるなり、オモチャの銃で撃ってくる。驚く自分を見て、ニヤニヤしている。なんなんだろう、この、目の前にいる人・モノに、何がなんでも絡んでいこうとする執着心。揺さぶろうとする好奇心。こんなことをしたら面白いんじゃないか、気になっているアレについてこう思うんだけど、どうしてオマエはいつもそうなんだ……爆笑問題のラジオを聴いていると、執拗さにうっとりする。どこに行き着くかわからない、いくつもの刺激が絡み合ったあの会話はどうやって生まれるのだろう。オモチャの銃をしまうのを見届けて、話を切り出した。

爆笑問題の揺籃期

——この本でインタビューした赤江珠緒さんから、小学生のときに、朗読が上手だから、「道徳の教材用に朗読してほしい」と先生から頼まれたのがアナウンサーを目指したきっかけだったと聞きました。太田さんも小学1年生のときに朗読が上手いと言われたそうですね。

太田光　そうそう。「読むのが上手いから、今日は、太田に読んでもらおうかな」って言われて、それまでまったくそんなこと思ったことがなかったから「えっ？」って驚いてさ。教科書に載っていた、動物たちが仲良く遊んでいる、みたいな物語だったんだけど、リスのセリフのところを、裏声で「僕はねぇ」なんて言ったら、やたらとウケたんです。

——なんというか、今とまったく変わってないですね。『日曜サンデー』で扮しているドドくんとおんなじですね。

太田　まったく進歩してないんだよ。でもそれが、自分が目立って笑いをとった初めての経験になった。そこからはもう、「太田に読ませよう、面白いから」っていう感じになったんです。

——そうやって褒められるまで、自分のしゃべり方や声に自信はあったんですか。

太田　なかったね。だって、小学1年生だからね。でも、そこからはもう、自信満々になっちゃった。学芸会で主役の浦島太郎役をやって、「ここはどこですか？　一体どこなのです？」って二枚目風な声色で演じたら、これがもう大評判で。2年生の学芸会からは、オリジナルの寸劇を始めたの。グループ分けして出し物をするんだけど、他の人は、『ドリフ大爆笑』なんかのモノマネをやる中、俺は自分でオリジナルコメディを作って、それが一番ウケたわけ。

——どんな内容だったんですか。

太田　全部覚えてるんだけど、すごく頭のいい友達がいて、そいつがリーダーで、法廷劇をやろうって言いだしたのね。でも、わかんないじゃん、小2で法廷劇なんて言われても。そいつは将来、弁護士になりたいと言っていたヤツだから、法廷劇をやることになったんだけど、「僕は裁判長やるから、ひーやは……」、俺、「光」で「ひーや」って呼ばれてたのね、「ひーやは弁護士をやって、ナントカくんは検事やって」と決められちゃった。自分は、弁護士より検事のほうがよかったから、「検事じゃダメかな」って言ったら、検事はもう決まっていて、絶望的な気分になったの。で、家に帰ってから考えて、次の日に、「俺、弁護士は嫌だから、裁判長の助手っていうのはダメかな」って提案したのね。

——なんで新しい役にしようと思ったんですか。

太田　裁判長が「静粛に！」って言うでしょう。その隣にいて、ヘッポコな助手をやりたかったの。「静粛に」って、木槌でコンって叩くと、上から水が落ちてくる。結果、それがバカウケだったわけ。それから自分でオリジナルの物語を作るようになった。3年のときには、どこのグループにも入れてもらえなくてあぶれてしまった。でも、もう一人あぶれているヤツがいて、そいつと組んだのね。泥棒と警察官の追いかけっこみたいなネタを作った。「これは誰の仕業だ？　あいつらだ！」なんて言いながら、警官から泥棒の格好に着替えるんだけど、着替えが間に合わないのをネタにしていた。徐々に「太田がやるのが面白いぞ」って感じになっていったのね。小学校4年生のときのが一番評判が良くて、当時、『刑事コロンボ』が流行っていたんだけど、名探偵ではなく、ダメな刑事役を俺が演じたのね。親父から譲り受けたヨレヨレのコートを着て、探偵がよく持っている虫眼鏡を出そうとするんだけど、うっかりお袋の手鏡を持ってきてしまった……なんてネタをやったりしていた。暗転した中で、「キャー！」って悲鳴がする。明かりがつくと、ガウンを着た裕福な金持ちが死んでいた。やがて、犯人がわかって格闘する場面になるんだけど、気がついたら、死んでいた金持ちも一緒に殴っているというオチ。これがもう大評判で。

——あらかじめ決められていた物語を豪快に壊す。その時点から徹底していたんですね。

太田　いかに自分が美味しくなるかを常に考えていたからね。

——本当に今と変わってないんですね、やっていることが。

太田　変わってないんだよ。

——一方、田中さんは、中高生の頃、久米宏さんのようなアナウンサーを目指していたそうで。

田中裕二　そうですね。アナウンサーになりたかった。その芽生えは、実はＴＢＳラジオなんです。『生島ヒロシの夜はともだちⅡ(セカンド)』(1978年4月〜79年10月)という番組を聴いていて。

太田 生島さんはセカンドだよな。最初は小島一慶さん、林美雄さんだった。

田中 そうそう。生島さんの番組を毎日聴くようになったんだけど、なぜ聴くようになったかっていうと、秋田書店の提供で「週刊少年チャンピオン」で連載しているマンガのラジオドラマをやっていたんですよ。「がきデカ」「750(ナナハン)ライダー」「ドカベン」……。

太田 「チャンピオン」の全盛期だよね。

田中 全盛期だったね。で、特に「マカロニほうれん荘」ってマンガが大好きだったんだけど、友達から「今度、『マカロニほうれん荘』をラジオでやるんだよ」って聞いて、これを目当てに聴くようになった。それを聴くために、番組をオープニングから聴く習慣ができたんです。で、実際、そのラジオドラマ自体は、そんなには面白くはなくって。

太田 「マカロニほうれん荘」は、あの表情こそが特別面白いマンガだったわけだからね。

田中 ギャグマンガだから、それをラジオドラマでやっても、あまりピンとこなかったんだけど、ラジオってものが面白いな、とは思い始めたわけ。ニッポン放送では、ヒゲ武(高嶋ひでたけ)の『大入りダイヤルまだ宵の口』(75年4月〜79年3月)がやっていた頃かな。そのあたりの番組を聴くようになった。78年に『ザ・ベストテン』(TBSテレビ)が始まって、松宮一彦さんが「追っかけマン」をやっていたんだけど、そのあとを、生島さんが継ぐことになる。でも、それまでは生島さんの顔も知らずに聴いていた。

ラジオ独特の言い回し、たとえばジングルもそうだし、提供読みもそうだし、あと、「時計の針は9時6分を回りました。ここで交通情報です」みたいな、ああいう感じに憧れたのね。で、そういうのを真似したりしてましたね。

――小島一慶さんや林美雄さんのラジオは……。

田中　生島さんの前なので、僕は聴いてないんですよ。

太田　それは俺が聴いていた。だからこいつはね、いつでも遅いの。

――ラジオを聴いて、アナウンサーになりたいって気持ちが出てきたわけですか。

田中　きっかけは今でも覚えているんだけど、いとこの女の子の家に遊びに行ったときに、友達から手紙をもらったらしく、その手紙をみんなでふざけながら読んでいたのね。その子の部屋にラジカセがあって、『スター・ウォーズ』の曲が流れていた。で、その曲をバックに、僕がその手紙を読んだの。そうしたら、手紙を読み終わるタイミングで、ちょうど音楽が終わって、それがとにかく気持ち良かったの。それが、アナウンサーになりたいって思ったきっかけなんです。

――自称「ウーチャカ」こと田中さんによる『ウーチャカ大放送』っていう番組を作っていたのが知られていますね。

田中　いや、それは放送部とは関係がないんです。校内放送だったって思っている人もいるんですけど。放送部では、発声練習をしたり、天気予報の原稿を読んだり、あとは1分間でフリートークをするみたいなのがあって、お題を与えられて話す練習、とか。文化祭では放送部のブースで、番組を作ったり、イベントをやったりしてた。イベントは、当時流行ってたイントロクイズの司会を僕がやったりして、バラエティ番組の真似事をね。学生放送コンクールのために大真面目な番組を作ったりもしてました。それが東京都の大会で優秀賞をもらったりしましたね。

――では、『ウーチャカ大放送』はいつ作ったんですか？

田中　放送部の先輩・後輩と仲良くなっていくじゃないですか。卒業して、僕は浪人してから大学に行くんですけど、浪人時代から大学1年くらいにかけて、そういう放送部のOB仲間と「番組を作ろう」ということになった。僕がメインパーソナリティで、AMラジオ的な番組を作っていたんです。特に発表するところがあるわけではなくて。それを「週に1回集まってやろう」と。

——結構なペースですね。

田中　ワンクール近くやったのかな。それが、『泣く子も黙るウーチャカ大放送』。

太田　泣く子も黙る！

田中　カセットに録音して、自分たちで自己満足して聴くだけで、あとは、新しくできた友達に聴かせたりしていた。いい迷惑だったらしいんだけど。

太田　今、YouTubeでみんながやっているようなことだよね。田中って、当時YouTubeがあったら絶対やってるタイプ。こいつの友達で、めちゃくちゃ機材に詳しいヤツがいて、そいつの家が『ウーチャカ大放送』用のスタジオになっていたんだよ。

——太田さんはその、『泣く子も黙るウーチャカ大放送』は聴いたんですか。

太田　聴いた、もう何度も何度も。当時は、『オールナイトニッポン』のビートたけしさん（81年1月～90年12月）の全盛期だから、「馬鹿野郎、お前」なんて言ってんだよ。

田中　「……はい、というわけでございましてね」みたいな。今考えると、本当にムカつくよね。

太田　そういうのを延々とやっていて、作家という体のヤツもいて、そいつがちょっと笑ったりなんかしていたわけ。そいつが何か言っちゃうと、田中が「バカっ、今、オンに声が乗っちゃったよ」みたいな。

田中　痛々しいですよ。

太田　拷問だったね。

やりたかったラジオの世界へ

——太田さんは、たけしさんのラジオにネタのハガキを送ったりしていたんですか。

太田　送ってないね。送ったのは『欽ドン』（『欽ちゃんのドンといってみよう！』ニッポン放送／72年10月〜79年3月）。でも、読まれなかった。たけしさんの番組は、ハガキを出して読まれたい、というよりも、とにかくフリートーク。参加しようというよりは楽しみたい、っていう。

——田中さんは文化放送の『ミスＤＪリクエストパレード』（81年10月〜85年3月）にハガキを送ってますね。

田中　送ってます。で、読まれましたね。

太田　当時は、川島なお美、松本伊代に、千倉真理だったかな。

田中　キョンキョン（小泉今日子）の大ファンだったので、リクエストハガキ書いて送ったら、「艶姿ナミダ娘」が流れて、イントロのところで「中野区の田中裕二さん」って言ったんだよ、千倉真理が。いまだに覚えてるからね、心臓が「ドンッ！」ってなって、身体中が熱くなって。「うわあああああ、読まれたー！」って。

——ハガキにはどんなメッセージを書いたんですか。

田中　レコードジャケットの絵を描いたかな。

太田　気持ち悪い。

——一番取り扱いに困るタイプのハガキですね。

太田　本当だよ。

——1回読まれると、病みつきになりますよね。

田中　でも、そのあとは送らなかったんだよね。1回の成功で満足しちゃった。千倉真理が僕の名前を言ったってだけでもうすげえ、って。だから今、俺らもラジオ番組を長くやって、リスナーからのメールを読んだりしていますが、たぶん喜んでくれているんだろうな、って思いますね。

——太田さんは、谷村新司さんの『セイ！ヤング』（文化放送／72年10月〜78年3月）を聴かれていて、「天才・秀才・ばか」ってコーナーが深夜ラジオというものの基礎になっていると。

太田　あのコーナーがいわゆる「3段オチ」ってものを作ったんだと思うんですよね。「天才はこう言いました、秀才はこう言いました、ばかはこう言いました」と。その後、『欽ドン』（『欽ちゃんのドンとやってみよう！』）が、テレビで「良い子・悪い子・普通の子」とやった。「天才・秀才・ばか」、それはそれはものすごい人気でしたよ。その後、谷村さんがちょっと体調を崩してしまい、深夜の生放送が難しいというので、早い時間の『ペパーミントストリート 青春大通り』（78年4月〜80年9月）が始まった。そこにも「天才・秀才・ばか」のコーナーがあって、ばんばひろふみさんとコンビで、ばんばさんが笑い屋みたいになっていた。これがまた、ばんばさんが、いい笑い方をするんですよ。コーナーをまとめた『ワニの豆本』が出て、全巻持っていましたね。

——一方、たけしさんは2時間フリートークでいっちゃったと。

太田　そう、下ネタとフリートーク。「たまきん全力投球」だからね。人の悩みに「死にたきゃ死ね」って言う。これがもう、我々にとっては驚きで。当時のディスクジョッキーって、最終的にいい話に持っていくんですよ。それを全部壊したのがビートたけし。笑える話もしたけど、頑張って生きてこうぜみたいな、そういうメッセージを一切なくしたのがたけしさんだったんです。

――お二人で初めてレギュラーでラジオをやられたのは、ニッポン放送の……

田中 『大倉利晴の腹よじれ AGOHAZUSHI 連盟』（89年10月〜90年3月）。

太田 デビューしてからすぐだったよね。

田中 関西の森脇健児&山田雅人と、東京の爆笑問題だった。内容は、ほとんど覚えてないんだけど。

太田 エピソードトークを一人3分ずつくらいする内容だったね。関西と東京で「これから来る」2組で話すと。

――それが1989年10月から。結成してすぐにラジオ番組に出演することになったわけですが、お二人ともこれだけのラジオ好きだったら、当然、ラジオはやりたかったと。

太田 やりたかったですね。

田中 ニッポン放送の前に爆笑問題として、初めてラジオに出たのはTBSなんですよ。

太田 ネタをやったんだよな。

田中 そう。あべ静江さんがいたのは覚えているね。若手のお笑いとして呼ばれて、ネタのさわりをやったんだよね。

太田 だけど、ウケなかったよね。それは、俺たちの出たいやり方ではなかったし、ラジオに出たという感慨もそんなになかったよね。

――90年になると、ニッポン放送で『爆笑問題のオモスルドロイカ帝国』（90年4月〜91年4月）が始まりますね。ニッポン放送に初めて出てから半年でメインパーソナリティを務めた。

太田 当時は、俺ら、太田プロのイチオシだったんで、ガンガン押し込んだんでしょう。俺らのあとの時間帯が「笑組（えぐみ）」だったでしょ。そのまんま東さんを挟んで、だったっけ。

田中　いや、東さんは俺らの時間帯（21時～21時50分）の前だったよね（『そのまんま東のぐらぐらグラッチェ』90年10月～91年3月）。で、22時以降の『ヤンパラ』（『三宅裕司のヤングパラダイス』83年5月～90年3月）だった枠で笑組のゆたお（現・ゆたか）がやるようになって（『内海ゆたおの夜はドッカーン！』90年4月～91年2月）、のちに伊集院の番組（『伊集院光のOh！デカナイト』91年3月～95年4月）に変わる。

太田　『オモスルドロイカ帝国』は好きなようにできたよね。前田日明の番組とか、箱番組（短い番組内番組）も入っていて。夜の時間が伊集院になったのを横目で見ながら、「こいつ何者なんだろう」と思ってたね。俺らが『オモスルドロイカ』を始めたばかりの頃は、あいつは、『オールナイト』の2部をやっていたんだよ（88年10月～90年9月）。

――ようやく自分たちのラジオができるとなったときに、「こうしよう、ああしよう」と考えましたか。

太田　それはモロにビートたけしですよ。誰にでも毒づくという。

――でも、放送時間は21時から、割と浅い時間ですよね。

太田　そう、浅い時間なんだけどね。当時、『オールナイトニッポン』をウッチャンナンチャンが担当していたのね（89年4月～95年4月）。そのウッチャンナンチャンのことをけなしたりとか。だから、これも今と変わらないんだよ。当時、たけしさんが『オールナイト』を休みがちで、そろそろ終わるかなっていう状態のときに、俺らが代打を1回担当して、これが大失敗するわけ。

――90年10月、太田さんが「たけしは風邪をこじらせて死にました」と発言してしまったという。

太田　そうです。もう大失敗。そこからの転落ぶりといったら、目も当てられない。

――お二人にしてみたら、たけしさんの代打って、超のつく大きな舞台ですよね。

太田　だから、嬉しくてさ。

田中　いやもう、信じられないことですよ。こんな夢のようなことが現実になるのかって思うくらい、想像からかけ離れていた出来事だから。代打をうまくやれば、「俺ら、ここでできるかもな」って感覚がちょっとあったよね。

太田　当時、それを狙って、ニッポン放送も、俺らでパイロット版作ったりしてたのよ、『オールナイト』の。でも、その失敗ですべてが消えてしまった。

――その失敗、もう少し詳しく聞かせてもらってもいいですか。

太田　深夜1時に始まるでしょ。いきなり、「実は残念ながら、ビートたけしは風邪をこじらせて死んじゃいました」って言ったのね。で、「我々、爆笑問題がやることになりました。ざまあみろ、浅草キッド！　たけし軍団！　お前らなんかに、代わりはできねえんだ。俺らがた

けしを超えたぞ！」と続けた。ずーっとその調子であらゆる方向に毒づいていったわけ。ニッポン放送のスタッフは「やっちゃえ！」とあおるわけ。生放送なんだし、爪痕残せ、って感じだった。「文句あんなら来いよ、キッド、馬鹿野郎！」なんて言ってたら、エンディング近くになって、本当に水道橋博士が乗り込んできた。「あ、来た来た！ 本当に来た！」なんて言いながら盛り上がって終わったんだけどさ。

田中　そう、番組自体は終わったんだけど。

太田　そこから、3時間にわたる博士の説教。

──夜中の3時から。

田中　オールナイトです。

太田　スタッフも全員集められて、「いや、これはないでしょう」「太田、お前、『たけし』って呼び捨てはないだろう」って。

――太田さんにしてみれば、開放的なラジオのルールの中で、少し乱暴に出ただけのつもりだったけれど。

太田　うん、そう。「たけしを超えたよ」なんて言って。そりゃ、もちろん尊敬しているんだけど、俺にとってはその態度が「ビートたけしイズム」だと思っていたからさ。博士も若かったし、それが気に入らないわけですよ。で、あくる日、『オモスルドロイカ』に行ったら、急にプロデューサーやディレクターが、神妙な顔で「昨日のはまずいよ」って言うの。いやいや、お前ら、散々あおってたじゃないか、と思ったんだけど、「ニッポン放送全体が怒ってるから、とにかく、今から謝りに行け」って。

田中　各階に行ったよね。

太田　全部の階に謝りに行った。総務部とか、関係ないようなところまで行って、「どうもすみませんでした」って。

――で、総務の人は。

太田　「気をつけるように」だって。はた金次郎（波多江孝文）ってアナウンサーがカンカンに怒ってんだよ、なんだか知らないんだけど。「あれはないよ、君たち。ちゃんと自覚しなきゃ、自分の立場を」なんて言われてね。

田中　調子に乗った子どもが大人たちに怒られたみたいな感じだったね。それと直接は関係ないんだけど、その直前に、俺らが太田プロを辞めていたんですよ。それで一応、ニッポン放送との縁も切れてね。

太田　なぜか、安部譲二さんまで怒っててさ。たまたま車かなんかでラジオを聴いてたらしいんだよ。で、「この生意気なガキどもはなんだ」と。たけし信者から「なんだお前は」って脅迫も結構来て。「会ったらぶん殴ってやる」とかそういうのが。

――今の感覚で言えば、リスペクトを込めた上での強いボケって、許容されそうなものですが、そうはならなかったと。

田中　圧倒的に知名度がなかったからね。

太田　あのときは、全方位が敵だったな。

そして、『爆笑問題カーボーイ』へ

――そのあと、TBSラジオに戻ってくるのが95年の『週刊爆笑フォルテシモ』、そのあとに「爆笑メゾフォルテ」。これらはどういう番組、コーナーだったんですか。

太田　今と変わらない感じだけど、でも、二つの番組の間にもう一つあったのね。それがセント・ギガっていう衛星放送のデジタルラジオ放送局と任天堂が連動して始めた衛星データ放送の中の番組。スーパーファミコンを使ったゲームみたいなものなんだけど、街の中で、アバターを動かして、ある場所に行くとゲームがダウンロードできて、別のところでは、色々な人のラジオみたいな番組が聴ける、っていうのがあったんです。そこに伊集院もいたし、俺らもいたし、タモリさんもいた。泉谷しげるさんとかね。泉谷さんの番組のアシスタントがアイドル時代の浜崎あゆみだった。内田有紀もいたしね。で、俺らが3時間の生放送を週3でやってたの。残り2曜日は伊集院。だから、かなり力を入れていたんだよね。

田中　そのセント・ギガ、実はニッポン放送からスタッフをごっそり連れてきていて、放送界の一大プロジェクトだったたね。

太田　その街のイラストを描いていたのが、まだ売れていない頃のリリー・フランキーだった。でもこのセント・ギガが、あまりうまくいかなかった。

——ニッポン放送のラジオは終わっちゃったけど、ラジオは数多くやっていたと。

太田　セント・ギガは毎回3時間、ほぼフリートークだったしね。そこで知り合った仲間なんかが、いまだに一緒に作家でやっていたりする。

——97年に『爆笑問題カーボーイ』が始まったときは、『オールナイトニッポン』の対抗という位置付けがあったと思うんですが、この番組をやる上での野心みたいなものは突出して強かったですか。

太田　あの番組が始まる頃には、ニッポン放送の謹慎も一応明けていて、実はこのタイミングでも、俺らで『オールナイト』をやりたいって言われて、パイロット版も作ってたのね。だから、TBSとどちらが先に拾ってくれるか、みたいな状態だった。

田中　特番で『オールナイトニッポン』もやったよね。

太田　やったやった。そのときは、さすがに落ち着いてやったね。『カーボーイ』の1時〜3時が決まって、やっぱり一番やりたい時間帯だったたから嬉しかったよね。

——最初の頃は生放送でしたね。

太田　そうですね。こいつがタマを取るまでは。

田中　2000年に僕が病気したからね（睾丸肥大で摘出手術）。あと、当時は『笑っていいとも！』のレギュラーが毎週水曜日で、火曜の深夜3時に終わって、家に帰って4時、次の『いいとも』は10時くらいには家を出るのでスケジュール的にキツイ、というのもあって。

――番組が始まってから、相次いで大物ゲストを招いています。

太田　そう、忌野清志郎さん、桑田佳祐さん、佐野元春さんとかね。

――ニューヨークから生放送もしていますが、これはどういったものだったんですか。

田中　これは日テレの特番があって、「じゃあ、ラジオもニューヨークからやっちゃうか」みたいなことになって、CBSの分室から放送したね。でも、ただニューヨークにいるっていうだけで、テンションだけ高く、ニューヨークにまつわる曲をかけたりしていた。

――『カーボーイ』を聴いていると、太田さんが、真っ先にどうでもいいことを言いますよね。少し前に聴いたのは、映画『竜とそばかすの姫』をもじって、「裕二とチンカスの姫!」と。ああいうのって、太田さんは始める5秒前に考えるのか、それとも5分前に考えるのか、半日前に考えるのか、どれなんですか。

太田　色々ですよ。特に決まりはないですね。そのときの雰囲気というか、空気というか。その日の夕方だったり、パッと「これで今日いこうかな」と思ったり、直前だったりすることもある。「裕二とチンカスの姫」はなんだったかな、前室で映画のCMを見たのかもしれない。

――先日は、小山田圭吾さんが東京五輪の開会式の音楽担当を辞任したことについて、オープニングから40分ほど、ぶっ通しで話されていました。あれだけの尺を使って一つのことを話す機会って、ラジオならではだと思います。

太田　あれは『サンデージャポン』(TBSテレビ)で話したことについて、事務所にたくさんクレームが来たのね。自分の真意は別に変わってはいないんだけど、もうちょっと詳しく説明したほうがいいのかな、っていうことで細かく話したんだよね。

——今、ラジオをやっている多くの方が言いますが、ラジオでの発言が手短なネットニュースになってしまいますね。

太田　難しいですよ。

——折り合いがつけられるものなんですか。

太田　でも、俺らは番組を持ってるから、そうやって自由に時間を使って説明もできるけど、ほとんどの人は場所がないまま、本意を伝えられないままに炎上している。気の毒だと思うね。抽出されて記事になるのは、もうしょうがない流れだから。

——体に負荷がかかりませんか。

太田　そんなことだらけだからね。世間の意見が一つの方向に走っているときには、いくら言葉を使っても伝わらないことが多い。時間が経たないと、冷静な検証ができないのに。

——ずっと時事漫才をやられてきて、その響き方は変わってきていますか。

太田　変わってきていますね。「ビートたけしは死にました」って言ったときと、今、たとえば、俺が自分の裁判で「伊勢谷友介です」と言ったのでは、お客さんの受け止め方が違う。「法廷を茶化すな」ってなっちゃうから。逆に「ま、太田っていうのはそういうやつだ」って認識もあるから、許容してくれる人もいるんだろうけど。

——太田さんはこれまで、「テレビというのは、とても不道徳なものだった」っていう風に言ってきましたね。

太田　いまだにそうでしょう。それを許容してくれる社会じゃなくなってきているので、これからの若いお笑いは本当にどうすんだろうとは思うね。道徳的なことばかり言ってる芸人なんて、面白くもなんともないわけだから。

――若いお笑いの方たちは非常に論理的だ、とも言われていましたね。そうすると、発生した事柄を茶化してみるって方向性が薄まりますね。なぜって、論理的ではないから。

太田　そうだね、でも、笑いって、ハードルが上がっても下がっても、そのラインを見極めて、ギリギリ許容範囲のところで茶化すってのはできるはずなの。ラインがスライドしていっても、結局やっていることは変わらない。それが芸だと思うからさ。

――ただし、そのラインの読みを間違えると。

太田　もう、大変なことになる。

――そのライン、読み切れる自信はありますか。

太田　ないですね。ないですけど、その免罪符をもらいながらやっているとは思うね。あいつだったら、多少は許せるか、って。それでも許されないっていうところを言っちゃうけどね、たまに。そこは測りながらやるしかないよね。だから、神田伯山が出てきたときに、「あっ、こいつはダメになるだろうな」って俺は思ったよ。あいつはもう、完全にそれを踏み越えちゃっているから。

まだいけるんじゃないか

――2008年からは『日曜サンデー』が始まりました。深夜の番組とは大きく異なると思いますが、10年以上やられていて、この番組はどういう存在になっていますか。

田中　日曜日の午前中に『サンジャポ』があって、番組が終わって、4階から9階のラジオまで来る。緊張感がそんなにないんです。打ち合わせもないし。お昼ご飯食べながら友達と話すくらいの感じ。

——えっ、そんなにテンション低いんですか。

田中 それくらいの感覚でいきます。「今日、ゲスト誰だっけな……?」って。

太田 こいつ、競馬のことしか考えてないから。

田中 そう。競馬のコーナーがあるんで、予想自体は終わってるんだけど、競馬の馬券買ったりとか。

——完全に昼休みじゃないですか。

田中 そう、昼休み。4時間あるので途中にトイレも行くし、何か飲み食いしながらやったりもするので、仕事っぽくない感じですね。

太田 アシスタントの良原安美アナウンサーがいて、さらにゲストも来る。我々二人でサシではないんで、開かれた感じですね。何かを考えてやるっていうよりは、その場で起きたことにどうやって反応していくか。『カーボーイ』だと、俺と田中がいて、作家がいて、みんなで大きな笑いを目指して凝縮してしゃべる感じだけど、そういうものとは違うから。リラックスしてできる感じがありますね。

——この間の放送を聴いていたら、サヘル・ローズさんが出てきて、去り際に自分の番組（『サヘルの小部屋 ペルシャを語ろう』21年4月～）を紹介するときに、最後、「にゃん」って言って終わろうとしたところ、田中さんの声が被ってしまった。それを太田さんがわざわざ拾っていました。そういうのを、本当に逃しませんよね。

田中 あった、あった。僕も、「あっ、被っちゃった」とは思ったんだけど。

——それこそ、交通情報の方に絡んでみるのもそうですが、あのマメさってなんなんですか。

太田 いや、マメっていうか、自然現象だよね。まして、あのこないだの被りは、本当にこの30年間、ずーっと、お前に注意し続けてることだからな。俺のボケに被るな、もう何度やっても直らない。

田中 あのときのサヘル・ローズさんに太田は自分を投影していたっていう……。

太田 そうそう、そういうとこだよっていう。その場で直さないとダメだから、こいつは。

——だけど、聴いているほうは「これ、別に拾わなくていいんじゃないかな」って。

太田 いや、その通り。

田中 そうだよ。

——でも、その太田さんのしつこさを見習わなくては、とも思います。交通情報の方への「お見事!」や、良原アナがニュースコーナーの後半で来週の予定を言うときに、「火曜日、○○がオープンします」などに対して、毎回、太田さんが「ああ、行かなきゃ」と突っ込んでいくくだりがありますよね。

田中 毎回やってるよね。そんなの見習うことじゃないと思うよ。

太田 元々の資質だからね。しつこいんですよ、本当に。

——それこそが、世が思う爆笑問題らしさというか、「ずっと同じことやってる」っていうのはすごいことだなと思うんです。

太田 『水戸黄門』的な永遠のマンネリズムというかね。

——マンネリズムを意識されたりするんですか。

太田 いや、できれば、常に新しい自分に生まれ変わりたいよ。

田中　番組に限らず、太田は私生活でもルーティンがあって、徹底するんです。朝のルーティンみたいなのが結構色々あって、階段を上り下りして、トレーニングして、熱いお風呂に入ってどうのこうの、って。そういうのをもうずっと何十年もやっているから。

太田　トレーニングは、たしかにやらないと気持ち悪いっていうのはあるけど、「お見事!」とかああいうのは、なんだろうな、まだいけるんじゃないか、みたいなのがあるのよ。

――まだいける、というのは。

太田　こいつにちょっかいを出すのを延々とやり続けるのも、なんかもうちょっと面白くなるんじゃないかみたいな感じがある。

――では、そのルーティンが、まだ完成形に近づいていないと。

太田　納得いってないんですよね、きっと。交通情報の「お見事!」にかんして言えば、言わなくなったら、交通情報の人たちはちょっと寂しく感じるんじゃないか、って。だから、やめられないよね。時事漫才をやり続けるのも、しつこさの表れかもしれないよね。高校のときに、俺、皆勤賞だったんですよ。友達がいないのに皆勤賞だったんだけど、意地になっていたから。絶対に途中でやめるみたいなのが嫌だ、って。

――先ほど、自分たちは意見を言う場所があるから、という話をされていましたが、お二人の中で、意見を伝える場所としてのラジオというのは、どういう変遷を辿ってきたのでしょう。

太田　『カーボーイ』は最初の頃に、コーナーを1回やめたことがあって、「ちょっとさ、何も決めずに俺が一人でしゃべるっていうのやらない?」って、政治や歴史について2時間ずっとしゃべり続ける「太田はこう思う」シリーズを月1回とかでやっていたんです。ラジオの場所って、そうやって、試すっていうか、言いたいことを吐き出す場所だった。『太田総理』(『太田光の私

これが砂鉄さんも撃たれた太田さんのピストル「ベレッタ92」。ラジオ収録時に限らず、ズボンの腹のあたりに常に隠し持っていて、これまで数多くの人物の不意を突いてきた。水筒も必携品。中身は氷水だとか。仕事の合間にシャキッと冷たい水でクールダウンしたくて、持ち歩き始めた。対する田中さんは、毎回手ぶらで収録にやってくる。

が総理大臣になったら…秘書田中。』日本テレビ）が始まってからはテレビでも積極的に時事について言うようになったけど、ラジオは常に、新しい段階に行く前にちょっとここで試してみる、みたいなところではあるかもしれない。

田中　ある日突然、政治について話すことにする、というよりも、徐々に、だよね。本人の中で試してみようとか、そういうのが溜まってきてるのを僕は知らないけど。別に反対するわけではないですし。

太田　知らないって言っても、ほら、ネタ作りのときに「俺さ、こう思うんだけど」みたいな話は増えていったわけじゃん。ラジオで試すのは世の中がどう反応するかというよりも、これで成立するのかなと、自分で考えてみる意図のほうが大きいかもしれない。

――「一冊の本」（朝日新聞出版）で太田さんが書かれている「芸人人語」を読んでいますが、あの連載、太田さんは、行き着くところを想定せずに書いているんだろうなと感じます。

太田　それはまったくその通り。

――それを知ると、『カーボーイ』で長尺の話をするときも、同じようにスタートだけ決めているんだろうな、と。

太田　そうですね。あっち行って、こっち行って。

――でも日頃の生活を聞いていると、ルーティンを気にされると。

太田　俺は、わりとマニュアル君なの。シナリオセンター通ったりしてたからね、大学のとき。テーマを決めて、起承転結を作りながら、箱書き（ストーリーの大まかな断片）を書いていく。でも、何度も何度もやるうちに、「まとまりのある文章って面白くないな」って思ってきてやめたのね。話があっち行ったりこっち行ったりでもいいんじゃないかという気がしてきて。これまで小説を2作品出しているんだけど、実は3作目も書き終わっていて、大長編なんです。書くにあたって一応うっすらと構成は作ったんだけど、あとはとにかく書いてみる、という形にしようと。どのようにウェーブしていくか、委ねてみたんです。

――ラジオのフリートークもそのウェーブを感じながら聴いています。太田さんから発生するフリートークを受けて、「これはどこに行くんだろうか」とか「どこで終わろうとしているんだろう」というのは、田中さんはどのように感じ取っているんですか。

田中　まったくわからないですね、毎回。一応、『カーボーイ』の最初のフリートークって1時から始まって40分くらいまでなんです。CMを入れるタイミングがあるので。ギリギリまで話して、「じゃあ、今日もいきましょうか」ってやるわけだけど、たまに30分すぎくらいでなんとなく話がまとまったかな、もうこれ以上はいいのかなって判断するのは僕ですね。それが合ってるのかどうかわからないけど。

――合ってますか、それは。

太田　合ってないですね。

田中　でしょうね。僕も自信はない。

偉くなっちゃったら、なんか嫌だな

――『カーボーイ』は2022年で25年ということになります。お二人が共通して影響を受けた、たけしさんの『オールナイト』は、たけしさんが40代前半でやめているんですよね。

太田 短かったんだよね、意外と。

――こんなに長く深夜ラジオをやるっていうイメージはありましたか。

田中 始めたときに「何年はやりたい」という考えすらなかったから、特にゴールはないんだけど、深夜ラジオのパーソナリティが56歳って、そんなことは考えなかったよね。

――『JUNK』は、伊集院さんと爆笑問題さんが長くて。

田中 一番新しい山里（亮太）にしたってもう結構な歳だよね。

太田 俺らとか伊集院が始めた頃は、ラジオというメディア自体が下降していた時期で、言ってみれば、俺らにとっては、やっと深夜ラジオをやれるってなったわけだけど、聴いている人がそんなにいない、っていう状態でもあった。だからこそ、わりとダラダラできたのもある。後釜を狙ってくるヤツがいなかったから。

――となると、今はたくさんの芸人さんがラジオをやっています。狙われている感じはありますか。

太田 伊集院もよく言っているけど、この歳でやっててもいいのかなっていうのはちょっとあるけど、あの頃の『オールナイト』の感じと、今まで俺らがやってきたものは違うから、と思いますね。

田中　かつての深夜ラジオは、受験生とか、10代くらいの若めの男の子が一人で聴いているイメージがあったけど、今、それこそ常連リスナーになると、もう20年間も聴いている人がたくさんいる。普通のおじさん、おばさんがいっぱい聴いているわけ。

太田　たまにイベントやると、サラリーマンやりながら、みたいな人が来るわけ。今後もし、テレビがまた若者向けを意識して、っていうことになっていくならば、そういうところじゃもの足りない客がラジオに流れてくるのかな、と思ったりするね。リスナーはいろんなことを書いてくるけど、ペンネームが有名になってくると自覚も出てきて、コミュニティの約束事ができてくる。実際に会う機会では、みんなすごく大人しくて礼儀正しい人ばかりでね。

——太田さんはｒａｄｉｋｏのエリアフリーで地方のラジオをよく聴かれていますが、ｒａｄｉｋｏのエリアフリー・タイムフリーが２０１４年と16年にそれぞれ始まりました。ラジオをめぐる環境がガラッと変わりましたね。

太田　だいぶ変わってきて、それは楽しみではありますね。どういう広がり方をするのかはちょっと見えないけど。昔、『ズームイン!!　朝！』（日本テレビ）っていう番組があったでしょう。あれって、楽しかったんだよね。「大阪の何々さ～ん」なんて呼びかけて、全国のローカルのアナウンサーが出てきた。今、俺が絡んでいる、広島・中国放送の横山雄二とか、大阪・ＡＢＣの三代澤(みよさわ)康司さんとか、ああいうローカルスターって、これまでは東京に出てきて一旗揚げるみたいな感じだったけど、もうそうじゃないわけ。その場にいて、東京の人も知ってるっていう、ちょっと新しい感じがあるよね。

——それこそ『日曜サンデー』でやっている「全日本ラジオ新番組選手権」もそうですね。

太田　そうそう、その感じがテレビに移行しても面白いんじゃないかっていう気がするんだよね。

――太田さんが、インタビューで、「テレビ史に爪痕を残したという手応えはあるか」という質問に「なんもないね」って即答しているのを読みましたが、これ、ラジオだとどうでしょう。

太田 ないね。「伝説のラジオ」にするためにこれをしよう、って、なんかカッコ悪いじゃない。本当に意識してないですね。お笑いって大衆芸能だから、たとえば、俺、芥川賞を獲りたいとは思わないけど、直木賞は獲りたいと思うのね、大衆小説として。そういう意識はある。ラジオに限らず、学問になっちゃった時点でつまらないじゃない。古典芸能だと、どうしても学問になっちゃうわけ。一段偉くなっちゃったら、もうそれはなんか嫌だな、と思うから。芸人って、「お笑い道」みたいなものになりがちなんですよ。特に、今の若い子って、学校で習うから、お笑いが学問なんです。その傾向はあんまりいいと思っていない。後輩から「ダメ出ししてください」って言われても、「いや、俺はわかんないから、お前の考えることは」って。

――こういうことをやると最短距離で上に行けるかも、って一度探しちゃうと、元に戻らないですよね。

太田 そうそう、「お笑い道」でいいのかなあって。たけしさんが「足立区のペンキ屋の息子でよぉ～」なんて言っていた感じのまま、いまだに「火薬田ドン」をやるでしょう。「あんな立場なのにやっているからビートたけしはすごい」って周りは言うんだけど、それはちょっと違うと思うんだよね。

――みうらじゅんさんが「ケンイ・コスギ（権威濃すぎ）」と言って、権威が濃くならないように注意していることに似ていますか。

太田 みうらさんはすごいんだよ。

田中 上手いこと言うよねえ。

太田 それこそ『太田総理』やっていたときって、タレントと政治家が同じスタジオで討論していたわけ。そういうときに、こっちが政治家に近づいていくのではなくて、「お前ら大衆向けにやってんだろ、政治を」って思うわけさ。むしろ、「バラエティに引きずり込もう」っていう気持ちがあったね。

――でもそれを、権威に近づいていったと見る人もいるわけですよね。

太田 うん、そう見えちゃうの。今、ワイドショーでお笑い芸人が首相のことをボロクソ言うみたいなことって毎日のように起きているけど、ある意味で、俺はそのことに対しての功労者だな、と。

――これからのラジオの可能性ってどこに感じますか。

太田 「これ誰得？」みたいな言葉があるでしょう、あれ、嫌いなんだよ。得とか損とかで物事を考えたことがないのね。ラジオのリスナーは「そういう価値観じゃないんだ、この人たちは」って感じてくれているはず。

――「コスパ」って言葉をよく使う人がどうも苦手なんですが、あえて使うとすると、ラジオって、コスパ悪いじゃないですか。話すほうは儲かるわけではないし、聴くほうは時間がかかる。でも、だから、好きなんです。

太田 そうです。芸能っていうのは、コスパと逆行しているものだから。

田中 今のYouTubeとかさ、もう金のことばっかりだもんね。再生回数だとか、登録者数だとか、「この人は今、月にこれだけ稼いでる」っていうのがみんな大好きだから。

――でも、若い世代から皆さん世代への妬みがあるとしたら、「コスパ良く結果出さないと、場が与えられないんですよ」っていうのはあるでしょうね。

太田　うんうん。でも、俺らの頃もあったけどね。ずっと、コスパが悪い芸人だと言われ続けてきた。俺たち、当時から、やたらと話が長かったからさ。

（2021年8月10日・15日）

TBSラジオの番組が放送されるまで

『土曜ワイドラジオTOKYO ナイツのちゃきちゃき大放送』の場合

取材・文＝おぐらりゅうじ

ラジオを聴いていると、パーソナリティが「作家」や「ディレクター」と呼ばれる人たちについて話している場面にたびたび遭遇する。あるいは、ニュースや天気予報の前には「ニュースデスクの〇〇さん」「気象予報士の〇〇さん」と、名前を呼びかけている。言うまでもなく、一つの番組が放送されるまでには、様々な役割を担う多くの人が関わっている。

そこで今回は、「土曜ワイド」というTBSラジオで長く受け継がれる番組名を冠した『土曜ワイドラジオTOKYO ナイツのちゃきちゃき大放送』のスタジオに密着し、生放送の舞台裏を取材した。TBSラジオの番組は、2021年の今、どんなふうに放送されているのだろうか。

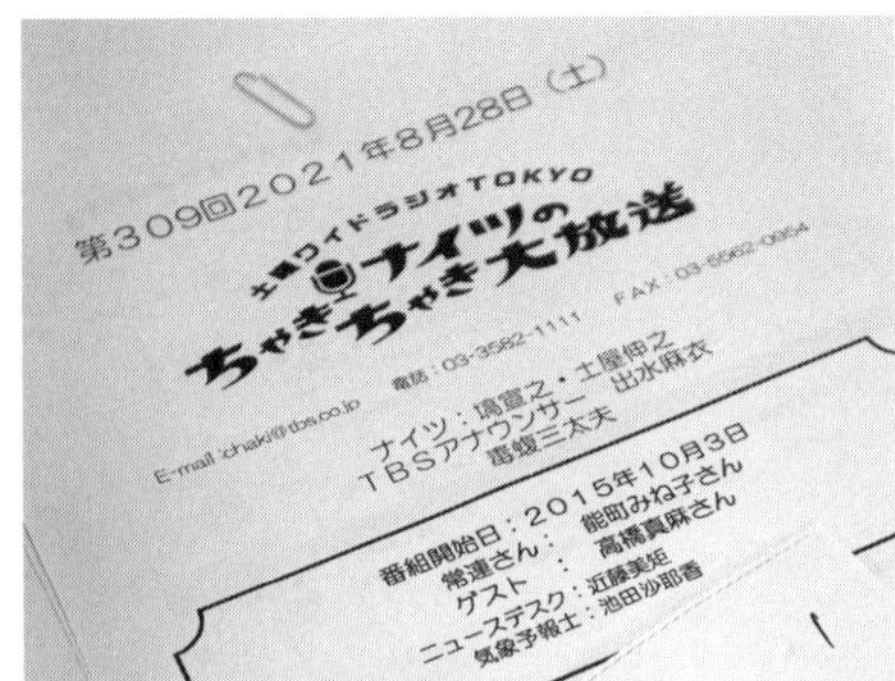

❦

『土曜ワイドラジオTOKYO ナイツのちゃきちゃき大放送』は、毎週土曜日、午前9時からお昼12

時45分まで（途中12時10分から15分間の『TOYOTA presents おぎやはぎのクルマびいき』を挟む）およそ3時間半の生放送。パーソナリティは、お笑いコンビ・ナイツの塙宣之と土屋伸之、TBSアナウンサーの出水麻衣が務める。子どもからお年寄りまで、幅広い年齢層に向けて、時事ネタを扱ったトークにはじまり、TBSアナウンサーによる中継リポート、ゲストコーナー、リスナー参加の大喜利企画など、東京の〝今〟を届けることをテーマにしたバラエティ番組だ。

「土曜ワイド」の名を冠した放送枠の歴史は古く、初代は1970年5月から75年3月までの『永六輔の土曜ワイドラジオTOKYO』、2代目は75年4月から78年3月までの『三國一朗の土曜ワイドラジオTOKYO』、3代目が78年4月から85年3月までの『久米宏の土曜ワイドラジオTOKYO』、4代目は名前が少し変わって85年4月から88年4月までの『毒蝮三太夫の土曜ワイド商売繁盛』、5代目が88年4月から91年4月までの『土曜ワイド 吉田照美のハッピーTOKYO！』、91年4月からは再び永六輔を迎え、2015年9月までおよそ24年半にわたる長寿番組『土曜ワイドラジオTOKYO 永六輔その新世界』が放送されていた。

そして、2015年10月、当時82歳と高齢だった永さんのあとを引き継ぐ形で、ナイツが6代目のパーソナリティに任命された。時事ネタを扱う東京漫才の功績が評価されての抜擢だった。

8：00 出演者集合・打ち合わせ

2021年8月28日、朝8時。生放送が行われる「第8スタジオ」のすぐ外にある「制作プロダ

クション」と書かれたプレート下のスペースには、すでにスタッフたちが集合。台本やその日のニュースをチェックしながら、出演者の到着を待つ。机の上に置かれたスポーツ新聞は、ナイツが読むわけではなく、番組内で「常連さん」と呼ばれる週替わりのゲストのための資料。現在の「常連さん」は、えのきどいちろう、やくみつる、田中康夫、能町みね子、この4名が基本のローテーションとなっている。

『ちゃきちゃき大放送』の制作スタッフは計8名。キャスティングや予算・スケジュールの管理など番組全体の調整と責任を担うプロデューサーが1名、CM明けに出演者に「キュー」を出すなど放送の内容や進行の管理をするディレクターが3名、情報のリサーチや番組内で流す曲や台本などの準備をするアシスタントディレクター（AD）が1名、音声など技術的な部分を担うテクニカルディレクターが1名、台本を書く放送作家が2名、という構成だ。

この日は第309回の放送。「常連さん」は能町みね子さん。台本はA4用紙で39ページ。ナイツの二人が話す細かい内容については書かれておらず、コーナーのタイトルなど、進行の流れと段取りだけでこのページ数。それだけ交通情報や天気予報、CM、曲、ゲストの出演パートなど、段取りが多いことの証拠。番組台本の他に、「キューシート」と呼ばれるA3サイズの時間割（タイムテーブル）と、出水さんが読む生CMの原稿、ラジオショッピング用の台本が別で用意されている。

8時10分。塙さんが到着。スタジオ内のブースに入り、スタッフと談笑。5分後には土屋さんと出水さんもスタジオ入り。ナイツの二人は、普段テレビや舞台で見るスーツ姿ではなく、カジュアルな私服姿が新鮮。能町さんもこの時間にはスタジオのすぐ横にあるスタンバイルームで熱心に台本を読

み込んでいる。

　ナイツと出水さんは、ディレクターを交え、その週のニュースやテレビの話題（この日は『キングオブコント2021』準決勝の話など）でウォーミングアップを済ませたのち、本題の打ち合わせに入る。台本を読みながら、まずは常連さんと1週間を雑談で振り返る「常連さんにきいてみよう」のコーナーで取り上げる予定の、その週の主な出来事を確認。政治経済に事件や事故、芸能界のニュースまで幅広い。台本に出てくる人名や固有名詞の読み方もここで確認する。合間に「この人と仕事したことある？」なんていう雑談もありつつ、真剣ながらも和やかなムード。放送の全体的な流れ、取り上げる話題も細かく全員で共有し、それぞれが赤ペンで台本にメモを書き込む。なお、ゲスト出演者と話す内容については、事前にアンケートをとり、その回答をもとに台本がつくられる。

　出演者とディレクターが打ち合わせをしている間、ブースとガラスで隔てられた「サブ」と呼ばれる機材が並んだスタジオでは、テクニカルディレクターとADが、番組内で流す曲を実際に再生して音をチェックしている。

　打ち合わせは放送15分前の8時45分くらいまでの、およそ30分間。

　スタジオと同じフロア、少し離れたところにTBSラジオの「ニュースデスク」がある。『ちゃきち

ゃき大放送』でニュースデスクを担当するのは近藤美矩さん。TBSラジオリスナーなら、その姿は見たことがなくとも、「ニュースデスクの近藤さん」という呼びかけは何度も聴いたことがあるはず。ニュースデスクには、TBS報道局や各通信社から最新のニュースが随時表示される端末が設置してある。配信されるニュースは、すぐに読み上げられる放送原稿の体裁にリライトされており、文字数も記載されている。その原稿の文字数から、読み終わるのにかかる時間を計算し、番組内のニュースの尺にあわせて、近藤さん自身がニュースを選定する。

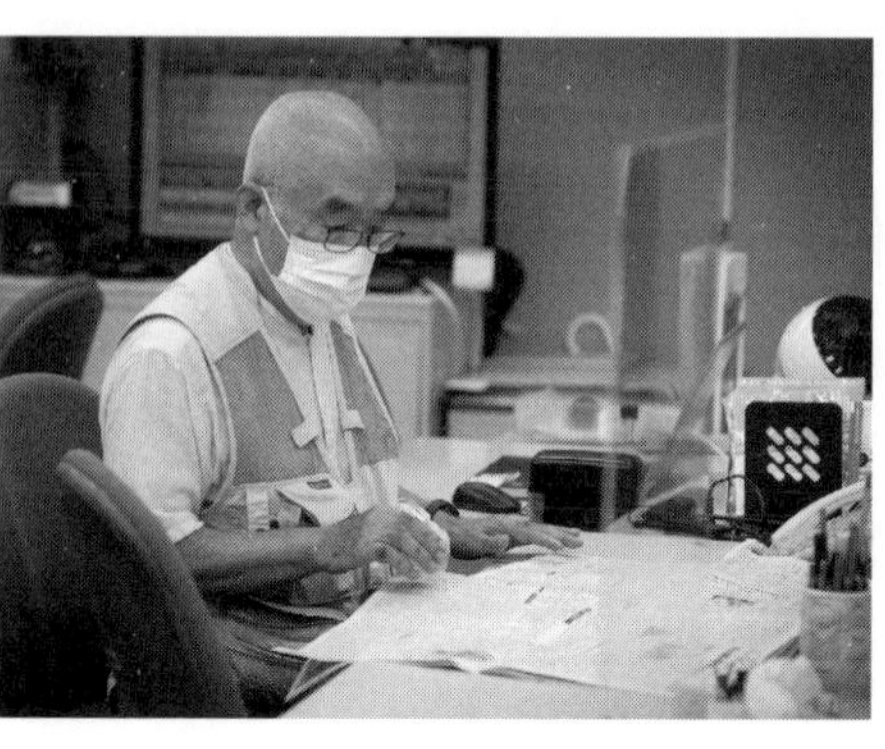

1943年生まれの近藤さんは、現在78歳。1972年にTBSへアナウンサーとして中途入社、主にニュースや報道番組を担当し、2003年に定年退職。その後も、TBSラジオのニュースデスクとして活躍する大ベテラン。忙しい生出演の合間に、少しだけ話を聞かせてもらった。

「土曜ワイドは、だいぶ長いね。『永六輔その新世界』のとき、先輩アナウンサーの今村稔さんのあとにニュースデスクの担当になってからだろうな。ちなみに、その前『永六輔の土曜ワイドラジオTOKYO』では、楽衛さんがニュースを読んでいたね」

「TBSには、ニュース、スポーツ、芸能とそれぞれ専門に担当するアナウンサーがいたんだけど、最近はそのへんがだいぶ曖昧になってきたし、各局を見ても記者出身のニュースの読み手が増えてきたよね。ただ、ニュースを自分で選ぶところからやるのが、ニュースデスクの仕事だとは思ってるよ」

「ラジオの生放送では、ジャンルを問わず、なるべく新しいニュー

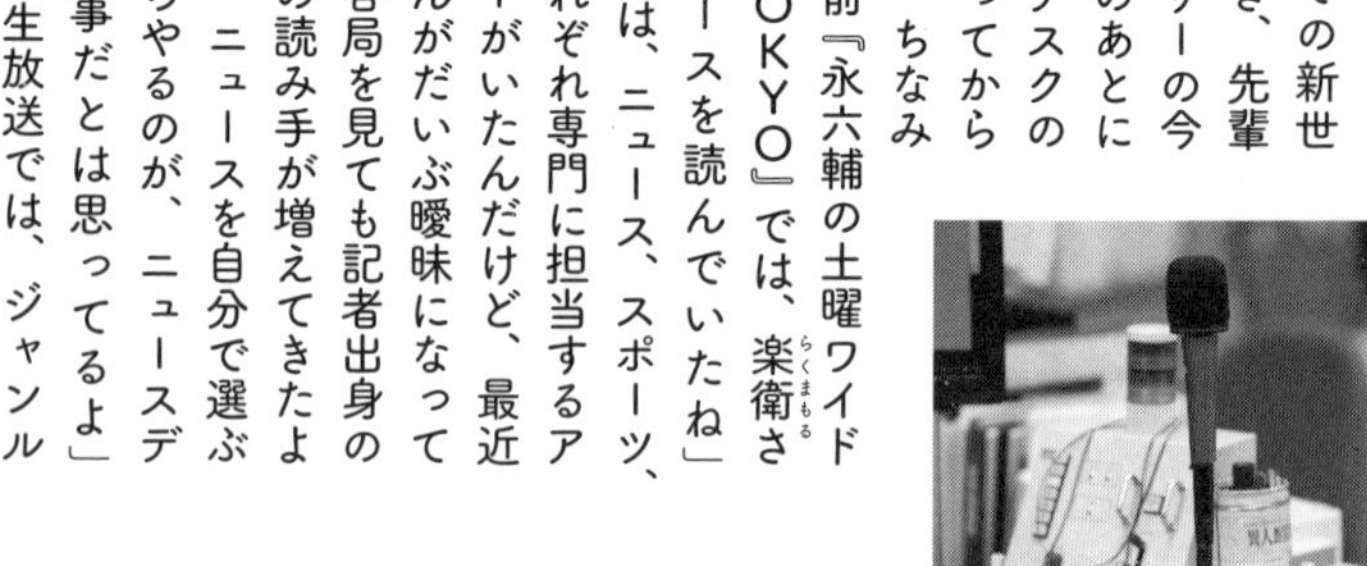

スを出すようにしてる。土曜のお昼の番組だから硬いニュースは避けようとか、パーソナリティに合わせようとか、そういう忖度はしない。どんな立場の人であっても、知らなくていいニュースなんてないからね」「読むだけなら簡単なんだよ。何しろもう原稿になってるんだから。でも本当は、この原稿になる前の元原（もとげん）（元の原稿）があるわけでしょ。それをリライトする時点で、人の手が入っているんだけど、その人によってまとめ方の上手い下手があるし、下手ならまだいいけど、誤解とか事実誤認したまま原稿にまとめている場合がないとは言えない。だからこそ、リライトされた放送原稿を鵜呑みにすると危ないんだ。普段からいろんなニュースに関心を持っていないとね」

9:00 放送開始・ナイツの時事ネタ漫才・常連さんにきいてみよう

午前9時。いよいよ生放送の本番が始まった。芸人のラジオ番組の写真でよく見る、パーソナリティの前に座って聞き役となる作家は、この番組にはいない。冒頭のおよそ3分間は、恒例となった名物、ナイツの時事ネタ漫才だ。今週のネタは、8月24日に行われたパラリンピックの開会式や、8月20日〜22日のフジロックフェスティバル開催の是非など。

漫才のあとは、オープニングのフリートーク。キューシートには目安として「14分間」と記載されているが、時間通りに収まることはまれで、たいていもっと長くなるという。

オープニングトークが終わると、「今日のメニュー紹介」と「今日のメッセージテーマ」、そしてメッセージを受け付ける電話番号、FAX番号、メールアドレスを出水さんが読み上げる。

　今では珍しくなったが、『ちゃきちゃき大放送』では電話でもリスナーからのメッセージを受け付けている。スタジオ外のスタッフが控えるスペースに電話機を置き、専門の電話番の方が2名、生放送中は常時スタンバイ。リスナーと電話で直接話し、その内容を書き留める。メールとFAXも常にスタッフがチェック。

　9時21分。交通情報の時間。警視庁にいる長谷川万希子さんと繋ぐ。尺は40秒。長谷川さんをはじめ、「TBSラジオ交通キャスター」と呼ばれる方々は、シフト制でTBSから警視庁に出張し、交通情報を伝える。

交通情報の間に能町さんがスタジオ入り。

　9時24分30秒。「常連さんにきいてみよう」のコーナーがスタート。1週間の出来事を、1日ごとに振り返る。その中から常連さんが気になった出来事を選び、解説や感想を加えながら、ナイツも交えて雑談。コロナウイルス関連のニュース、白金高輪駅で起きた硫酸事件、金メダルをかじった河村たかし名古屋市長の話題など。

　9時48分30秒。提供読みとCMのあとは「TBSニュース」のコーナー。ニュースデスクの近藤さんの出番だ。コロナ禍以前は近藤さんもブースの中に入り、出演者の目の前で原稿を読んでいたが、今はスタジオ内の密を避けるため、リモート形式。といっても、どこか別のスタジオに入るわけではなく、デスクの上に設置されたマイクに向かってニュースを読む。生放送中はマイクの赤いランプが点灯。きっちり

1分30秒。

9時52分。交通情報、2分間。

9時54分。天気予報の時間。担当は気象予報士の池田沙耶香さん。池田さんは気象予報士の森田正光さんが立ち上げた事務所、株式会社ウェザーマップの所属。他にTBSテレビ『はやドキ！』なども担当（取材時）。こちらもリモート形式。しかし、ニュースのときとは違い、同じフロアにある特設ブースの中で原稿を読む。尺は40秒。

なお、池田さんが待機している席は、ニュースデスクと同じ島にあり、近藤さんとは背中合わせ。

10：00 毒蝮三太夫のミュージックプレゼント・ナイツの新明解国語辞典で調べました

天気予報の間に、11時台のゲストと毒蝮三太夫さんがフロアに到着。出番までは別室のスタンバイルームの中でしばし待機。

9時56分。CMをはさみ、10時台の告知とメッセージ紹介。番組宛に届いたメッセージは、2名の放送作家が選定のうえ、メールの場合は紙に印刷し、ナイツのいるブースへ届ける。メッセージが長文の場合は、渡す前に作家が読むべき箇所に赤ペンを入れることも。最終的にはナイツの二人が読むメッセージを決定。この3段階の選考をクリアしたメッセージがようやく放送される。ただ、この過程は番組によって異なり、パーソナリ

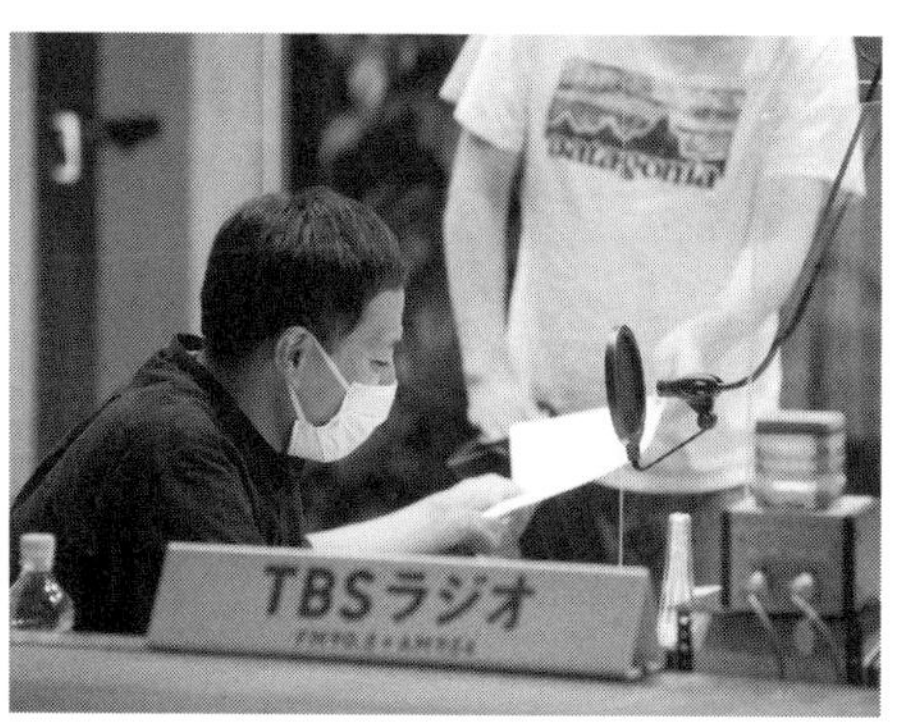

ティが収録前にすべてのメッセージに目を通し、自分で選ぶパターンもある。

10時1分。「毒蝮三太夫のミュージックプレゼント」のコーナー。

コロナ禍で街には出られないため、いつもは中継先にいる蝮さんをブースに迎え、貴重なスタジオ生出演。久しぶりの対面に喜ぶ出水さん。

もともと『毒蝮三太夫のミュージックプレゼント』は、1969年に公開生放送の番組としてスタートした。東京各地の商店や工場に蝮さんが赴き、リスナーから届いたリクエスト曲を流すことが番組の主体だったが、あまりに観客との話が盛り上がるため、次第に比重はトークのほうへ偏っていった。その後『大沢悠里のゆうゆうワイド』内のコーナーとなり（86年4月～2016年4月）、長い間、悠里さんと蝮さんの掛け合いは番組の名物だった。『ゆうゆうワイド』終了に伴い、後継番組『ジェーン・スー 生活は踊る』に移行され（16年4月～18年3月）、その後は『たまむすび』金曜日のコーナーに引っ越して（18年4月～20年3月）、週1回の放送となった。『ちゃきちゃき大放送』での月1回の放送が始まったのは、2020年4月からである。

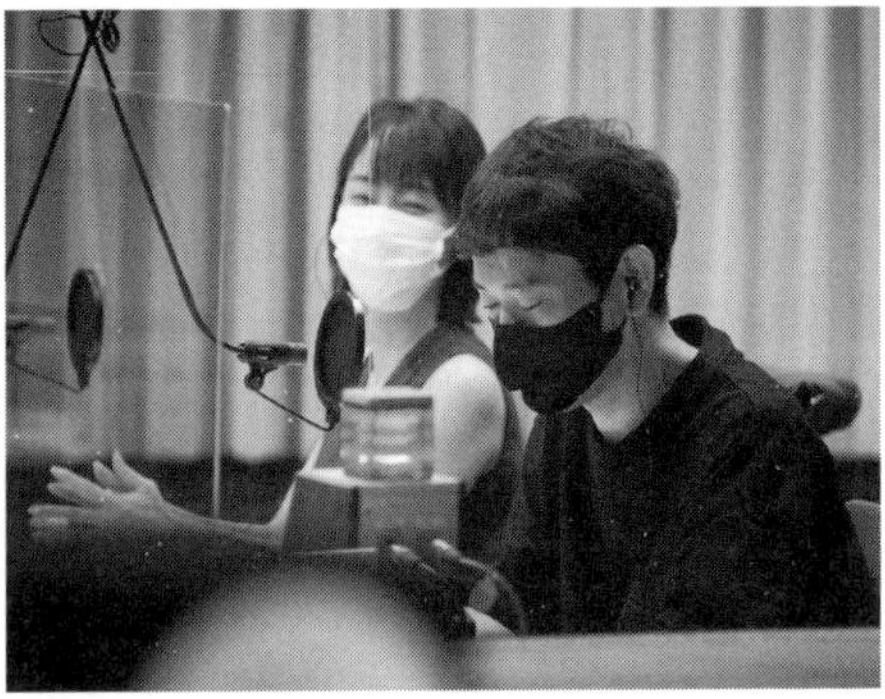

今回の取材とは別で、何度か「ミュージックプレゼント」の中継現場に行ったことがあるのだが、蝮さんは、生放送のだいぶ前から現場に入り、本番前からその場にいる人たちと、放送中とまったく同じテンションで「ババア元気だな」「汚ねえジジイだ」と大盛り上がりだった。その和やかな雰囲気のままスタジオと中継が繋がり、生放送がいつの間にか始まる。中継が切れたあともしばらく現場に残り、ずいぶん長い間集まった人

たちと話し込んでいた。現場の蝮さんはいつも眩しくて、ババアとジジイの希望の光なのだ。

10時18分。コーナー終了の合図として音楽が流れるが、蝮さんの話が終わることはなく、ディレクターが「音楽もう1回頭から流して!」と、再び音楽を流し直す。

10時20分、無事にコーナー終了。CMと交通情報の間も、名残惜しそうな蝮さんと出演者たちとの話は尽きない。

10時30分。「ナイツの新明解国語辞典で調べました」のコーナー。三省堂の『新明解国語辞典』や『大辞林』を使ってリスナーが考えたクイズに答える。番組宛てのメッセージとは違った形で、ナイツとリスナーが交流する貴重な時間。

10時38分。「TBSラジオショッピング」のコーナー。この日紹介された商品は「紀州南高梅 はねだし梅干し」。スタジオの外で待機していた担当者が、おぼんに載せた商品と梅干しうどんを持ってスタジオの中へ。出水さんが原稿を読んでいる横で、ナイツの二人が実食。かつてのラジオショッピングは番組から独立した形の録音を流していたが、近年はこのようにパーソナリティが放送中に実際の商品を試して感想を言うことも多くなった。

10時43分。この日の1曲目、山下達郎「さよなら夏の日」が流れる。番組中の曲は、パーソナリティ自ら選ぶ番組もあるが、『ちゃきちゃき大放送』では選曲はディレクターの仕事。

10時48分。TBS

ニュース、CM、交通情報、天気予報、メッセージ紹介。曲が流れてからメッセージ紹介までの短い時間で、ブースの3人はラジオショッピングで紹介した梅干しうどんをほおばる。3時間半の生放送の中で、希少な栄養補給タイム。

11：00 TOKYO よもやま話・爆笑☆はじめて演芸場

11時からは、番組内で最も尺が長いゲストコーナー「TOKYOよもやま話」。今週のゲストは高橋真麻さん。

コーナー開始のタイミングで、サブで指示を出すディレクターが、ゲストコーナー担当のディレクターと交代。番組に関わる3人のディレクターには、それぞれ役割があり、番組全体を担当するディレクターと、ゲストコーナーを担当するフロアディレクター、「ミュージックプレゼント」など外からの中継コーナーを担当する中継ディレクターとなっている。

高橋真麻さんがフジテレビのアナウンサー時代、芸人に負けじと体を張った仕事に邁進した話で盛り上がり、11時28分にコーナー終了。

11時32分30秒。CMと交通情報に続いて、収録パート「爆笑☆はじめて演芸場」のコーナー。毎月1組の芸人が登場し、「はじめての○○」をテーマにしたエピソードを披露。8月のゲストはお笑いコンビ・ラランド。およそ10分間、放送開始から初めて生放送が途切れる。

その間に、ADがTBS局内にあるCDライブラリーへ走っていく。このあと、ディレクターが夏をイメージして選曲したドナ・サマーの「ホットスタッフ」を流す予定だったが、変更の可能性が発生。CMと交通情報の間に、塙さんが「昨日、久しぶりに家でカセットテープを聴いたんだよ。山下久美子さんの『Tonight』っていう曲。フリートークでその話をしたくて、『Tonight』かけられないかな」と伝えていた。話の流れやフリートークの時間がどのくらいあるのかによって、確実にその話になるかはわからないが、音源は準備しておく。

11時45分。「爆笑☆はじめて演芸場」終了後、メッセージを紹介しながらフリートーク。予告通り、塙さんが昨日カセットテープで山下久美子「Tonight」を聴いた話をして、曲も流れる。

11時52分。交通情報、CM、天気予報、メッセージ紹介、12時台の告知。

🕛12:00 『おぎやはぎのクルマびいき』・初心者歓迎！まっぴるま大喜利

12時。お昼のTBSニュース。と、直前でニュースデスクの端末に緊急速報が入る。8月24日に東京メトロ白金高輪駅で男性が硫酸とみられる液体をかけられた事件で、指名手配されていた容疑者が沖縄県内で逮捕されたとの一報。近藤さん、急きょ原稿を差し替えて、動じることなく、5分間のニュース枠を処理。

12時7分。10時台の「TBSラジオショッピング」で紹介した商品を再び紹介。

12時10分。「フロート番組」と呼ばれる、ワイド生放送番組の途中で挿入される番組『おぎやはぎのクルマびいき』。15分間、収録した音声を放送。

ここでブースから出てきた塙さんは、ADに「急に悪かったね、曲ありがとう」と声をかける。

15分の間、スタッフは打ち合せをしたり、ブースに入って出演者と話したり。生放送中ではあるが、束の間、一息つく。

12時24分。CMと交通情報をはさみ、最後のコーナー「初心者歓迎！まっぴるま大喜利」。前の週に発表したお題にリスナーが大喜利で答える企画。回答が読まれると、番組特製のクリアファイルかステッカーが当たる。回答の読みは土屋さん、判定は塙さん。

12時36分。コーナー終わりで、次週の大喜利のお題を発表し、回答の宛先を読み上げ、いよいよエンディングへ。

12時45分からの番組『中野浩一のフリートーク』と、13時からのバービーさんがパーソナリティを務める『週末ノオト』の告知。来週の常連さん、ゲストを紹介。番組終了ギリギリまで、メッセージを読み上げる。

12時45分。無事に番組終了。


ナイツと出水さんを送り出したあと、出演者がいなくなったブースの中では、しばらくスタッフたちの談笑が続いていた。

出演
ナイツ　塙宣之・土屋伸之
出水麻衣
能町みね子
毒蝮三太夫
高橋真麻
ニュースデスク　近藤美矩
気象予報　池田沙耶香
交通情報　長谷川万希子

スタッフ
プロデューサー　梶原慎也
ディレクター　福田展大
フロアディレクター　國清祥平
中継ディレクター　守安弘典
AD　片山琢実
テクニカルディレクター　村内幸一
放送作家　大野剛、野口悠介

伊集院光、ラジオについて答えます。

質問作成＝武田砂鉄

伊集院光（タレント、ラジオパーソナリティ）

いじゅういん・ひかる　1967年東京都生まれ。TBSラジオ『伊集院光とらじおと』（月〜木・8:30〜11:00／2016年4月〜）『月曜JUNK 伊集院光 深夜の馬鹿力』（月曜深夜1:00 〜 3:00／95年10月〜）のメインパーソナリティ。ラジオ出演のきっかけは、三遊亭楽太郎（現・六代目円楽）門下で「楽大」として活動していたとき、現芸名をかたりオーディションを受けたことに遡る。やがて、『オールナイトニッポン』（88年10月〜90年9月）に出演するなど、ラジオで人気を博すようになり、90年、落語家を自主廃業した。現在、テレビでは『100分de名著』（NHK Eテレ）などに出演中。映画出演作も多数あり、『私はいったい、何と闘っているのか』が21年公開予定。主な書籍に『のはなし』シリーズ（宝島社）などがある。21年6月に師匠・円楽との二人会を催した。

ラジオパーソナリティが、自身のラジオ観について語るとき、伊集院光のラジオからの影響を語る人がとにかく多い。自分も何度かそう答えてきた。一体、どんな仕組みになっているのだろう。仕組みなんてなくて、ただ話したいことを話し、ラジオにできることを延々と膨らませ続けている、という毎日なのだろうか。いくつも聞いてみたいことがある。こちらが質問作成したものに、回答を寄せてもらった。

▼以前のインタビューで、「自分のラジオの原体験は、下町の工場から流れてくるものだった」と答えられていましたが、その光景・音など、覚えていることを具体的に教えてください。

伊集院光　原体験という趣旨の話ではなかったかと思いますね。下町を歩いていて、町工場にラジオがあって、そのラジオのダイヤルがボンドでガッチリ固定されているのを見て、理由を尋ねたら「機械の振動でたまにチューニングがずれるから面倒くさいんで固めた」と工場のおじさんが言っていて「ラジオの日常性ってすごいな」って思ったっていう話だったかと。

それと、僕が子供の頃の下町は、商店街の八百屋の店先にラジオがぶら下がっていたり、路上駐車の配達の車からラジオの音が聞こえていたりと、なんだかんだで、街にラジオの音が結構流れていたなぁという話が合わさっているのだと思います。

現に70～80年代の下町では、ＡＭラジオが床屋で流れていたり、喫茶店や中華屋で流れていたりが割と普通でした。あと家の建築現場でラジオ聴きながら作業していたり。僕が１９７５年の下町を舞台にしたラジオドラマを作るなら、効果音として安いＡＭラジオから流れてる粗い音質の山口百恵の曲をアナウンサーのリクエストはがき紹介付きで使いますね。

僕個人の原体験というか、そういう時代だったなあと。

▼小学2年生のとき、『高島ヒゲ武　大入りダイヤルまだ宵の口』（ニッポン放送／１９７５年4月～79年3月）を聴いたのがラジオとの出会いだったとか。この番組とどのように出会い、どのようなところに惹かれたのでしょうか。

伊集院　5つ上の兄がいるのですが、子供部屋で寝ていたら、夜、兄が暗い部屋の中で一人くすくす笑っていて「ああ、もともと変わった人だったけど、とうとうイカれたな？」と思って観察していたら、よく見るとイヤホンでラジオを聴いていて、一緒に聴くようになったのが、自主的にラジオを聴いた初めての体験だったと思います。『大入りダイヤルまだ宵の口』の中の『欽ドン（欽ちゃんのドンといってみよう！／72年10月～79年3月）』だったと思います。

▼ＴＢＳラジオドラマ「船ゆうれい」（77年1月28日放送。76年4月から79年4月まで放送された番組『夜のミステリー』の「冬の夜の炉辺ばなし『船ゆうれい』」）で感じた怖さを覚えているとのこと。幼少期に聴いたラジオ番組で、色濃く記憶している番組・エピソードがあれば教えて

ください。

伊集院　ラジオを聴き始めた当初、ニッポン放送で『夜のドラマハウス』（76年10月〜83年4月）、TBSラジオで『夜のミステリー』というラジオドラマの番組があって、『夜のミステリー』で「日本の怪談特集」的な回があり、その中で放送されていたのが「船ゆうれい」でした。荒れる海の中から柄杓を持った巨大な腕が何本も伸びて、船の中に海水を次々と注ぎ込み沈没させるという話で、海の効果音や泣き叫ぶ船員の声やナレーションが相まってものすごく怖かったのを覚えています。少し後に、全く同じ話をアニメの『まんが日本昔ばなし』で見たときに、全然怖くなかったので「ビジュアルがないほうが怖いということがあるのだ」と気づきました。『夜のドラマハウス』も秀作が多く、もしかしたらこのあたりが後に落語に興味を持つきっかけになったかもしれません。自分でカセットテープレコーダーを使ってラジオドラマ録ったりしてたなあ。エコーというものがかけたくて、録音中一時停止ボタンを押して、風呂場に行き、一声怒鳴ってから一時停止を再び押して部屋に戻ってみたり（笑）。

▼「ラジオをやりたい」と強く感じた瞬間はありましたか。

伊集院　正直に言えば「ラジオをやりたい」と思ったことはなかったです。ただただ世に出たかったし、売れたかったです。ラジオで売れたら、その後テレビに出られるくらいの気持ちだったかと。そのうち、ラジオの面白さがわかってきたり、テレビがうまく行かなかったり、ラジオは少し褒められるようになったりで、ラジオにはまっていきました。若い人はどう思うか知りませんが、僕がラジオに出るようになった80年代中盤は、すでにラジオはかなり廃れていて、今よりも聴取率の数字は良かったものの、テレビとの比で言えば圧倒的で、ラジオを目指す若手なんてほとんどいなかったと思います。

▼はじめて、ラジオのスタジオに入り、マイクの前に座ったとき、何を思ったのか、覚えていることはありますか。

伊集院　最初はお笑いライブを公開収録するものだったので、ライブでネタをやる緊張がまずあって、それが放送されているという緊張がプラスされたくらいでした。しかも、本業は落語家でしたので、落語以外のネタをその場用に作って披露する緊張でほぼマックスでしたから、ラジオがどうのという成分は少なかったと思います。その後、外回りリポーターをやりつつ、ニッポン放送の局アナの『オールナイトニッポン』に作家見習いのような形で絡ませてもらうことで徐々に慣れていきました。ただその頃は、あくまで本業の落語家が一時的に、別の芸名でラジオをやっているということだったので、必死な感じはありませんでした。今のほうが本業として必死だったりする面もあります。

▼毎回、放送を迎えるにあたり、どのような準備をしているのか、朝・夜、それぞれの番組につ

いて教えてください。

伊集院　深夜放送に関しては、とにかく極力来たメールを自分で選びます。ネタ以外のメールをスタッフに抜いてもらい、残りほぼ全てに目を通して読むネタを選びます。膨大な数なので一週間のうちのかなりの時間をこれに使います。常にノートPCを持ち歩き、旅先であろうが、仕事の合間であろうが、とにかくネタ選びをしています。旅先の廃村だったり、六本木ヒルズのカフェだったり、飛行機の中だったり、とにかくどこでも。その週しか読めないものもあるので、生放送の寸前までこれをやります。

朝の番組も、次に流れる素材のチェックや、ネタ選び、ゲストに関する資料の下調べなどを割と執念深くやります。僕の取り柄はそれしかないと思っています。

▼ラジオで言葉を発するときに、とりわけ、気をつけていることはありますか。より技術的な部分を知りたいです（第一声、息継ぎ、相槌、間合い、笑い声など……）。

伊集院　技術的部分を細かく書くときりがないとは思うのですが、大事なのは、どんな人がどんな状況で聴いているのかを想像することだと思いこんでいます。

例えば、二人称の使い方。それは複数形にするのか、もしくは、あえて二人称は略すのか、などテクニック論的には、無数にあります。「お前どう思う?」「お前らはどう思うの?」「どう?」「あなたのお考えは?」とか。でも、これらも基本は「どんな人が、どんな状況で……」という話に帰結していくのかなと。話術のほとんどは落語家時代に師匠の三遊亭円楽に教わったもので、ラジオ技術というよりは、落語のそれです。

僕の考えついた新技術的なこととしては「そば・うどんを食うときにマイクの正面に入らない」というのがあります。これってベテランほど、勢いよく音を立てて威勢良く食べるんですが、今やマイクの性能も音質も上がり、イヤホンで聴く人が大多数になっていて、耳元で麺を啜る大きい音がするのって不快だと思うんで。どうですかね？

やっぱり技術論は書くと長くなるし、他人に教えるのもったいないや（笑）。いつか本にして伝承したいと思います。

▼深夜帯の番組で、これまで無数の企画・コーナーをやってこられたと思いますが、特に印象に残っているものがあれば教えてください（私は、『静かな湖畔』を複数人で歌っていたら、隣にいた人はどうするのか」という企画と、落ちている片手袋を両方揃えようという企画が印象に残っています）。

伊集院　びっくりするほど覚えていないものです。生放送って本当にやり逃げの、喋りっぱなしの美学なんで。特に最近は、リスナーの方から「あれ面白かったですね」と言われても、ぼんやりのものが多くなりました。多分やめた後に、老害の自慢話としていっぱい湧いてくると思います。

▼「朝の番組を」とお願いされたとき、まず何を考えましたか。

伊集院　今だから言えることですが、正確には、朝の番組を開始する、さらに3年ほど前に局側から打診されました。「いつかはそういう時期が来るだろう」と思ってはいたのですが「さすがに早くないか？」と、考えに考えに考えて考え抜いて引き受けることにしたのですが、いざとなったら「前任者が降板を渋っているのでなかったことに」と言われ、腹が立つやらホッとするやらでした。このあたりは前任者の言い分とかなり違っているので、おそらくいろんな方面にいろんなことを言う人がいたのだろうと思いますが（笑）、僕は「局の人の言うことって信用できないなぁ」と思い、その3年後の打診のときも最初は話半分で聞いていました（笑）。

▼大沢悠里さんの番組のあとを継ぐことへのプレッシャーは、どのようなものでしたか。

伊集院　当時、各所へのリップサービス等でいろいろ言っていると思いますが、時間帯も2つに分かれていますし、それへのプレッシャーはゼロでしたね。単純に朝の番組を毎日やることへのプレッシャー？はありましたし、深夜と両立させることへの不安はありましたが。

▼放送後、日々、反省をして、場合によっては、長い距離を歩いてしまうこともある、とラジオで聴いたことがあります。その反省というのは、歩いているうちに頭の中で整理されていくもの

なのでしょうか。それとも、もやもやしたままなのでしょうか。

伊集院　とにかく反省しますね。反省して次にどう繋がるかは結局わからないのですが、おそらく反省しないとだめになるような気がしているのでしょう。長年一人でやってきたせいで、他人に褒めてもらっても、どこか信用できないのでそうなるのだと思います。それはとても不健康なことだと思うのですが、そういうふうになってしまったので仕方がないです。早くそういうことがわからなくなりたいです。反省すること自体にそれほどプラスはなく、マイナスの方が多いかもと思っています。反省病とも言えます。

▼ラジオを「生放送」でやる意味・意義があれば、教えてください。

伊集院　まずこれも正直に言っておきますと、録音放送の上手なやり方がわからないのです。ごくたまに録音することもあるのですが、とにかくやり直したくなるのです。深夜の二時間番組をやむを得ず録音収録したときに、45分喋ってから「ごめん最初からやり直したい」ってなっちゃったときもあります。生は「生だから戻れない、仕方ない」ということになりますのでなんとか終われますけど録音だときりがないです。

けれども、これに関しても、もはやリスナーサイドはタイムフリーで聴ける時代になって、僕さえできるようになればどうでもいいことなのかなとも思っています。一時期は生へのこだわりじみたものもあるにはあったのですが、「こだわり」って「普通は軽視されるべきことにまで好みを主張すること」と辞書にありますから、これは僕の問題なんだと。技術的に録音でも喋れるようになれば、そうしてもいいし、そうしなくてもいいかと。

▼「ｒａｄｉｋｏのタイムフリー機能＝いつでも聴くことができる」＋「ラジオで話したことがネットニュースになる＝一部だけ切り取られてしまう」、このことによって、ラジオでの話し方・内容に変化はありますか。

伊集院　雑音に負けずになんとか夜中ダイヤルを合わせて自分の力で放送を摑むという時代にラジオを聴くということと、ｒａｄｉｋｏのタイムフリーで聴く、ということでは、かなり違いはあるのでしょうが、言っても仕方がないことでしょう。

僕らはどうすることもできない不自由を少しでも緩和する方法を「技」「コツ」と呼んだり、「味」として受け入れてきたと思うんです。写真の現像までにかかる時間をワクワク楽しんだり、ピンぼけや光量過多の出来栄えを「味のある写真」として愛おしんだり。とはいえデジカメで、簡単にうまくできる時代にあえて不自由を選ぶのとでは、意味も変わるので、これは全てにおいて仕方がないことなんでしょう。

ましてて、長くラジオを聴いてもらったリスナーも年齢を重ねて、深夜の生聴取も難しいケースがいっぱいあるでしょうし、もうどんな形でも聴いてくれれば感謝です。そういう意味では、それでも生で聴いてくださる方には一層感謝です。

質問は、話し方や話す内容が変わるかでしたね。少し意識しているかもしれません。これも最近は「考えても仕方ねーか」と思うようになってきましたが。

以前、Twitterに「ご飯を食べながら聴いていて大変不快だった」というつぶやきが急に入ってきて「なんのこっちゃ？」と調べたら、どうやら前日の深夜の放送で言った、大便に関する話題を昼間に聴いて怒って即つぶやいたらしいんですね。もう一周して面白くなっちゃって（笑）。

▼（NHK『100分de名著』の収録でご一緒したときに）「自分は、匿名の声に助けられてきたから」とお話しされていたのが印象的でした。朝夜問わず、リスナーとのコミュニケーションの形がどのように変化してきたのでしょうか。

伊集院　まあ僕も匿名からの誹謗中傷は嫌だし、結構なダメージは食らいます。特に前述の反省病の患者に、さらなる誹謗は応えます。そりゃあなくなってくれればいいと思いますけど、匿名＝悪いみたいになっちゃって、全て記名の上に責任を持て、ってなっちゃうと、匿名の面白いはがきやメールによって支えられてきた身としてはちょっと……。芸能人なんて、縁もゆかりもない人間を無責任に褒めてくれる匿名の人に支えられてるとも思うんですよね。繰り返し言っておきますが、誹謗中傷メールは嫌ですよ（苦笑）。

▼かつての「深夜ラジオ＝若い人がパーソナリティをやるもの」というイメージは変わってきていると感じます。本書で爆笑問題のお二方に話を聞いたときにもそのような話になりました。ラ

ジオで言及されることも多いですが、50代の自分が深夜ラジオをやることについて、どのように考えていますか。

伊集院　これもあまり考えないですね。ラジオ論もそうですけど、深夜放送論も請け合えないです。僕の深夜放送を聴いてくれる人が相応の数いて、僕が深夜放送を続けたいと思って、スポンサーや局がそう思って、っていうバランスの問題だと思うんです。20歳で『オールナイトニッポン』を始めたときも「俺は若いから深夜放送をやる権利がある」って思わなかったし。元も子もない話ですけど、最終的には局が決めることです。局が「役目を終えた」って思えば終わりです。もちろん僕がそう思ったときも終わりです。

▼雑誌の特集記事などで紹介される際に「ラジオ界のカリスマ」「帝王」などの称号がつけられることも多いと思いますが、そう言われて何を感じますか。

伊集院　リーズナブルな帝王もあったものです（笑）。百害あって一利なしですね。西日暮里のエジソンみたいなものでしょう。そのくせ「エジソン名乗っておいてなんだよ」とか、言われることもあるし（笑）。右記の「誹謗中傷」よりも嫌かもしれないですね。持ち上げるほうが嫌みだし、今の時代持ち上げられて得なことなんかないでしょう?

▼ラジオ広告の可能性について度々言及されていますが、どのようなところにあると感じているか、改めて教えてください。

伊集院　単純な話なんですけど、TBSテレビの朝の時間帯とTBSラジオの朝の時間帯の数字が肉薄しているときに、テレビのほうが圧倒的に広告料が高いとなれば、どっちが得かは火を見るよりも明らかかと。もちろん、ファミリーコアだのと言い出すときりがないですけど、明らかにラジオリスナー向けの商品や、企業のCMは絶対的にラジオで打つべきだと思うっていう話です。すでにわかっている企業もたくさんあると思います。

もちろん広告の作り方にも大きな違いがあるでしょう。昔、缶コーヒーのテレビCMにハリウッド俳優が出ていて、声優さんがこれにアフレコをしていたんですが、同じ商品のラジオCMが、テレビCMの音声のみのやつで「おはよう！　○○だ！」って自己紹介してるんですけど、映像がないからわけがわからない。「お前は声優の△△だろ!?」って。要はテレビのついでにラジオのCM枠も買ってねってことなんでしょうが、不況の今、こんな雑なスポンサードをする会社ってないと思うんです。ラジオはラジオで独自にやらないと成功はしない。具体的なアイディアは、それを買ってくれる会社や局で丁寧に説明します（笑）。

▼「TBSラジオ70周年」、この字面を見たときに、何か感じることがあれば教えてください。

伊集院　こうやって質問に答えていくうちに自分でもわかってきたんですが、僕自身「ラジオとは」とか「ＴＢＳとは」とか考えたことがないんです。僕は「僕の番組は」ってことだけしか頭の中にないんです。僕の番組を僕なりに面白くすることが、ＴＢＳラジオにとっても良いことだというのは間違ってないはずと信じているのですが。

たしかニッポン放送開局40周年の時はニッポン放送で特番のパーソナリティしてましたし、こうしてＴＢＳラジオ70周年の本に寄稿してるのもなんか不思議です。10年後はＦＭ西日暮里の顔になってるかもしれませんし。

▼YouTubeやClubhouseが流行るたび、「ラジオ的なものはこれで代替できる」という乱暴な意見を見かけて、苛立ちながらも動揺してしまいます。ラジオにしかできないことはあるのでしょうか。

伊集院　ＴＢＳラジオの開局20周年だったか10周年の時の音声を聴いたことがあるのですが、街角インタビューで「未来のラジオはどうなると思いますか？」って質問をしてて、その答えが「映像がつくと思う！」だったんですね。結果的に映像はついたんですけど、それはテレビって呼ぶようになって別物になり、ラジオはそのまま残った。これが僕の中でラジオの未来のヒントになっています。いろんな新しいものが出てきても、ラジオにしかできないものがあるんだろうと。もしかしたら、僕が新しいものの方にフィットするなんてこともあるのでしょうが、それでもラジオは残るんじゃないかと思っています。

▼ご自身のラジオ番組で、「これはまだやっていない、これはやりたい」という取り組みがあれば教えてください（そんなの言えないかもしれませんが……）。

伊集院　たくさんあります。具体的なものから漠然としたものまで、ｉＰｈｏｎｅの中に書き溜めています。ラジオに関する大きな計画もあります。ご期待？ください！　まあ、大部分はＦＭ西日暮里でやることになると思いますが（笑）。

あの日も、TBSラジオが聴こえていた。

「TBSラジオ70年の歩み」

「ミュージックプレゼント」 毒蝮三太夫 インタビュー 聞き手・構成＝武田砂鉄

「永六輔さんについて」 対談 長峰由紀×外山惠理 聞き手・構成＝武田砂鉄

「遊びの大学」 久米宏

「あの人のTBSラジオ」

TBSラジオ70年の歩み

'50

1951年12月25日　東京で初めての民間放送局「ラジオ東京」として開局

1953年7月　『ホームこどもコンクール』スタート（56年5月より『こども音楽コンクール』に改称）

8月　周波数を1130KC（キロサイクル）から950kHz（キロヘルツ）に変更

1955年4月　赤坂旧局舎（テレビ局舎）完成

1957年9月　『昼の話題』スタート（70年4月より『秋山ちえ子の談話室』に改称）

'60

1961年　毎日新聞新館（有楽町）から赤坂局舎（10月に増築でテレビ・ラジオ総合局舎に）に移転

右／ラジオ東京開局ポスター。　中／『秋山ちえ子の談話室』は2002年10月の12512回まで続いた。　左／赤坂局舎。61年にラジオもテレビも同所から放送されるようになった。　下／子ども向け大ヒット番組『赤胴鈴之助』（57年1月～59年2月）収録風景。

1963年4月　プロ野球のナイター中継が帯編成に

1964年7月　『全国こども電話相談室』スタート

1967年1月　『どこか遠くへ』スタート
（69年10月より『永六輔の誰かとどこかで』）

7月　深夜放送『パック・イン・ミュージック』スタート

1969年7月　ラジオカーTBS950（のち954）初出動

10月　『毒蝮三太夫のミュージックプレゼント』スタート

'70

1970年5月　『永六輔の土曜ワイドラジオTOKYO』スタート
（91年4月より『土曜ワイドラジオTOKYO 永六輔その新世界』。16年ぶりに永が土曜ワイドを担当）

1973年1月　『小沢昭一の小沢昭一的こころ』スタート

1978年11月　周波数が950kHzから現在の954kHzへ変更

ワイワイラジオは954です
TBSラジオの周波数は昭和53年11月23日から954kHzに変ります

上／新周波数の変更日は「プラス4宣言」という特別編成だった。　下／『小沢昭一的こころ』は12年12月まで続いた。

上／『全国こども電話相談室』　下／『パック・イン・ミュージック』金曜（木曜深夜）の野沢那智と白石冬美。

'80

1981年10月 『夜はともだち コサラビ絶好調！』スタート
（『コサキン DE ワァオ！』の前身番組）

1986年4月 『大沢悠里のゆうゆうワイド』スタート

'90

1990年4月 『森本毅郎・スタンバイ！』スタート

10月 『岸谷五朗の東京 RADIO CLUB』スタート

1994年4月 新局舎（TBS放送センター）完成
（10月に移転完了）

1995年4月 『荒川強啓デイ・キャッチ！』スタート

1997年4月 『吉永小百合 街ものがたり』スタート
（2005年10月より『今晩は 吉永小百合です』）

1998年4月 『生島ヒロシのおはよう定食／一直線』スタート

10月 『BATTLE TALK RADIO アクセス』スタート

右／82年7月『パック・イン・ミュージック』終了。反対デモが起こった。
左／80年代のラジオカー。

右／新局舎の愛称は「ビッグハット」。一般公募だった。 左／『今晩は吉永小百合です』は現在も放送中。

'00〜

２００１年４月　『サタデー大人天国宮川賢のパカパカ90分!!』スタート
10月　『ストリーム』スタート
同月　ＴＢＳラジオ&コミュニケーションズへ社名変更
２００２年４月　『ＪＵＮＫ』スタート
２００５年４月　『安住紳一郎の日曜天国』スタート
２００６年10月　『久米宏ラジオなんですけど』スタート
２００７年４月　『ライムスター宇多丸のウィークエンド・シャッフル』スタート
２００８年４月　『爆笑問題の日曜サンデー』スタート
２０１０年３月　ＩＰサイマルラジオサービス『radiko』スタート
２０１２年４月　『たまむすび』スタート
２０１３年４月　『荻上チキ・Session-22』スタート
２０１５年12月　ワイドＦＭスタート。これまでのＡＭ９５４ｋＨｚに加え、ＦＭ９０・５ＭＨｚが開局
２０１６年４月　『伊集院光とらじおと』『ジェーン・スー生活は踊る』スタート
同月　ＴＢＳラジオに社名変更
９月　『ハライチのターン！』スタート
２０１７年４月　『神田松之丞 問わず語りの松之丞』スタート（20年より『問わず語りの神田伯山』）
２０２１年12月25日　開局70年

これが「ミュージックプレゼント」が誕生する契機の一つとなった中継車だ。まだ、TBSラジオの周波数が950KHZ ！

毒蝮三太夫
インタビュー

「ミュージックプレゼント」
50年、「ババア」「ジジイ」と呼びかけて

こんなにも、目の前の人を笑わせてきた人っていないんじゃないか、と思う。半世紀以上、ありとあらゆる街に溶け込み、毎日毎日マイクを向けてきた。「ババア」と話しかければ、ババアが笑う。隣でジジイも笑う。老いも若きも、蝮の餌食となる。私たちには、それぞれの生活ってものがあって、それぞれ悩みを抱えていて、それぞれ言いたいことを持っている。とにかく、人間の営みって、ものすごいパワーを持っているのだ。「ミュージックプレゼント」はそのことを伝え続けてきた。「俺はTBSで育ったというか、TBSで生きてるみたいなもんだよ」と大声で笑う。ここに載っている写真を見るだけで、あの笑い声が聞こえてくる。この声は、まだまだ、いつまでも続く。

『ミュージックプレゼント』が始まる

毒蝮三太夫　なになに、TBSラジオが開局70周年なのか。俺は、そのうちの五十数年やってるってわけか。

――1969年に『ミュージックプレゼント』が始まっています。

毒蝮　うん、でも、それが最初じゃないからね。開局当時は「ラジオ東京」って言ってたわけだけど、1960年に「東京放送」になってね。有楽町の、今はビックカメラになってるところにまだスタジオが残ってたんだよ。そこでやってたラジオドラマに出てるからね。そして、1961年に赤坂局舎ができた。当時は、シャトルバスが出ていたからね。

――有楽町と赤坂を繋ぐバスですか。

毒蝮　そう。ちょうど交通の便がないところだったからさ。当時の赤坂って、芸者の町、料亭の町で、そんなところに電車なんて通ってない。で、テレビ局舎の前に、独立してラジオ局舎ができたの。ラジオドラマをやったあと、昭和44年、『ミュージックプレゼント』が始まった。この赤坂の局舎でも付き合いが始まったってわけ。『ウルトラマン』（1966年7月〜67年4月）の撮影もここでやってたからね。赤坂には自動車教習所もあってさ、俺はそこで免許を取ったんだもの。撮影の間に講習を受けてさ。この辺はよく、人力車に乗っている芸者さんがいたもんだよ。俺、昔、『土曜ワイド』で人力車に芸者を乗っけて、赤坂を走ったことがあるんだけどさ、赤坂っていうのは地名の通り、坂が多いっていうのがよくわかったよね。

——当時は、文化放送で「午後2時の男」（『ダイナミックレーダー 〜歌謡曲でいこう！〜』内の生中継コーナー／番組は66年10月〜78年3月）という、「ミュージックプレゼント」と同じようなコーナーがあったと。

毒蝮　「同じような」じゃないよ、向こうのほうが先輩だからね。5代目月の家圓鏡さんがパーソナリティだよ。のちの8代目橘家圓蔵さん。読売ジャイアンツに宮田征典（ゆきのり）さんという抑えの投手がいて、「8時半の男」って呼ばれていたのね。それが流行ってたから、圓鏡さんが「午後2時の男」ってコーナーをやった。そのコーナーが、当時の聴取率で8％という驚異的な数字をとったんだ。そしたら、TBSの名プロデューサーが圓鏡さんを引き抜こうとしたんだよ。引き抜いて、うちでもああいう番組をやろう、って。で、昭和44年に、「ラジオカーTBS950」ができていた。5台も6台も作ったのに、動かさなきゃもったいないじゃねぇかってことになってさ。それを都内のいろんなところに配置して、定点観測をやろうじゃないかと。圓鏡さんにいろんなところから中継させようとしたの。

——ということは、文化放送からそのまま持ってこようとしたんですね。

毒蝮　そうなんだよ。でも引き抜けなかったもんだから、毒蝮で、って言われてもさ、俺はそんなにやる気はなかったんだよね。番組が昭和44年10月6日から始まったでしょ。その前に一回、テスト放送をやったんだよ。『ウルトラマン』が終わって、『笑点』（68年1月〜69年11月出演）も終わったときだった。立川談志が衆院選に立候補しちゃって、俺も『笑点』を降りたのね。談志に誘われて出はじめて、名前まで「毒蝮三太夫」に変えたから。談志には「お前は降りなくてもいいよ」って言われたんだけど、談志がいない『笑点』で座布団を運ぶわけにいかない。『笑点』

のスタッフは「あなたは、日本テレビで名前を『毒蝮』に変えたんだから、他の局で使ってくれるわけがないよ」なんて言うんだよ。たしかに仕事がなくてさ。名前が「毒蝮」に変わったわ、仕事はないわで、はしご外されたようなもんだよ。結局、TBSラジオの『ミュージックプレゼント』が、俺が「毒蝮」になってからの最初の仕事だったの。

最初に行ったのが、ディレクターの親戚の工場。練馬の氷川台にあってさ。そこでテスト版を録ったわけ。「どうなってもいいや。テスト版を録って、クビになってもいいや」と思ってたら、10月からレッツゴーってことになった。談志が言うんだよ、「お前ね、芸人が朝起きて仕事なんてするもんじゃないよ。芸人は夕方から」って。朝の10時半だから早いでしょ。俺は俳優だったし、「朝5時ならまだしも、10時半ならかまわねぇだろ」と思って始めたの。

──テスト版と初回放送の訪問先が同じだったんですね。

毒蝮　そう、自動車部品を作ってる小さな町工場でね。10人か20人の従業員でやってる町工場だよ。覚えてるのは、最初の生放送で、緊張で手が震えていたこと。そして、10月だからもう涼しいはずなのに、汗もかいてたっていう。

──「緊張してるな」という自覚はあったんですか。

毒蝮　「早く終わりゃあいいなぁ」と思ったね。工場の人があとになってから、「汗かいて、震えてた」って言うのよ。今じゃ、相手のババアが震えるようになったけどさ（笑）。だけど、その最初の放送があったから、今があるんだよね。

──最初のうちは、言葉遣いも丁寧だったとか。

毒蝮　そうなんだよ。3年ぐらいは「ババア」「くたばれ」なんて言ってないよ。あとで録音を聴いてみると、とにかく丁寧でさ。「こちらは、どうやって、家族でやっていらっしゃるんです

1979年の中継の模様。

か?」なんて。それを聴いた下町の同級生に言われたんだよ、「お前、自分の言葉でしゃべってないだろ」って。その頃、ちょうどお袋が死んで、同じくらいの年齢で元気な人を前にして、つい、「このババア、元気だな」って言っちゃったんだよ。俺はお袋のことを「たぬきババア」って呼んでたから、親しみを込めて言ったわけ。「クソババア」とは言ってない。世間では、「蝮はクソババアって言ってる」なんて言われてるけど、そんな汚くは言ってないんだよ。「ババア元気だな」って言うと、「うるさいわねこのジジイ」って返ってきたけど(笑)、俺、当時30代だからジジイじゃないよね。

――たくさん抗議の声が来たそうですね。

毒蝮　たくさん来たらしいよ。だけど、中には「痛快だった」って声もあった。スタジオの近石真介さんが俺のことをよく理解してくれていて、「抗議っていうのは愛情の発露なんだ」なんて言ってくれて助かったね。当時、スポンサーが「東食」っていう食品関係の輸入貿易会社だったんだけど、名前に「毒」が付く俺をよく使ってくれたもんだよな。

――たしかにそうですね。

毒蝮　ラジオ局の営業が素晴らしいよ、「いや、毒も薬です」「毒をもって毒を制す」「毒というのは使いようによってはメリットがあるんです」なんて説得しちゃったんじゃないの（笑）。

――「ババア元気だな」と言うようになってからは、やりやすくなりましたか。

毒蝮　それで一皮剝けたんだよ。「あっ、俺らしくしゃべればいいんだな」って。いずれにせよ、台本なんてないんだから。談志が前から言ってたの。「お前は普段が面白いんだから、台詞通りやったって上手くないんだから」ってさ。「お前の家の親父やお袋見てたら、お前が上品に見えるぐらい落語みたいな家なんだから、そういうしゃべり方をしろよ」って。あいつが寄席に連れていってくれて、楽屋で俺が（柳家）小さん師匠、（古今亭）志ん生師匠、（三遊亭）圓生師匠、（桂）文楽師匠、そういう師匠連としゃべっていても、みんなが嫌がらないのを見てたんだよ。

――一度「ババア」と言ってからは、「草履みたいな顔してるな」と、回を重ねるごとに頭の中でどんどん膨らんでいったと。

毒蝮　それを集めて、書いてくれてた人もいたけどね。でもさ、こっちは、野球で言うと「来る球を打ってる」だけ。定型なんてない。カーブが来たらカーブの打ち方をすりゃあいい。こんなもん、身体能力だよ。「草履みたいな顔してるな」っていうのは、しょっちゅう言ってるわけじゃないよ。「お前、甲州街道みたいな顔してるな」「お前、昭和通りみてぇな顔してんじゃねぇか」って言ったら、「どういう顔だよそれ」って返されてさ、困っちゃったよ（笑）。

――現場ごとにやって来る顔も違いますしね。

毒蝮　そう。同じスーパーでやったって来る人は違う。同じ人が来たって、カラスが「カー」と鳴いて、明くる日になったら、もう昨日とは、違っている。

「蝮さん、ごゆっくりどうぞ〜」

――番組が始まったのは１９７０年代目前、東京の街が激変していく時期で……。

毒蝮　いや、そんなの今だって同じだよ。戦中だって戦後だって、人はそんなに急に変わってないよ。相手に反応するデリカシーをこっちが持てばいいだけなんだよ。相手がこっちに合わせるんじゃない、こっちが相手に合わせるのよ。でもさ、俺が10人くらいの工場へ行くだろう。すると、周りが言うんだよ、「爆弾を放り込まれたようなもんだ。どう爆発するかわかんない」って（笑）。俺はボールで言えばね、バレーボールやバスケットボールじゃないんだよ。ラグビーボール。

――どこに転がるかわからない。

毒蝮　そうそう、向こう側に行っちゃうかもしれないし、こっち側に来るかもしれないからな。あなたもパーソナリティやってるんだろ。そうやって、どう転がるかを楽しんでくれれば、ラジオは楽しいと思うなぁ。台本通りにやってたんじゃ、聴いてるほうが飽きるよ。

――１９７０年には『永六輔の土曜ワイドラジオＴＯＫＹＯ』（70年5月〜88年3月）が始まって、「ミュージック〜」はその中で放送されるようになります。中継は15分予定だったのに、永さんに短くされてしまうときもあったとか。

毒蝮　5分で切られちゃったりね。でも、短くしようと思ったんじゃないんだよ。俺が下手くそ

大沢悠里さんと。「ミュージックプレゼント」は30年間『ゆうゆうワイド』内で放送された。

この日は郵便局を訪ねたらしい。1日郵便局長のタスキをかけている。

だからカットするんだよ。ずいぶんあったよね。

――15分を5分に。だいぶ厳しいですね。

毒蝮　永さんが「はいはい、わかったわかった」なんて引き上げると、アシスタントの遠藤泰子さんが「では、こちらで、レコードをおかけします。蝮さん、ごゆっくりどうぞ～」なんて言うのよ（笑）。スタッフは色々仕込んで15分用意してるわけでしょう。「ミュージックプレゼント」と違って『土曜ワイド』の他の中継には仕掛けがあったからさ。川を渡るとか、モノを食うとか、穴の中に5時間入っちゃうとか。それを5分ぐらいに切られちゃうんだから余計たまんないよ。俺も切られたときは、もうね、TBSに帰ってくるのが辛かったね。反省会をやっている部屋を通らないように帰ってきて。「次こそ、切られねぇ放送をしてやろうじゃねぇか！」って。そしたら永さんが言うんだよ、「感動は伝わったけど、詳細がわからなかった」って（笑）。

――それはすごい言葉ですね。

毒蝮　同じ番組でレポーターをやっていた久米宏や小島一慶と、永さん抜きで旅行に行ったもんだよ（笑）。だけど、永さんに叩き上げられたってところはあるよね。15分の放送が30分になったことも何回かあって、それが8時間やっていた『土曜ワイド』っていう番組の融通性だよね。俺が親父にインタビューする企画があったの。永さんが「蝮さんのお父さんは本当に面白いから、インタビューしてよ」って言うんで、品川の中延にある実家に行ってインタビューした。俺は冷や汗もんだったよ。永さんが面白がって30分にしちゃったの。そういうところがある人だったね。

事実、親父は変な親父でさ、その日は、おうむ返しで同じことを言うんだよ。「今日は石井さんのお家に伺いました」って言うと、親父も「石井さんのお家に伺いました」って。「お父さん、おいくつですか？」「お父さん、おいくつですか？」……「いい加減にしろ！」って（笑）。そういうとぼけた人だったたから、変な冗談ばっかり言うんだよ。そんな頃からずっとやってるわけだからなあ。

俺はオムライス、俺は米

――「ミュージックプレゼント」は、もう52年ですね。

毒蝮　俺はＴＢＳで育ったというか、ＴＢＳで生きてるみたいなもんだよ。新聞ができて、ラジオができて、テレビができて、今はインターネットか。ラジオも変わっていくとは思うのね。規模は小さくなっていくのかもしれないけど、俺は残るとは思うよ。ラジオっていうのはさ、イイ男がイイ声でやってもスターにはならない。ラジオは心の放送なんだよ。そういう思いのない人がラジオやったら、すぐにバレちゃうから。

——「テレビは表通り、ラジオは横丁」っておっしゃってますね。

毒蝮　それ、永さんがよく言ってたんだよ。ラジオはさ、変な格好……ほら、あんたみたいな格好（ＴシャツにＧパン）でもできるわけだろう。映ってたら、なかなかそうはいかないじゃない。

——そうですね。ピシッとメイクして。

毒蝮　そうすると、やっぱりよそ行きになるんだよ。横丁を覗くと、普段はカッコつけている女将がさ、割烹着着て火をおこしたりなんかしてたんだよ。ラジオってこの感じ。俺は声が良いわけじゃない、仕切りが上手いわけじゃない。俺より上手くできるやつはたくさんいるわけよ。大沢悠里ちゃんともよくやったけどさ、あれまた、意地悪して、途中で切っちゃうんだよ（笑）。でも、俺が言いたいように言ったことを、いろんな人がフォローして、俺を上手く包装紙に包んでくれて、商いにしてくれてたんじゃないかな。

——近石真介さんや若山弦蔵さんなど、ラジオパーソナリティで集まって食事をしていたこともあるそうですね。

毒蝮　みんな一癖ある野郎ばっかだよ。でも弦さんは亡くなっちゃったねぇ。悠里ちゃんだってくたばりそうなんだから（笑）。俺のこともＴＢＳは「元気で困るな」と思ってるかもしれないけどさ、自分が自分に飽きたら終わりなんだよ。そうだろ？　そしたら、お客はもっと飽きているわけだから。自分が「いいなぁ」と思ったって、お客は、さほどそうは思ってねぇんだから。人間っていうのは、自惚（うぬぼ）れが強いからさ。日野原重明さんに言われたんだよ、「歳を取ったらチャーミングになりましょう」「歳を取ったら素直になって、瑞々しく柔軟な年寄りになんなきゃダメ」って。しゃべるのと笑うのは金かからないよね。金かからないことを一生懸命やるっていうのはいいじゃない。いくつになってもさ。

――では、100歳になっても「おい、ババア」と。

毒蝮　TBSが使ってくれればの話だけどね。ラジオはさ、レコードをかけりゃいいってもんじゃないよ。あとね、放送作家が書いてる台本をそのまましゃべってるようじゃダメなんだよ。

――『ラジオTOKYO』でやっていた、地図上を一直線に歩く「関東一直線」のような企画って、それこそ今、若い人が「なんか面白いことやろう」ってYouTubeでやるような企画と方向性が似ているなと思いまして。

毒蝮　そう、50年前にやってるんだよね。俺はアナログ人間だよ。携帯電話は持ってるけど、持って歩いてないし、ガラケーしかない。うちにあるのはファックスだけ。だから「遅れてる」って言えば遅れてるんだけど、遅れててもいいんだよ。巣鴨のお地蔵さんのところは「年寄りの原宿だ」なんて言われてきたけど、最近は2割ぐらいが若者なんだよ。若者が来ると、若者にウケるようなカフェを作ったり、レストランを作ったり、美術館を作ったりするわけ。年寄りが喜ぶってことは、若者も嬉しいんだよ。だから年寄りがもっともっとチャーミングになって、エンターテイナーになっていったらね、若者はもっと喜んでくれるはずだよ。

――昔ながらの喫茶店に若い人が行くようになっていますが、ラジオも同じかもしれないですね。

毒蝮　レトロな感じでさ。みんな昔ながらのオムライスって好きだろう。俺もそういうオムライスみたいなもんだよ（笑）。俺さ、自分は飯だと思ってるの。飯ってご飯ね、米粒のこと。俺が美味いご飯になれば、お客というか、周りにいる人はトッピングなんだよ。ふりかけみたいにさ。

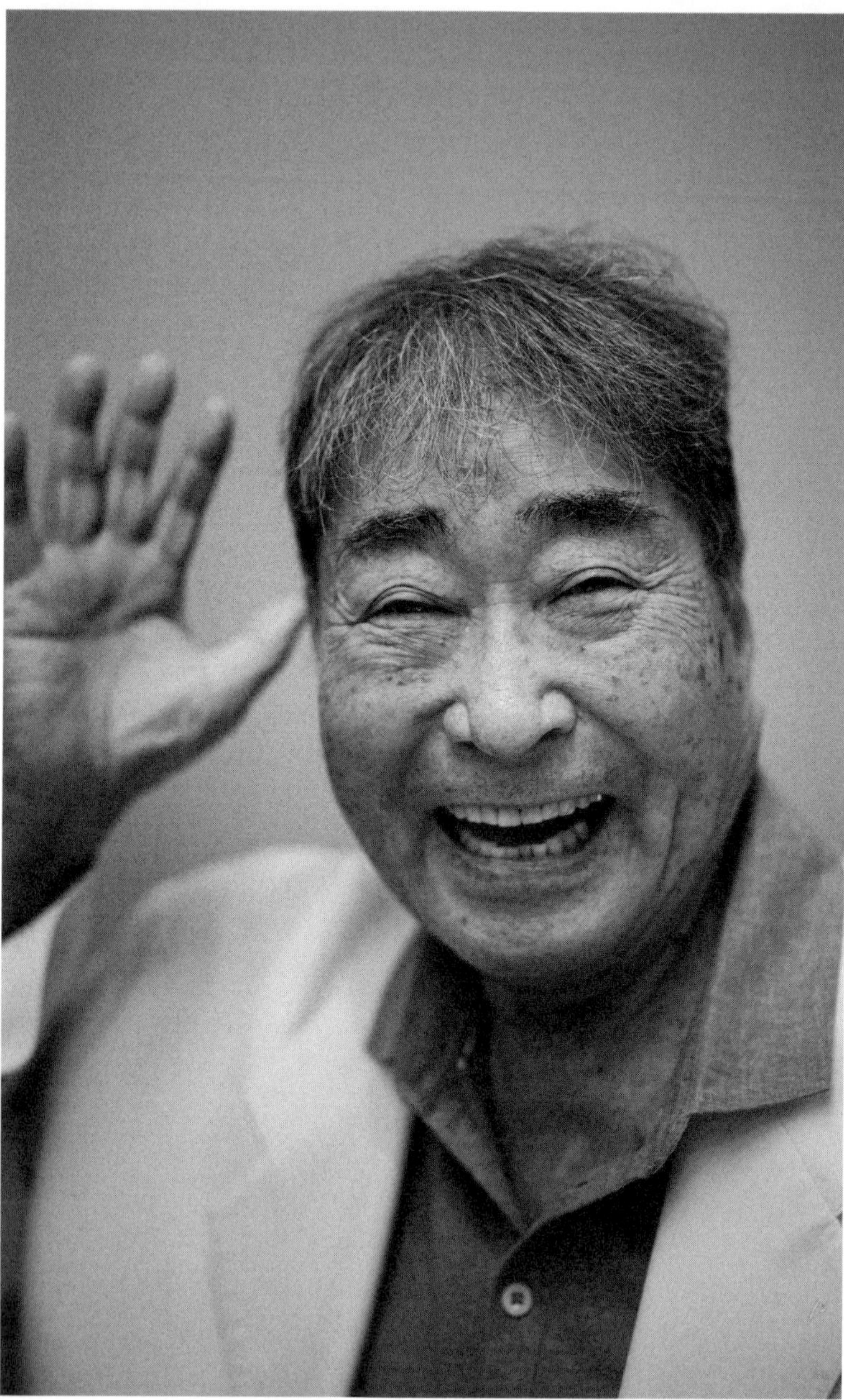

で、いつも俺が美味しいご飯になる。たとえば、Twitterで聴取者から色々と意見が来るじゃない。それがトッピングだと思わなきゃ。まずはスタジオでしゃべるパーソナリティがいいご飯にならなきゃ。寿司屋行ったってトンカツ屋行ったって、シャリが不味かったら行かねぇだろ。

――ビチョビチョしてたら嫌です。

毒蝮　嫌だろ。いろんな炊き方もあるじゃない。おかゆもあるし、酢飯もあるし、栗ご飯も、松茸ご飯もあるし。でも、米そのものが美味くなきゃダメじゃない。聴取者が味を付けてくれればいいんだよ。

――おかずになろうとすると飽きられますね。別のおかずもどんどん出てくるし。

毒蝮　そうだな、おかずになろうとしてる人が多いな。トッピングのことばかり考えてるよね、今のパーソナリティは。そう思うね。いくら豪華なトッピングだって、飽きるよ。

――100歳まで美味しいお米でいていただければ。

毒蝮　古米だよ。古古米かな。でも今、古米も流行ってるもんな。俺は何年前の古米になるかな(笑)。

(2021年9月29日)

毒蝮三太夫（俳優、タレント）

どくまむし・さんだゆう　1936年東京生まれ。TBSラジオ「ミュージックプレゼント」のパーソナリティ(69年10月〜/現在『土曜ワイドラジオTOKYO ナイツのちゃきちゃき大放送』内で毎月最終土曜日の10:00 〜放送中)。過去には『ヤングタウン東京 毒蝮の大放送』(75年7月〜77年4月)『毒蝮三太夫の土曜ワイド商売繁盛』(85年4月〜88年4月) などでメインパーソナリティを務めた。高校を卒業するまでに、東宝、大映の映画や舞台に出演し、テレビでも草創期から活躍している。主な著書に『人生ごっこを楽しみなヨ』(角川新書)『たぬきババアとゴリおやじ 俺とおやじとおふくろの昭和物語』(学研プラス) などがある。2021年、公式YouTubeチャンネル「マムちゃんねる」を開設した。

対談
長峰由紀×外山惠理

永六輔さんについて

頷くように笑う人

この対談のために、『永六輔の土曜ワイドラジオTOKYO』の音源を何時間も聴いた。話して、聞いて、笑う。その繰り返し。ああ面白い。もういなくなってしまった人を改めて語るときには、どうしても、その人を懐かしむ話になる。あんなこと言ってたな、そんな時代もあったよね、と。でも、永六輔のアシスタントを長年務めてきた二人のアナウンサーの話は、懐かしみながらも、ずっと前を向いていた。これからのラジオはこうあってほしい。あのとき聞いた言葉を思い出しながら、これからは、と話が続く。「おかしいと思ったことはおかしいって言おう」と永さんが言っていた。散々語ったあとにたどり着いた二人の言葉には、当たり前のように、永六輔の精神が宿っていた。

永六輔さんとの出会い

長峰由紀　私が永さんのアシスタントを担当し始めたのは、1991年、16年ぶりに永さんが『土曜ワイド』に帰ってくるタイミングでした。プロデューサーに呼ばれ、面談を受けたのを覚えています。歴史のある番組が新たに生まれ変わるということで緊張感があったのですが、私の中では「そんなに大変なことなのか」というような反発心もありまして。

外山惠理　由紀さん、そのとき、何年目でしたか。

長峰　5年目ですね。周囲がピリピリしていても、私としては「面白そう」くらいの感じではあったんです。お会いする前に、永さんから手紙を何通かいただきました。とにかく、私のことを調べ上げてあるんです。

外山　へえ!

長峰　私が大学で専攻していたのが魯迅という作家なんですが、永さんも魯迅がお好きだったようで、魯迅博物館の写真を送ってくださいました。そこには、「君が勉強した魯迅」と書いてあって、「これはまずい!」と思いましたね。1行2行の短いメッセージではあるんです

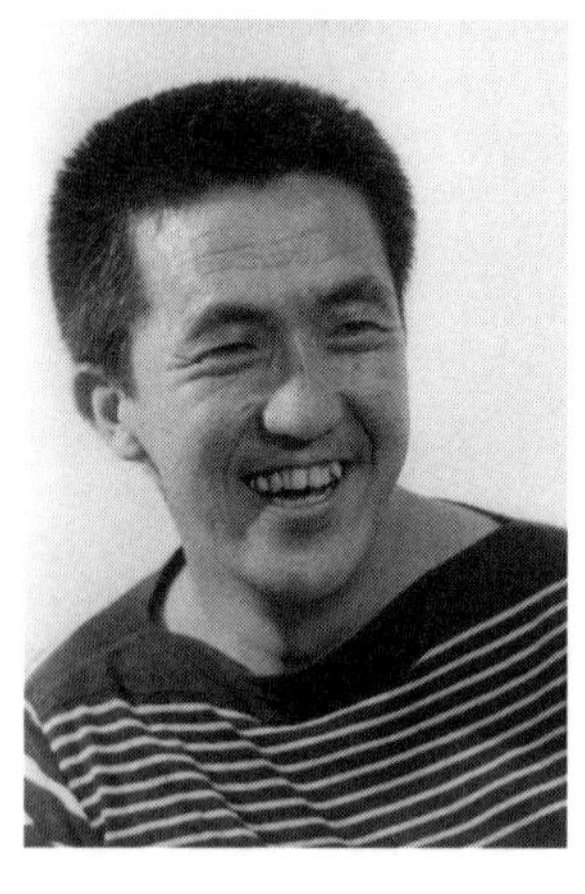

が、こんな小娘に優しくしてくださるというのが意外でした。そのときまで、そういう先輩と一緒になったことがなかったので。

――番組宣伝のための写真撮影で初めて会ったときには、注意されたそうで。

長峰　ご挨拶するときに「不束者ですが……」と切り出したら、「あなた、『ふつつか』って漢字書けますか？」と丁寧な口調で言われたんです。「えっ……書けません」と小さな声で答えたら、「自分に備わっていない言葉、書けない漢字、そんな言葉は使わないようにしなさい。使えるようになってから使いなさい」と言われました。とにかく、番組をご一緒している間、「調べなさい」と繰り返し言われましたね。会う前のお手紙で「あっ、優しい方なんだ」と思い、実際に会ったら鋭い指摘を受け、揺さぶられました。これまでの自分の浅い経験では、とてもじゃないけれど通用しない世界にきたなと感じました。知ったかぶりをするのはやめよう、と。ただ、当時の私は、まあ、今もそうなんですけど……とても生意気で、みんなが「永さん、永さん」って言っている感じに対して反発心があったんです。そういうところにいらっしゃる永さんが、私にとってはすでに権威ある存在だったんです。今になって浅はかだったな、と思いますけど。

永六輔　（ラジオパーソナリティ、放送作家、作詞家等）

えい・ろくすけ　1933年東京生まれ。2016年没。TBSラジオでは『どこか遠くへ（永六輔の誰かとどこかで）』（67年1月～13年9月）『永六輔の土曜ワイドラジオTOKYO』（70年5月～75年3月）『土曜ワイドラジオTOKYO 永六輔その新世界』（91年4月～15年9月）『六輔七転八倒九十分』（15年9月～16年6月）でメインパーソナリティを務める他、数々の番組に出演。ラジオは元よりテレビ草創期から『夢であいましょう』（NHK）などの番組を作家として手掛けるなど、制作者・出演者として活躍。作詞家として「上を向いて歩こう」「こんにちは赤ちゃん」などヒット曲多数。『大往生』（岩波新書）『あの世の妻へのラブレター』（中公文庫）『上を向いて歩こう　年をとると面白い』（さくら舎）『永六輔のお話し供養』（小学館）など著書多数。

――その写真撮影での出来事を経て、番組が始まるわけですが、初めてスタジオで一緒になったときのことを覚えていますか。

長峰　普通、番組が始まると、番組名と自分の名前を言いますよね。でも、永さんは最後まで、「永六輔です」って言った記憶がないくらい、とにかく話し続けるんです。「自分はこういう思いで、こういう番組を作るんだ」ってことを発表したんです。でもそこで、様々な人の存在を盛り込みながら話すんです。こんな私のことや、中継先の人たちにも気を遣いながら、所信表明をしたわけです。その迫力に、ちょっとうろたえたのを覚えています。

――どこで自分が入っていけばいいのか、迷いましたか。

長峰　いえ、もう、そんな隙間がないんです。「アシスタントってなんだ?」「どうするんだ?」と考えましたね。

――結果、どうされたんですか、「どうするんだ?」のあとに。

長峰　言われたことには応えましたけど、あとはクレジットを読んだり、誰かを呼んだりと、アナウンサーとしての最低限の役割に徹しました。まともな返答はできてなかったと思います。

――では、実際に放送を始めてみたら、当初あった反抗心は消えていったんですね。

長峰　いえ、それは消えてないです。

――消えてないんですか。

長峰　はい。消えないんですけど、なんとかして番組の一員にはなりたいと思いましたね。永さんから投げかけられた言葉に返事をしたい、少しでも話の中に入っていきたいという思いが芽生えました。永さんって、人を見抜く力が大変素晴らしいんです。性格を読むんです。私は、本当にただの生意気な小娘でした。でも、それでさえ、永さんの手にかかれば何かしらの材料にはなったんです。それを楽しんでくださっていた。「六輔六日間あの町この町旅先小町」というコーナー名をもじって、「生意気小町」と名前をつけてくださって。数ヶ月過ぎた頃には、だいぶ自然体になれたのではないかと思います。永さんが、私に話しかけてくださるんです。「君はどう思う?」「そう言われてみれば、あなたもこうだったよね」って。そこで思うように言葉が出せないことが何度もありましたね。ただ、それさえも話の種にしてくださったんです。大笑いされて会話が終わるんです。

——外山さんの永さんとの出会いはどのようなものでしたか。

外山 私は2000年から担当しましたが、最初にスタッフと面談がありました。ちょっと威圧的なスタッフに会議室に呼ばれて、怖かったですね。そっけない口調で「永さんは江戸時代が好きですから」「永さんは勉強しない子が嫌いですから」なんて言われて、私、その頃まだ入社2年目だったので、社会ってこんなに怖いものなんだなんて思いましたね。私の正直な気持ちとしては、「そういう番組だったら別にやりたくない……」でした。でも、のちのちわかるんです。永さんはまったくそんな人ではありませんでした。ラジオ番組のパーソナリティって、周りのスタッフが祭り上げて裸の王様みたいになってしまうケースがありますけど、永さんはそうじゃなかったんです。由紀さんの頃の永さんと、私がお会いしたときの永さんとでは、また対応が違ったとは思うんですけどね。由紀さん、そして、その後の雨宮塔子さんで、言い方は悪いですけど、免疫がついたっていうか……。

——なんの免疫ですか。

外山 「君とはもう演劇は観に行かない。長峰くんと行く」と言われちゃったことがありましたけど、話がまったく通じない人でも大丈夫になっていたんです。

長峰　いや、外山さんを話が通じない人とは思っていないでしょう。もちろん、世代の違いは理解していらしたと思うけれど。

外山　同じ世代の中でも、ものを知りませんでしたからね。「これ知ってますか？」と聞かれたことに対して、「知らないです」って答えると、「え⁉」ってギョッとされました。

――最初に会った日のことは覚えていますか。

外山　放送でご一緒する前の週、打ち合わせに永さんが入ってきて、「外山恵理です。よろしくお願いします」って言ったら、「あ、そう」みたいな感じで、特に気にもしてないって感じでした。でも、人って、会ったときにその人が纏っているものでいい人か悪い人かが一瞬でわかるものじゃないですか。

――ずっとわかりますよね。

外山　その、「ざっと」の感じが、まったく嫌な気持ちにならない感じだったんです。あれはなんと言ったらいいのかな。実際に放送が始まっても、私があれこれ知らなくても、そういうのを馬鹿にしたりしないんです。「いいんです、あなたは知らなくていいんです。僕があなたに説明することが、ラジオの向こうにいる人に説明することにもなるんです」って。

初回放送の前の日に、リスナーから番組に寄せられた手紙の束をスタッフから渡されました。「読みますか。ほとんど悪口なんですけど……」って。「読みます」って言いました。まだ1回もやってないのに、「なんで外山さんなんですか？」「永さん、怒ってスタジオを出て行かないでくださいね！」なんて書いてある。でも、読み進めていくと、その中に「永さんがおっしゃるように、外山さんのいい部分を見るようにします」といった内容の手紙が何枚か混じっていたんです。私と一緒に仕事をしたことのない永さんが、不満や不安の手紙に、その時点ですでに「いいところを見てあげてください」と返事を書いてくださっていたんだと知りました。そこからもう、「永さん大好き！」ってなりました。

長峰　今日、永さんについて話すので、永さんの本を探していたら、ちょうどその頃に出された本（『「無償」の仕事』講談社プラスアルファ新書）に手書きでこう書いてありました。「とうとう4代目と付き合うはめに」って。

外山　「はめに」（笑）。

――「初代・由紀さんへ」と書いてありますね。

外山　本当だ！　すごい。

長峰　このことはあなたにも言ってなかったけど、永さん、とても楽しんでいたんだと思いますよ。「次はどんな人が来るんだ？」って。

まだ知りたいことがあるなんて

――今改めて、永さんの番組を聴いてみると、とにかく笑い声が豪快というか、突き抜けていますよね。

外山　水戸黄門みたいだった。

長峰　「こんなに笑っていいの？」っていうくらい笑われていましたね。私が面白くないと思うことでも笑っていらしたから（笑）。なんでもおかしがるというか、頷くように笑ってらっしゃいました。たとえば、中継を繫いだとき、永さんが笑うと中継先の人たちが活気づくんです。「永さんを笑わせたぞ」って。私は、笑っている永さんを見て笑っている、という感じでしたね。

外山　永さんが笑っていると、自然とこっちも面白くなっちゃうんですよね。CM中に「さっき笑うの我慢してたでしょ?」と言われたことがあって、私としては、永さんの話を受けて、私が真っ先に笑うことで、聴いている人の気持ちが冷めちゃうのではないかと思っていたんです。それに対して、永さんは、「いや、君は笑いを我慢しないでいいんです」って言ってくださったんです。それはとても印象に残っています。

——『土曜ワイド』の内容を元にしたコラムを集めた永さんの本『想像力と創造力〈3〉ラジオで見えるニッポン』(毎日新聞社)に、哲学者の中村雄二郎さんが、外山さんに対して、「口が開いてまへんなァ」とツッコんだエピソードがあります。で、外山さんがどうしたかというと、とにかく大きな声を出したと。中村さんが「大声を出せとは言うてまへん」とさらにツッコんだというエピソードが書かれています。

外山　あはははは。そんなことあったかなぁ。

——永さんは「いざ来い、怖いもの知らずの外山アナ」と続けています。ちなみに、この本には「先週の『土曜ワイド』は、取材に出かけた外山アナのかわりに長峰由紀アナが久しぶりに登場、心地良い緊張感があった」と始まるコラムもあります。

長峰　ああ、覚えています。

外山　うふふ。『どうぶつ奇想天外!』(TBSテレビ)で、確か鳥羽に行ったんですよ。

——永さんの「人の話を聞く力」って、どんなところにあったと感じますか。

長峰　何より、ご自身の好奇心です。その人の良さを本気で聴いている人に知ってほしいという思いがありました。インタビューにも色々な聞き方があって、やりかた次第でその人が悪く見えたりもするし、恥ずかしい部分が出てしまったりもします。永さんは一切そういうことがなくて、いいところを一生懸命引き出してくれる。その人が考えている深い部分を引っ張るような聞き方をされていましたね。その聞き方が物語のように面白かったので、聞かれるほうも永さんを信用していきました。でも、それでいて、難しい奥義のようなものは感じさせないのです。

――その様子を聴いていると、崩し方というか、外し方がすごいなと思うんです。まっすぐ進んでいくのではなく、巧みに蛇行していく。

長峰　梯子を外すようなときもあるし、プッって笑うようなことも聞くわけです。そうすると、意外な答えが出てくる。

外山　こんなにいろんなこと知ってるのにまだ知りたいことがあるのか、って思わされました。都営12号線が大江戸線に改称したとき、「あの売店の人は、なぜあの色のユニフォームを着ているんだろう?」と思ったらしくて、「ちょっと聞いてきてみて」と、話が広がっていくんです。本当にちょっとしたことなんですよね。

――永さんが民俗学者・宮本常一さんから言われた言葉を著作に繰り

長峰さん。『その新世界』初代アシスタント時代。

外山さん。4代目アシスタント時代。

返し書かれています。「これからは放送の仕事が大事になる。ただ、そのときに注意してほしいことがある。電波の届く先に行って、そこに暮らす人の話を聞いてほしい。その言葉をスタジオに持って帰ってほしい。スタジオで考えないで、人びとの言葉を届ける仕事をしてほしい」と。

長峰　土曜日の放送が終わると、すぐに旅に出かけていくんです。とにかく荷物が少ない。パンツも……。

外山　洗って、冷蔵庫に入れて、また穿くって。

長峰　そう、とにかく身軽なんです。そしてよく歩く。1週間、ずっと旅をしていましたね。それを土曜日に帰ってきてすべて話してくれるわけです。すごい生活情報でした。情報が生きているんです。

――いつも、話の始まりが、「先週、この放送が終わったあとに、どこそこへ行きまして、続いてどこそこへ……」でしたね。

長峰　そうです、旅日記のように。でも、それが日常でした。手提げだけを持って出かけていくんです。永さんにとって旅は生活の一部、人生そのものでした。番組が終わりに近づくと片付け始めるんです、書類をまとめてペンを置く。でも、食べるのがお好きだったので、反省会と称した食事会があって。放送中も食べてましたね。とにかくずっと食べていた。

伝えることの原点

――手帳の使い方が独特だったそうですね。

長峰　手帳というか、結構、大きなサイズでしたよね。

外山　そうそう。

――罫線も、ご自分で引いているんですよね。

外山　はい。カレンダーの数字も、自分で書いているんです。鳩居堂のノートを長年使っていました。

長峰　永さんにしかわからない記号があって、細かく書かれているんです。私が何か言ったことについて印をつけたり、「今度、芝居に行くけどこの日はどう？」と聞かれて「行きましょう」と答えると、手帳に丸をつけていました。メモもそこに書いてましたね。

外山　用件ごとに色分けされていました。たとえば原稿を書き終わったら、「終わった、終わった」って消していくんです。だから、もし手帳が失くなったら、永さん、相当困ったはず。携帯電話みたいなもんだから。

長峰　手の脂で、少し色が変わってくるんです。

外山　そうそう、新年は綺麗なんですよね。懐かしい。

長峰　行き先を聞くと、「どこそこの祭りに」「そこで誰それとあって」と答えてくださる。そんな生活を何十年も繰り返していらした。

外山　ぼーっとすることがないんですよ。ちょっと東京にいるってときには、「ここが空いてるから、劇場に行こう」って誘われて。

――朝に寄席を観て、昼に劇場に行って、夜に舞台を観る、みたいな休みの過ごし方だったそうですね。

長峰　朝、吉祥寺の駅で待ち合わせして、前進座に行って、井の頭公園を散歩して、都内で試写

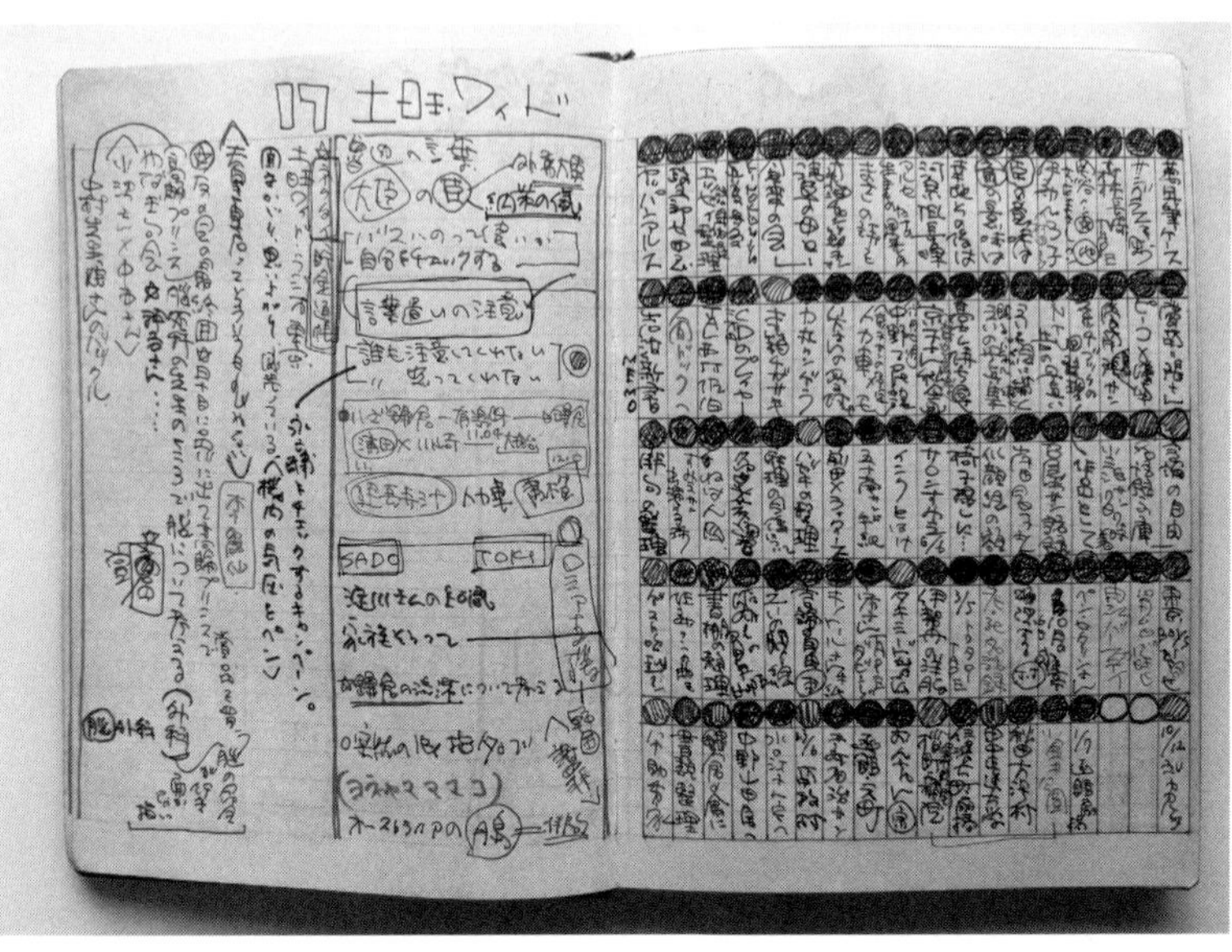

日本全国の地名、会う予定の人の名前、演劇・映画の鑑賞予定、ゲラチェックなどといったやるべきこと……他のページも書き込みだらけ。常に動いている永さんの姿が見えてくる。写真提供・永麻理。

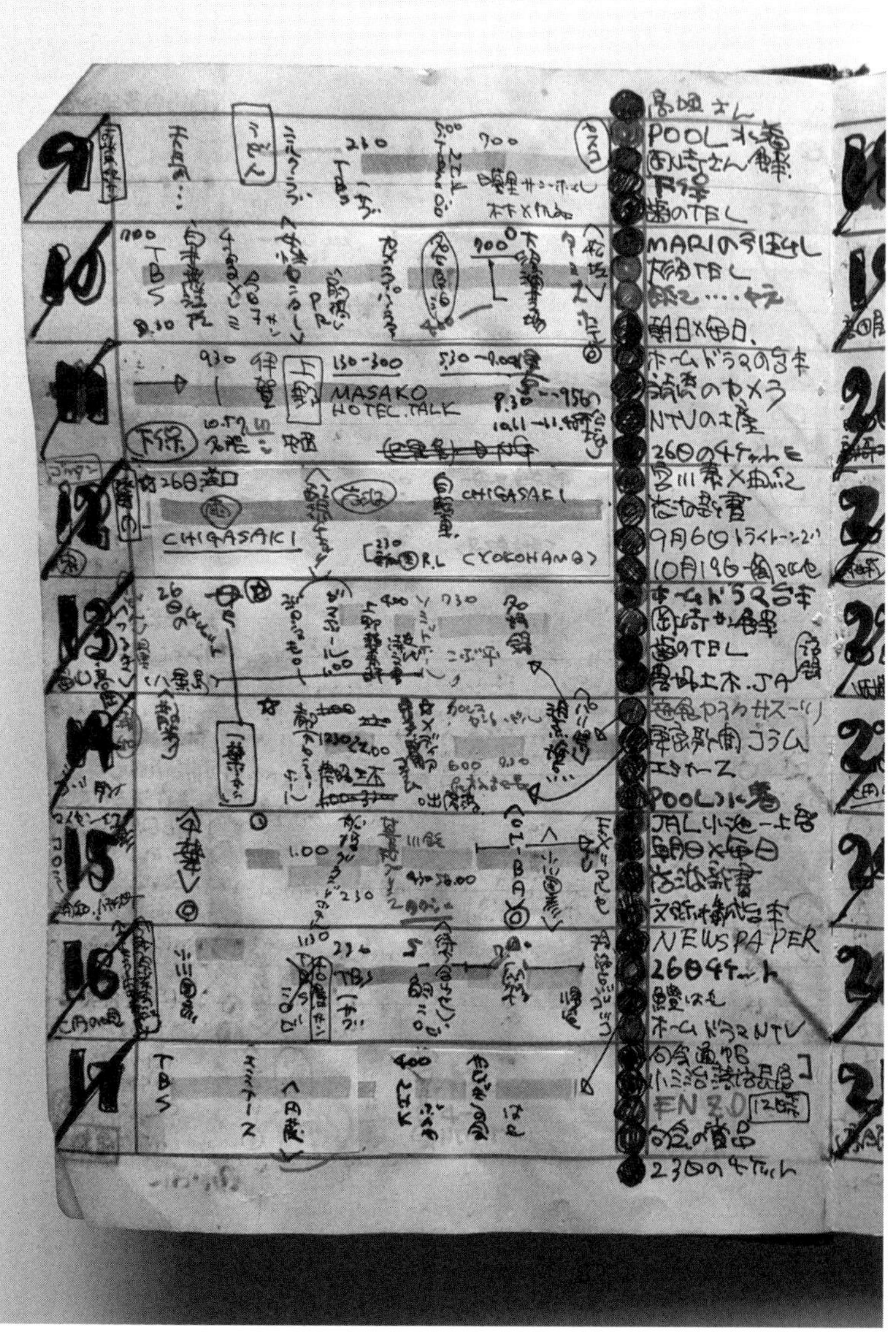
MASAKO
HOTEL TALK
CHIGASAKI
NEWSPAPER
POOL
TBS

会に行き、最後は原宿で一人芝居を観る、みたいな日を過ごしたことがあります。

外山　ラジオで地方に行くときも、電車の中で必ず何かしら書いていたし、喫茶店で待ち合わせしても、コーヒー飲んでゆっくりしているのではなく、そこでも何かしら書いていた。とにかく、常に何かしているんです。旅は一人で行かれていましたね。

長峰　芸能人の方って、なかなか一人で電車に乗るってことはされないだろうけど、永さんは、自分で切符買って、自分で行っていました。私が行く先々で、その街に立ち寄った永さんが描いた絵や色紙が飾ってあるという経験を何度もしました。永さんに教えを受けたみなさんの心の中に残っている言葉だと思いますが、『放送』って書くけど『送りっ放し』じゃダメなんだ」って。私もそうだし、外山さんもそうだと思う。今もとても大切にしている言葉です。「そこにいる人のことを考えなさい」「そこへ行きなさい」「人と話して持って帰ってきなさい」と。「伝える」ということの原点がそこにあると思いますし、それこそがラジオなんだと思います。

――永さんは「自分は編集されるのが好きではない」「10分のインタビューをするんだったら、10分きっかり、編集されないように話す」とインタビューなどでも話されていましたね。

長峰　それはもう、徹底されていましたね。インタビューを受けるときには「何分ですか？」って聞くんです。やってきたスタッフは「編集しますから大丈夫です」って言うんだけど、そうではなく、1分って言われれば1分で話すんです。日頃のラジオに、台本はありません。放送作家であり、脚本家でもあり、しゃべり手でもあるから、どんな台本を書いたって敵うはずないんです。なんの原稿もなく、一人で話す。だから、スタッフはもう、中継に命をかけるしかないんです。何箇所も中継車を出してましたね。そこで永さんをどう笑わせるかを懸命に考える。久米宏さんも前におっしゃっていました、「永さんに褒めてもらいたい一心で中継をやっていました」と。

関谷浩至さんというディレクターがいて、永さんがとても買っていました。関谷さんの中継は、最初、どこにいるかがわからないんです。音を使って、徐々に明らかにしていくんです。街の音を鳴らす。相当凝っていましたね。毒蝮三太夫さんも下駄の音を鳴らして歩いていましたが、永さんは音をとても大事にしてました。スタジオで物を紹介するときにも、必ず音を出すんです。中継先から聞こえてくる音にも反応する。「ああ、いい音だ」って優しい顔で言うんです。ラジオは音なんだと教わりました。無言であることも音です。どんな言葉を選ぶかも音の一つ。世の中に溢れている生活は、すべて音なんです。永さんはそれを大事にしていた。

——おすぎとピーコのお二人が青山を歩く中継を聴きましたが、工事現場に差し掛かると、お二人が囲いをガンガン叩いて音を鳴らして、永さんを笑わせていました。

長峰　それはもう、永さんが喜ぶのをわかってやっていらしたのだと思います。ラジオは耳の記憶なんだ、ともおっしゃってました。アナウンサーという仕事をしていると、つい、詳細に描写しようとしてしまうんですね。永さんはそういうことはしませんでした。簡潔なんです。

外山　たしかに。想像させるんですよね。

長峰　そう。想像じゃないですか、ラジオって。

——余白を残して想像させるというのは、相当な知性がないとできないですよね。ラジオで話すときって、恐怖感からなのか、すべてを説明したくなってしまうので。

長峰　とりわけ、アナウンサーにはそういう習性があるんです。でも、それで本当に伝わっているかというと、そんなことはないんです。マジシャンの方を呼んで、手品を放送したこともありました。ラジオなのに、って大笑いしながら。

外山　私が覚えているのは、林家二楽さんや林家正楽さんによる紙切りですね。ハサミの音だけが響くんです。

長峰 言葉で埋めるよりも、雰囲気で伝える。実験的なことをたくさんやっていました。

――外山さんが、日本に存在する「赤」の種類を100種類くらい、その場で読まされる、なんて放送もありました。外山さんが、「え、私がこれ読むんですか?」って。

長峰 ああ、わかるなあ。永さんらしい。

外山 難しいんですよ。「赤」っていっても英語では「Red」だけど、日本語にはこれだけの表現があるんだと伝えたかったんでしょうね。

長峰 自分で現場に行って職人さんと対話をされていたので、日本の伝統には強い興味をお持ちでした。

外山 「鉋(かんな)で削ったものは木屑じゃないんだ、『削り華』と言うんだ」と言われて、わざわざ見せに連れて行ってくださったり。

今、ラジオから笑い声が聞こえてくるのは……

――放送を聴き返していて痛感するのは、戦争に対する思い、平和や憲法への思いです。

長峰 私に言う資格はないですけど、永さんは、おそらくそれを一番伝えたかったのではないかと思います。戦争体験者の世代の方を呼んで、その人からお話を引き出すことをよくされていました。『土曜ワイド』で憲法を読んだこともありましたね。

――かつて、永さんは『パック・イン・ミュージック』で3時間半かけて全文読んだこともあるそうですね。

長峰　永さんは、戦時中、長野に疎開しているんです。晩年、入院されているときに、私たちが交互にお見舞いというか、「今日、こういう放送しますので」と伝えに行っていたんです。そのときに「疎開していた頃の夢を見たんだ」と言っていましたね。

――２０１２年3月10日、東日本大震災の翌年、東京大空襲のあった日の放送で、前年の震災の話をしながら、東京大空襲で仲間が亡くなったことを重ね合わせて、涙をこぼしながらお話をされました。なかなか言葉が出てこないので、それを外山さんが補いながら放送されました。

外山　私が、全部先に言っちゃうっていう……。でも、永さん、泣いちゃうんです。思い出して泣いちゃうんです。小学5年生だった永さんは、6年生を疎開先から見送るんです。でも、その見送った上級生たちが、東京に戻って大空襲に遭い、多くの人が亡くなってしまったそうなんです。もしかしたら自分も戻っていたかもしれない。周りで一緒に遊んでいた子たちも亡くなってしまった。東京大空襲の話をすると、涙を流されました。

長峰　野坂昭如さんの存在も大きかった。ＣＭ中に野坂さんの話をしたのを覚えています。「野坂の『火垂るの墓』、あれは素晴らしい。僕は野坂を尊敬する」と真剣な表情でおっしゃっていました。

外山　東日本大震災は金曜日だったので、その翌日の放送でした。どういう風にやればいいんだろうってみんなで悩みましたが、永さんが「いつも通りにやるっていうのが大切だ」とおっしゃったんです。いつも通りの声が聞こえてくる、というのがどれだけ幸せなことなのか、あとあとになって痛感しました。

――今回、この本をまとめていて、ＴＢＳラジオは「戦争を伝える」という意識を強く持ち続けてきた放送局なのだなと痛感します。

外山　大切にしなければいけないところだと思います。とりわけ、震災を経験して、そのことを強く思います。小さい頃に戦争を体験した人の言葉は重たいものでした。

――永さんと野坂さんが話していたのが、自分たちの放送を聴いている人の多くは戦争を体験していないだろう、でも、体験した人の話を聞いて、それをまた伝えてくれればいいんだ、と。そういう伝達、循環を信じていらしたのだなと思います。

長峰　だって、それしかないじゃないですか。それ以外にないじゃないですか。語り継いでいくしかないんです。難しくなっていくのかもしれません。体験してない人間が言うのはおこがましいというような言い方もありますが、そんなこと言ってる場合ではないと私は思います。語っていいんだと思います。だって、私、永さんから聞きましたから。

外山　うん。

長峰　その責任があります。8月の節目のときだけでなくていいんです。いつだっていいんです。そういうつもりで私はやってきたつもりだし、これからもやっていきたい。ラジオは日常です。今、ラジオから笑い声が聞こえてくるのは、戦争が起きていないからなんです。

――永さんのやられていたことは、すべてそこに繋がってくると。

長峰　繋がっています。

――ベトナムやニューヨークなど、海外からの放送も数多くありましたね。

長峰　色々なところへ行きました。永さんは『東京やなぎ句会』のメンバーで、時々海外にも行って句会を開いていました。じゃあ、番組ごと行ってしまえと。一緒に行ったのは、永さんの他に、私と女性のアシスタントプロデューサーと機材担当の3人だけ。それがラジオなんです。

日本航空の支局長室のようないい部屋を借りて、5時間半放送しましたね。ベトナムは、もちろん、かつての戦地でもありました。

外山　そういうところに行くんですよね。そして、必ず、戦争資料館などに連れて行って説明してくださった。ブラジルに行ったときには移民の話をしてくださったし、沖縄からの放送では必ず、「みんな、沖縄のことをリゾートって言ってるけど、そういうところではない。大橋巨泉さんなんて、沖縄には1回も行ったことがないという。足を踏み入れるのが申し訳ないって」と、戦争にからめたお話をされていました。永さんは100回以上沖縄に行っていて、すれ違う人が「あ、永さん、おかえりなさい」って言うんです。こういうことかと学びました。

長峰　一度ハワイから放送したことがあって、そのときは永さん一人でした。冒頭、音楽が終わったあと、いきなりしゃべりだして。「ワイキキにいます」って(笑)。5時間半、ワイキキのあたりをあっちゃこっちゃ行くんです。さすがに「しゃべりすぎでしょう」って思いましたけど。

外山　えっ、由紀さんは一緒に行かなかったんですか。

長峰　お一人でしたよ。

外山　そんなことあります？　信じられない！

――永さんが、外山さんがときどき使う言葉で、奥ゆかしくて好きな言葉がある、とおっしゃっていたんですが、記憶にありますか。

外山　えっ、なんだろう？

――「とんでもないことでございます」

外山　ああ！　言ったことあるかもしれない。

長峰　よく言うよね。そういうのを指摘するのが大好きだったもんね。

――外山さんが放送中にお腹をかいているのが気になっていたので、そのことを聞いたら、お腹をかいていたんじゃなくて、スカートを下げていたんだと。

外山　そうそう、なんでも疑問に思うんですよ。

長峰　疑問を放置しないんですよね。

外山　永さん、ホントに面白かった。

おかしいと思ったことはおかしいと言おう

――2016年に亡くなる直前まで、お二人は永さんとラジオをやられていましたね。

長峰　『土曜ワイド』が2015年に終わって、『六輔七転八倒九十分』という番組が始まります。外山さんがすべてはできないから、私も少しだけ手伝わせてもらいました。また永さんとご一緒できて、とて

長峰由紀　（アナウンサー）

ながみね・ゆき　1963年埼玉県生まれ。87年、アナウンサーとしてTBS入社。『土曜ワイドラジオTOKYO 永六輔その新世界』で、91年4月から96年3月まで、初代アシスタントを務め、『六輔七転八倒九十分』には隔週で出演した。現在、ラジオでは『龍角散 presents のどの窓』（日・11:55～12:00／2014年4月～）に出演する他、ニュースデスクも担当している。

も嬉しかった。それが、本当に最後のお付き合いになりました。なんて運命だろう、と思いましたね。

外山　入院しているときも「スタジオに行く」って言って。由紀さんの日にスタジオにいらしたことがあったじゃないですか。

長峰　ええ、ベッドのような車椅子で入っていらして。ゲストが舞の海（秀平）さんでしたね。永さん、お相撲が大好きで、私も相撲好きで、あのときはまだお話しできたので、力士が使うタオルを日本手ぬぐいにしてほしいと言っていましたね。とにかく、スタジオがお好きだった。『六輔七転八倒九十分』の放送があって、2週間後、本当にあっという間に亡くなられたんです。

外山　永さんが入院しているとき、ゲストはみんな永さんゆかりの方たちばかりで、誰がくるかわかると、永さんがメッセージをくださるんです。

長峰　私たちはそれを伝えるという役割を

外山惠理　（アナウンサー）

とやま・えり　1975年東京都生まれ。98年、アナウンサーとしてTBS入社。『土曜ワイドラジオTOKYO 永六輔その新世界』で、2000年5月から15年9月まで、4代目アシスタントを務め、『六輔七転八倒九十分』には隔週で出演した。現在、ラジオでは『たまむすび』（13:00～15:30／金曜担当）『爆笑問題の日曜サンデー』（日・13:00～17:00／第5日曜日担当）などに出演している。

勝手に作っていましたね。

外山　そう、だから、永さんに会いに行ってね。

長峰　最後は書いてました。「松元ヒロさんがゲストなんですよ」って言ったら、永さんは「9条をよろしく」と書きました。それを松元ヒロさんにお伝えしたらとても喜んでいました。永さんは、鎧を着ているわけじゃないんです、攻撃的な言葉を一切使わないんです。それはお作りになった歌もそうですけど、時に笑いに変えながら、でも、はっきり言うときは言う、その姿勢を崩さないってなかなかできることじゃないですよね。永さんの反権力は、なんていうか、とても優しかった。

外山　本当にそう思います。自分のためじゃなくて、誰かを守るためでしたもんね。

長峰　どうしてだろうって考えると、辛い体験をされているからじゃないですかね。それは私たちには逆立ちしてもできないし、経験はしたくないけど、やっぱりどん底を知っている世代って、強いし、優しいんですよ。

——永さんの言葉、活動を踏まえて、これからのラジオについて思うところはありますか。

長峰　とにかく話して、伝えることです。70年の歴史があるTBSには、本当に素晴らしい先輩たちがたくさんいたわけです。身を削り、そのとき、その場に行って、いろんな人を探して、話を聞いてきたわけです。私は、幸いにもその場に居合わせることができました。リスナーのみなさんは、それを聴いていらした。これからも、日常の中に草を生やして、思いを込めるしかありません。

外山　その通りだと思います。聴いてくれている人を大切にしたい。

——今回、永さんの番組の音源をたくさん聴いて、出ている人がよく怒っているなと思ったんです。それは「馬鹿野郎！」などと誰かを罵っているのではなく、みんな、「ねぇ、ちょっと言わせて」という人ばかりが出てくるんです。

長峰　ええ、そういう場は多かったですね。

外山　右へ倣えみたいな生き方じゃないとダメ、っていうのはよくないですよね。

――「こう思うんだけど」という声がいくつも飛び交っているんです。

長峰　その場を作れるのがラジオじゃないですか。本当、みんな、間違いを恐れて、いい人になっちゃいましたね。

外山　波風立てない人が多すぎるんです。

――波風立てるって大事ですよね。

外山　永さん、おっしゃってましたよね、おかしいと思ったことはおかしいって言おうって。

――秋山ちえ子さんとの対談で、永さんが「話したいことを繰り返して話すことにしよう」「それが、いまいちばん大事だと思うんです」と話されていました。

長峰　そうですね。しつこく、しつこく、しつこく、でも上手に。ラジオは日常です。少しずつ浸透させていくことができるんですから。

（2021年10月1日）

寄稿

遊びの大学

久米宏（フリーアナウンサー）

『久米宏 ラジオなんですけど』という番組で、東京放送の放送開始前夜祭の様子を、ラジオリスナー参加で、ドラマとして再現した事がありました。東京放送放送開始というのは、当然テレビはまだありませんでしたから、ラジオの放送開始ということです（ですから、当時はラジオ東京という社名でした）。

僕は小学生の時から、超のつくラジオ少年でした。ＴＢＳラジオが今年創立70年、僕は今年77歳です。きっとこの前夜祭、聴いていました。品川の小学校へ通い始めた頃から、毎日かなりの時間ラジオの前に座っていました。ラジオから聞えてくる世界は、夢のようなものでした。ドラマ、落語、スポーツ中継、クイズ……「いい加減に寝なさいよ」と言われるまで、ラジオの前を離れませんでした。中学生になる少し前、テレビがやってきて、今度は極端なテレビっ子になりました。勿論、夜遅くになると布団の中でラジオを聴いていました。

くめ・ひろし　1944年埼玉県生まれ。67年、アナウンサーとしてTBS入社。79年退社、フリーとなる。ラジオでは『永六輔の土曜ワイドラジオTOKYO』（70年5月～75年3月）『三國一朗の土曜ワイドラジオTOKYO』（75年4月～78年3月）『久米宏の土曜ワイドラジオTOKYO』（78年4月～85年3月）『久米宏 ラジオなんですけど』（2006年10月～20年6月）などに、テレビでは『料理天国』『ぴったしカン・カン』『ザ・ベストテン』などに出演した。また、95年～04年の長きに渡り『ニュースステーション』（テレビ朝日）でキャスターを務めた。現在は、インターネット動画「Kume＊Net」を配信している。主な著書に『久米宏です。ニュースステーションはザ・ベストテンだった』（世界文化社）などがある。

小学校を卒業してから、たった10年で、短いですよ、10年で、僕はＴＢＳのアナウンサーになりました。小学生の時から聴いていたラジオの世界の中に、自分が入り込んだのです。精神も肉体も少々異変をきたすのは当たり前です。入社早々、２年近くのブランクがありました。胃腸炎、そして肺結核です。

ほぼ仕事ゼロの頃、永六輔さんの『土曜ワイド』に拾われました。仕事も、苦手のスタジオではなく、街中や、山や海に広がっていきました。この土曜ワイドは、25歳から40歳まで続くのです。それは仕事であったと同時に〝遊び〟でもありました。土曜ワイドは、僕にとって「遊びの大学」だったのです。土曜ワイドを担当しながら、テレビの仕事も始めました。『料理天国』、『ぴったしカン・カン』、『ザ・ベストテン』……。テレビの仕事のベースにも、土曜ワイドの「遊びの大学」がありました。

ＴＢＳラジオが70周年であること。

僕が77歳であること。

何か運命的なものを感じます。

70歳と77歳、兄弟みたいなものです。

右／『土曜ワイドラジオTOKYO 永六輔その新世界』のゲストに招かれた久米さん、そして永六輔さん、長峰由紀さん。　左／『久米宏 ラジオなんですけど』の頃。永さんがゲストに来たこともある（10年１月２日）。

あの人のTBSラジオ

石川が実況すると試合が長くなる

石川顯（フリーアナウンサー）

いしかわ・あきら　1941年神奈川県生まれ。64年、アナウンサーとしてTBS入社。野球は元より、キックボクシングやアメリカンフットボールなどのスポーツ実況でラジオ、テレビで活躍した。2001年退社。

私の野球の実況が初めてラジオの電波に乗ったのは、1969年、巨人の金田正一さんが通算400勝の大記録を作った試合でした。当時、TBSラジオは放送の予定がなくても、プロ野球のシーズン中、東京近郊で行われるすべての試合にアナウンサーを派遣し、録音だけしていました。完全試合などの大記録、あるいは逆転サヨナラ満塁ホームランなんかが飛び出したときに、素材がない、というわけにはいきませんから。金田さんは、5回表から登板しました。球場にいたスタッフは私一人。すぐに会社に、生中継したほうがいいんじゃないですか、と電話をして、一人で機材を操り、実況を録りました。ついている、と思いましたよ。

というのも、入社してもなかなか野球の実況はさせてもらえなかったからです。小学3年生のときからの夢で、そのために、大学の放送研究会に入ったというのに。結局、巨人戦のナイター中継を担当できたのは、テレビは入社20年目、ラジオは5年目でした。渡辺謙太郎さんをはじめ、TBSラジオにはすごい先輩たちがそろっていましたから、待つしかありません。先輩たちはよく「プロの仕事は100点でOKか？　ノーだ」と言っていました。常にもっと上をめざさなければ、聴いている人に飽きられてしまう、と。

若いアナウンサーが担当していたのが、たとえば『ONペナントレース日記』という番組です。シーズン中は試合前に必ず王貞治さん、長嶋茂雄さんのインタビューを録って5分ほど『TBSエキサイトナイター』（70年4月〜99年10月）の前に放送していたんです。おかげで王さん、長嶋さんとはよくお話しさせていただきました。王さん、長嶋さん、それから川上哲治さんも同じように「いい人間になりなさい」とおっしゃるんです。技術の向上は人間性の向上でしかフォローできない、と。その後も、人生の道標となる素晴らしい言葉を、一流の選手からたくさん聞くことができました。

忘れられない中継の思い出ですが、私は、仲間からも、他局のアナウンサーからも、時には選手からも、「石川が実況すると試合が長くなる」とよく言われました。たしかに、長い試合は多くて、6時間以上かかったこともあります。私、日本で初めて実況中継の途中でトイレに行ったアナウンサーなんです。試合が始まって6時間くらい経った頃、放送で「次のコマーシャルのときにおトイレに行かせてください」と言ったんです。戻ってくるのが間に合わなければ、解説の田淵幸一さんに実況をしていただきたい、とお願いもしました。そして、すっきりして戻ると、別のアナが急遽、実況席に座っていたんです。これにはがっかりしました。実は、我慢しようと思えば我慢できるんです。仕事とはそういうものです。私としては、「ここでトイレに行ったら面白い中継になるぞ！」という気持ちがありました。そのときは聴取率調査週間でしたし、TBSはかねてから、かたい、真面目な、オーソドックスな実況だと言われていたので、殻を破るような放送をしてみたかったんです。それで喜び勇んで中座したわけです。田淵さんが実況するのも面白い、と私は思ったんですけどね。残念でした（笑）。

テレビでも野球の実況中継はしましたが、ラジオのほうが、はるかに面白かったです。ラジオなら、アナウンサー自身が、次はこの話をしよう、この選手の話を解説者にしてもらおうとか、自分の思い通りに放送できるし、アナウンスの技術も磨かれます。

ＴＢＳに入社して37年5ヶ月、野球の実況に限れば32年。嫌なことなんて、一つもありませんでしたよ。幸せなアナウンサー生活でした。（談）

50秒の沈黙。大記録の興奮

—— 松下賢次（フリーアナウンサー）

まつした・けんじ　１９５３年東京都生まれ。75年、アナウンサーとしてＴＢＳ入社。スポーツ実況だけでなく、『ザ・ベストテン』（ＴＢＳテレビ）で司会を務めるなども。２０１３年退社。

その日私は、Ｎに代わるＨ砲という相棒を迎えた王貞治さんにインタビューすることになり、練習が終わるのを待っていました。

王さんは１９７５年、故障もあって、13年間保持していたホームランタイトルを阪神の田淵幸一さんに奪われてしまいました。王さんもチームも再起をかけた翌76年。巨人は、多摩川グラウンドで一次キャンプをスタートしました。栄光の巨人軍のユニフォームを着た「パの安打製造機」張本勲は、スリムになった姿で、見事なペッパーを披露して、バットコントロールの巧みさを見せつけていました。

笑顔でマイクの前にやってきた王さんを見て、私は「アアぁ〜世界の王だ……」と思った瞬間、膝にブルブルと震えがきてしまいました。それでも「王さん今年の目標は？……」とかなんとか質問しました。王さんは、新人アナウンサーだな、頭がまっ白になっているな……と悟って、ご自分で話をしてくださいました。でもその答えは、予期していないものでした。

「シーズン前の今の時期は、期待より不安のほうが大きいのですよ。もしかしたら一本もホームランが打てないかもしれない……などと負の気持ちが湧いてしまうこともあります。そんな弱気を打ち破るために練習をするのですよ」

エーそうなんだ。世界の王さんでも不安な心をお持ちなのだ、とビックリして足の震えが止まりました。

そしてこの76年から王さんの記録への挑戦に拍車がかかります。

「……王バンザ〜イ。国松コーチと握手、バンザイ、ライトスタンドをじっくりと見ました。そして、ゆっくりゆっくりとセカンドに向かっています。みなさんで、心からおめでとうと言いましょう。756号が出ました……」

77年9月3日後楽園球場。TBSラジオで実況を担当していたのは、渡辺謙太郎さんでした。謙太郎さんは、このあと、実に50秒黙り、ノイズのみで、大記録の興奮を伝えました。

この試合で、私は三塁側のレポーターでした。当然、ほとんどレポートを入れる余地はありません。ベンチ横の通路でずっと試合を見ていました。王さんが打った瞬間から、ボールがライトスタンドに消えるまではっきりと見えました。場内は大歓声で、謙太郎さんの実況はまったく聞こえませんでした。すぐさま、ベンチ横の通路で待機していました。打たれたヤクルトの鈴木康二朗投手が試合中に出てきました。他に記者もおらず二人だけでした。もともと口が重い鈴木さんですから、ほとんどノーコメント。まるで、何か悪いことでもしてしまったかのように、プルプルと小刻みに唇が震えていました。だいぶあとになって、一塁を守っていた大杉勝男さんが、「王さんの打席のときには、横にあるカメラ席の何十ものカメラのシャッター音が、〝塊〟のようになって〝ガシャッ〟と聞こえた」と言っていました。王さんの一挙手一投足に、ファンが、プレーヤーがマスコミが集中していました。

そんな王さんは、TBSのアナウンサーを高く評価してくださっていたようです。

「TBSの方（アナウンサー）は野球に関して、独特な自分なりの考えをしっかり持っていると思いますね。一番勉強していたんじゃないでしょうか。他局の人と比べると、野球をしゃべるんだったら、野球そのものを知ろうとしていた気がしますね。我々現役で難しい話になっても、受け入れて、理解してくれたんじゃないですか」

よく、こんな話をしてくださいました。

1994年。珠玉のシーズン

林正浩（フリーアナウンサー）

はやし・まさひろ　1956年東京都生まれ。79年、アナウンサーとしてTBS入社。ワールド・ベースボール・クラシックやマスターズ・トーナメントなど世界規模の大会での実況でも活躍。2016年退社。

1994年、『TBSエキサイトナイター』で球史に残る2試合の実況を担当させてもらった。身に余る名誉と幸運であったと思っている。

まずは、5月18日巨人対広島7回戦（福岡ドーム）槙原寛己投手の完全試合達成である。槙原投手の投球で印象に残っているのは、まるで生きているかのような球のキレと見事なまでのコントロール。打者27人で3ボールが二人だけ。まったく安心して見ていられる、これぞ「ピッチング」だった。私が組んだ解説者は遠藤一彦さんで、3回表が終わった頃「今日は何かやるよ」と予言されていたことをハッキリ覚えている。最後の打者が打ち上げた一塁側へのファウルフライを、忍者のように素早く追う落合選手の姿が瞼の裏に焼き付いている。「記録に触れると潰れる」というジンクスがある。でも、この試合ではたしか7回あたりから私の実況は「完全」に一直線。ゲームセットの瞬間は、頭の血管が2〜3本は切れたかなというくらいに思い切り絶叫させていただいた。試合後は、前から約束していたので村田真一捕手と食事に行った。「マキ（槙原）、すごかったね」という私の問いに「うん、良かったね」と彼は冷静にさりげなく答えたのみ。槙原投手は深夜の番組出演でテレビ局まわり、かたや相棒の捕手はメディアの一人とささやかな祝杯。捕手というのはなんと因果なポジションかと改めて思った。

もう一試合は、10月8日の中日対巨人のナゴヤ決戦である。同率首位で、勝ったほうが優勝。一年間の戦いの結果が、この最終130試合目で決まる。長嶋茂雄監督の言ったまさに「国民的行事」となったビッグゲームである。ナゴヤ球場は開場前から異様なムード。巨人ナインがグラウンドに姿を現したときの地鳴りのようなウォーという喚声、この試合にかけるファンの想いが塊となったような空気の振動は忘れられない。取材のためグラウンドにいた私は、ふと何か後方に気配を感じた。振り返るとダグアウト横の球団控室から練習を見つめる長嶋監督と目が合った。監督はサムズアップ（親指を立てる）で応えてくれた。「今日は勝てるな」。自分もスーッと体の余分な力が抜けたように感じたのを覚えている。巨人は「国民的行事」らしく槙原・斎藤・桑田の3本柱を投入、打線も硬さというものをほとんど感じさせない。一方「いつも通り」を目指した中日に「いつもとの違い」があったように思う。本拠地の難しさもあったのかもしれない。それにしてもナゴヤの

『TBSエキサイトナイター』の放送の様子。TBSラジオは1963年4月から、ナイター中継を夜の放送の中心に据える大規模な編成改革を実施。週5日、試合開始から終了まで全面中継しはじめた。

夜空に放物線を描いた落合・村田・コトー・松井の打球は美しかった。ところで、決戦前夜だがプロ2年目の松井選手と食事にでかけた。一大決戦の前夜で、断られるだろうと思いつつ声を掛けたところアッサリOK。「よく外出できたね」と、誘っておきながら尋ねると「宿舎になんかいたら余計に緊張しちゃいますよ」という返事。「ベテランは?」と聞くと「たぶんあんまり出てないと思いますよ」。やっぱり大物だった。決戦では3番で大事なところで送りバントを決め、プロ入り初の20号本塁打を放つという活躍。そのシーズン、『エキサイトナイター』の放送前に「ゴジラ松井、今日のひと吠え」というミニコーナーで彼を追いかけてコメントを一年間引き出したことも、いまとなっては宝物だ。

1994年。私にとっては、幸運で珠玉のシーズンでした。

コサキン　小堺一機（タレント）・関根勤（タレント）

こさかい・かずき　1956年千葉県生まれ。『ライオンのごきげんよう』（フジテレビ）では前身番組含め31年半司会を務めた。映画通でソフトコレクションは膨大／せきね・つとむ　1953年東京都生まれ。『笑っていいとも!』（フジテレビ）に歴代最長29年間出演（タモリ除く）。トロマ映画の大ファン／コサキンは二人で活動するときのコンビ名（もとはコサラビ）。

（主なTBSラジオ出演番組）『夜はともだち　コサラビ絶好調!』（81年10月〜82年10月）を皮切りに「コサキン」シリーズとも言える番組が『コサキンDEワァオ!』（2004年10月〜09年3月）まで27年半断続的に続いた。

ラジオのあたたかさ（小堺一機）

TBSラジオ70周年! おめでとうございます!

40数年前、前社屋のTBSホールでハイファイセットの皆さんが司会をしていた『ヤングタウンTOKYO』の前説が初めてのTBSラジオの仕事でした。

その後『夜はともだち』に呼んで頂き、コサキンとして27年以上お世話になりました。ラジオはTBSで勉強させてもらいました。

ラジオの〝ラ〟の字も知らない素人同然の僕も、コサキンになって素人二人になってもプロデューサー、ディレクター諸氏が呆れながらも、ひとつひとつ幼稚園児に教える様に見放す事なく導いてくださいました。そこに甘えまくり、小堺、関根はリスナーのユーモアとスタッフの臨機応変な対応で、ただただ遊ばせてもらいました。

これには感謝しかありません！

本当にありがとうございました！

ラジオはマンツーマンのメディアだと思っています。声というとてもセンシティブな〝音〟に気持ちを乗せてリスナーと繋がっている、アナログであたたかい媒体です。昨今、ラジオが見直されているのもそのあたたかさがありがたいからでしょう。

コサキンも40周年、まだまだ〝おバカ〟したいです！　よろしくお願いします！

感謝を込めて！

左／小堺一機　右／関根勤

忘れられない名前（関根勤）

70周年おめでとうございます。

『夜はともだち』以来、コサキンとして27年半、放送させて頂きました。最初の頃は葉書が2枚しか来なくて小堺一機君と「今日も葉書が2枚だった」と放送で毎回嘆いていました。するとある日、葉書が3枚届いて喜んでいたら、いつも葉書を書いて送ってくれていた大熊良太君が2枚書いてくれていたのでした。

とても嬉しく、また勇気を頂きました。

大熊良太君ありがとうございました。

一生忘れられない名前、それが大熊良太君です。

徐々に葉書も増えてきて軌道に乗ってファンの集いをＴＢＳホールで開催させて頂きました。とても楽しく盛り上がって、こんなにリスナーの皆さんは喜んで放送を楽しんでくださっているんだとわかって感激しました。

その後ＴＢＳホールのスタッフの方に「一つもゴミが落ちていなかったのに驚いた。こんな事、今までなかった」と言われた時は、とても嬉しかったです。

最初は小堺一機君と下らない事を発信していたのですが、リスナーの皆さんの成長が凄くて、途中からはリスナーの皆さんの投稿ネタを読んで笑いっぱなしでした。

コサキンでのラジオは僕の青春であり僕の芸のベースになった番組です。

改めて27年半に渡り放送させて頂きＴＢＳラジオさん誠に有難う御座いました。

また、これからも宜しくお願いします。

リスナーに嘘は通じない

岸谷五朗（俳優）

きしたに・ごろう　1964年東京都生まれ。三宅裕司が主宰する劇団「スーパー・エキセントリック・シアター」を経て、寺脇康文と演劇ユニット「地球ゴージャス」を結成。舞台・映画・ドラマなど出演作多数。

『岸谷五朗の東京RADIO CLUB』（90年10月～94年9月）『岸谷五朗VS寺脇康文～ぷんぷん五朗佐とニコニコ脇衛門』（94年10月～95年10月）

学生時代から考えても、僕はほとんどラジオを聴いてこなかったんですよ。だから自分の番組『岸谷五朗の東京RADIO CLUB』（通称・レディクラ）が始まるまでは、ラジオのパーソナリティがどういうものかっていうのが全然わからなかったんです。『三宅裕司のヤングパラダイス』（ニッポン放送／83年5月～90年3月）にたまに出させてもらっていたのが、数少ないラジオとの接点でしたね。

そもそも自分は口数が多いわけでもないし、しゃべる才能があるわけでもない。なんであのとき、夜10時から2時間の生放送、しかも帯番組という重要なポジションに自分が選ばれたのか、僕が聞きたいくらいですよ。

ラジオをやると決まったとき、僕は26歳の劇団員で、レッスンを受けて、アルバイトをして、っていう生活でした。でも番組が始まってからは、月曜から金曜まで毎日、夕方にはＴＢＳラジオに行って準備をして、6時間以上は局の中にいるわけですよ。それはもう、何より生活が激変しました。演劇の公演中なんかは、衣装やメイクもそのままで劇場を飛び出して、ＴＢＳラジオに行ってましたから。

レポーターとして中継を担当していた恵俊彰も、この番組がきっかけで知名度が上がったんじゃないかな。いまでは昼のワイドショーのＭＣをやったりして、確固たる地位を築いていますけど、当時はなんで自分はスタジオじゃないんだ、メインじゃないんだって、相当くやしかったと思いますよ。

リスナーは中高生がほとんどでしたね。どんなに多くの人が聴いていようとも、やっぱりパーソナリティとリスナーとの関係は1対1なので、絶対に嘘が通じない。とくに大人がつく嘘に関しては、10代のリスナーはすごく敏感です。だからリスナーには最初から本当のことを伝えてました。自分の本業は演劇で、演劇で成功することが夢なんだ、このラジオはお金のためにやってる、本気のアルバイトなんだ、ラジオが一番じゃないんだ、って。この本音は、リスナーには隠せなかった。パーソナリティである自分がそこまでさらけ出したことで、本気のやりとりができたんじゃないかと思います。あとは、僕自身が当時は役者として未熟であり、リスナーたちも人間として成熟していない未成年っていうところでも、お互い波長が合ったのかもしれません。やる気とパワーだけはみなぎっているような発展途上の者同士ということで。

結果的に、コーナーが何冊も本になるほど人気番組になりました。僕が出している本って『レディクラ』の番組本しかないんですよ。しょうもないネタがひたすら書いてあるだけの本。いまだに取材とかでインタビューをしてくれる方が、僕のことを知ってくれようとして、その本を買ってくれるんですが、まったく役に立たない(笑)。俳優業に関することなんか一切書かれてないですからね。岸谷五朗にはこういう歴史があったんだなっていう、それがわかるだけ。

あるとき、HIVに感染している15歳のリスナーから番組宛に手紙が届いたんです。命に関わる切実な悩みを、『レディクラ』にだったら打ち明けても大丈夫って思ってくれたんでしょうね。まだまだHIVに対する偏見や無知がはびこっている状況でしたから、そのことがきっかけで「Act Against AIDS」というプロジェクトを立ち上げました。1993年に活動を始めて、それが今は「Act Against Anything」として、HIVに限らず、貧困や難病など困難に直面する多くの子どもたちを支援するプロジェクトに発展しています。番組ではいつもくだらないことばっかりやっていたけど、いや、いつもがくだらないからこそ、本気で真摯に向き合ったときに、説得力が出たのかもしれない。

あのとき、たしかに同じ時間を過ごしたんだっていうのは、今でもずっと、間違いなく僕とリスナーの中に強く残っています。いまだに初めて仕事をするスタッフとかに「レディクラ聴いてました」「ラジオネーム○○です」って言われますから。リスナーにとってもそうでしょうが、僕にとってもあれは大事な青春のひとときでしたね。（談）

特別そのものの空間

渡辺真理（フリーアナウンサー）

わたなべ・まり　1967年神奈川県生まれ。90年、TBS入社。98年よりフリー。テレビでは『モーニングEye』『クイズダービー』『筑紫哲也 NEWS23』『ニュースステーション』『知られざるガリバー』などに出演。

『時遊人倶楽部』（90年10月～91年4月）『渡辺真理のMELODY MARKET』（96年10月～98年4月）『BATTLE TALK RADIO アクセス』木曜日（98年10月～10年4月／渡辺は06年～10年担当）など

この場をお借りして、伝えたいお礼があり過ぎるのです。

新人アナウンサーとして初めてTBSラジオのレギュラーを担当したのは桝井論平さんとご一緒した『時遊人倶楽部』でした。

1期上の小林豊さんに「え？　じゅうじんくらぶ？　じゅうじんびょういん？　十仁病院⁉」と、廊下ですれ違うとからかわれたのが懐かしく、その小林さんとも番宣番組で共演できました。マイクのないところでも松宮一彦さんと小林豊さんの弾丸トークは常に炸裂していて、岡崎潤司さんが茶々を入れたり、同じく1期上の福島弓子さんと私が笑い転げる様子を、

鈴木史朗さんが微笑みながら見守っていたり、機嫌のよい時の林美雄さんから聞く伝説の『パック・イン・ミュージック』（67年7月〜82年7月）秘話は宝石のようだったし、普段は寡黙な宮内鎮雄さんの正確無比なアナウンスは到達できない指針でした。

松宮さんの『サーフ＆スノウ』（85年10月〜95年10月）の後枠を継ぐ時には途方に暮れ、やっぱり力及ばず長く続けられなかったことは、制作陣にも、聴いてくださったリスナーの皆さんにもお詫びしたい気持ちが胸の奥底にずっとあります。その後、数年ぶりにＴＢＳラジオに出戻った時「おかえりなさい！」と吉川美代子さんから届いた言葉は心に沁み、ＯＡ後に時折舞い込む久米宏さんからの問いかけには身が引き締まりました。非力でしたけれど、ひとり、ひとりと声を通してつながるラジオは特別そのものの空間です。リスナーの皆さんとともに、ＴＢＳラジオの一員であれたことは、わたしのアナウンサー人生にとって最高の栄誉です。70周年に心からの祝意をこめて。

1995年と2011年の『デイ・キャッチ！』

荒川強啓（フリーアナウンサー）

あらかわ・きょうけい　1946年北海道生まれ。69年、山形放送にアナウンサーとして入社。82年退社、フリーに。同年より『おはよう！ナイスデイ』（フジテレビ）の司会を務めるなど、テレビ、ラジオで活躍。

『ハローナイト』（86年10月〜89年4月）『荒川強啓デイ・キャッチ！』（95年4月〜2019年3月）

1995年4月にスタートした『デイ・キャッチ！』。「聴く夕刊」をコンセプトに、時事問題から巷の話題まで幅広く取り上げた。毎日10項目のニュースを拾い上げ、都内3ヶ所で道行く人にどの項目に関心があるかの意見を募りランキングにして、スタジオで寸評や解説を加えるという番組である。コメンテーターにはジャ

ーナリスト、編集者、社会学者、評論家、そして全国紙の編集委員と万全の布陣を構えた。しかし、番組の仕切り役の私にはわずかに不安があった。リスナーの顔が見えないのである。誰に向けてどのような切り口で番組を提供すれば良いのか……。暗中模索、試行錯誤の日々が続いた。

そんなとき、私を救ってくれたのは神楽坂の小料理屋の女将さんだった「『デイ・キャッチ！』は欠かせないネタ元」と言うのである。鏡台の前に座り、化粧や身繕いをしながら情報を仕入れる。注目ニュースのポイント、背景に何があるのか、話題の人物のもう一つの顔などを知ることができ、客との会話に弾みがついて店の雰囲気がそれまでとガラリと変わったと言うのである。

女将の一言で、モヤモヤしていたものが一気に消え、スタジオの仕切りがとても楽になったのを覚えている。

２０１１年3月11日14時46分、赤坂にあるＴＢＳ放送センター「ビッグハット」が突然大きく揺れだした。最大震度7、東日本大震災である。スタジオのある9階も、立っているのが困難なほどの揺れがあった。20階のビルが崩壊するのではないかと戦慄が走った。

15時30分放送開始の『デイ・キャッチ！』は、緊急特番に切り替えた。大きな揺れからほどなくして福島県、宮城県、岩手県に7ｍから9ｍ以上もの大津波が押し寄せ、甚大な被害をもたらした。浸水面積は青森、岩手、宮城、福島、茨城、千葉合わせて５６１平方㎞。山手線内側の面積の約9倍に及ぶ被害となった。

『デイ・キャッチ！』は直後に被災地に入った。

被災者にマイクを向けることが憚られるほどの惨状だった。宮城県南三陸町志津川で季節料理店の御主人に話を聞けたのは4ヶ月ほど経った頃だった。大津波で店ごと引き波に流され九死に一生を得た。被災してから数年後、元の敷地に以前と同じ規模の料理屋を開いた。しかし、店の周りは嵩上げした茶色の台地が広がり、南三陸町防災対策庁舎の錆びついた剝き出しの鉄骨が遺構として佇んでいる。

あれから10年、被災地に入る度に思うことは、「復旧はしたが、復興するのはいつの日か……」

『アクセス』の頃、そして今

麻木久仁子（タレント）

あさぎくにこ　1962年東京都生まれ。ドラマ出演、司会など幅広く活躍。近年は、国際薬膳師、国際中医専門員としての顔も。YouTubeで『麻木久仁子の食べる温活』配信中。

『BATTLE TALK RADIO アクセス』（98年10月～2010年4月）金曜日、『麻木久仁子のニッポン政策研究所』（10年10月～13年3月）『麻木久仁子の週刊「ほんなび」』（13年4月～14年9月）

『BATTLE TALK RADIO アクセス』を担当するまでにもテレビで報道番組の司会は経験があったのですが、テレビの場合は、たとえば3分の間に3人の方からコメントをもらって、とか、このテーマについての議論を7分間に収めて、といったような分刻みの進行を任されることが多いんです。それはそれで難しいのですが、『アクセス』は時間の許す限りたっぷり自分の言いたいことを言ってください、というのが基本。私は一体何を話したらいいんだろうと、最初に思いました。私は大学も中退だし、何かの専門家でもない。『アクセス』は生放送で幅広いテーマを扱う番組ですから、始めた頃は毎回とても緊張しました。本番前にスタッフと交わす会話の中で、テーマに対する自分の考え方の是非をはかっていましたね。

『アクセス』以前にもラジオのお仕事の経験は

ありましたが、それは話すべきことが整理された台本がある場合がほとんど。フリートークのパートも、自分のエピソードを話すようなものです。でも『アクセス』は政治のこと、経済のこと、日々のニュースについて、その場で自分の意見や考えを言わないといけないわけです。それも2時間の生放送。リスナーと生で電話を繋ぐコーナーまであって、話題がどう転がっていくかまったくわからない。その緊張感たるや。でもその緊張感こそが『アクセス』の魅力であり特徴でしたから、やりがいはありました。番組の中で私が自由に意見や考えを発言できたのは、ご一緒するパーソナリティの藤井誠二さんや二木啓孝さんが定量的な裏付けをその場で話してくださるからでした。だったら私は定性的なことを発信していこう、とは常に考えていました。

番組名の「BATTLE TALK RADIO」は、何かの是非や賛否について、否定派も肯定派も、多様な意見に耳を傾けようという意味です。私ともう一人のパーソナリティが違う意見になることもあれば、電話を繋いだリスナー同士で意見が割れることもある。AかBか二つに分けることは非常に極端ではありますが、それはあくまで議論のきっかけであって、放送中に議論を交わして深めていくことで、CやDといった別の選択肢が浮かんでくることはよくありました。

タレントという立場で政権や政策に対して意見を言うことについては、この10年くらいでだいぶ空気が変わったと思います。『アクセス』では、どんなポリシーを持つ政治家でもゲストにお呼びして、疑問点は素直にぶつける。それで抗議が来るようなことは一切ありませんでし

た。「あれはおかしいと思います」なんて、私がすごい勢いで否定的な意見を言ったとしても、政治家の方はどっしりと構えて、「なるほど、じゃあ説明しましょう」と答えてくれました。放送中どんなに意見が対立しても、帰るときには「今日は勉強になったよ」なんて言いながら、にこにこしてスタジオを出ていく方もいましたね。あの当時の政治家はみなさん、腹が据わっていました。批判を受けるのも政治家の仕事のうちであるという暗黙の了解がありました。

今ニュースを見ていると、当然の疑問をぶつけただけで、政治家が血相を変える場面を度々見かけます。ラジオはもちろん、マスメディアにとって不偏不党というのは、権力というものすべてに対して、一定の距離をとるということであると私は思っています。そういう意味では、政治家は全員権力の側に立つ方ですし、与党であればなおさら。権力には等しく距離をとる。そうした距離感が、最近は見失われているように感じる場面を見かけます。権力を持つものとそうでないものを、注釈なく並列に並べることを「中立」とする報道姿勢にも大いに疑問を感じています。

最近は報道・情報番組の出演者が権力者と仲が良いことを隠さなくなっていますよね。長くデフレが続き、経済のパイが小さくなっていく中で、権力にたのむことなくチャレンジしていくということがとても難しい世の中になっているように思います。経済を大きくしてみんなで果実を分け合う社会ではなく、わずかな取り分を奪い合う世の中です。そういう「負けることのリスク」が大きい社会では少しでもリスクを減らす生存戦略として縁故主義やお友達主義がはびこります。マスメディアの世界もそうした世の中の空気と無縁ではいられないということなのでしょう。ですがそれはとても不健全なことであると思います。

こうした状況下で、最前線に立っている荻上チキさんをはじめとしたパーソナリティの方々を、本当に尊敬していますし、心から応援しています。マスメディアに対する批判は強いですが、こんな世の中だからこそ、それでも時流に

おもねらず頑張る人々を応援することはとても大事なことなのです。（談）

毎日が特別講義

松本ともこ（DJ・ラジオパーソナリティ）

まつもとともこ　1968年東京都生まれ。TOKYO FMにアナウンサーとして入社し、音楽番組を中心に担当。2001年に退社。現在、SBSラジオにて『MUSIC CROSSOVER』（16時半～18時／木金担当）放送中。ニックネームは「まっぴー」。

☺『ストリーム』（01年10月～09年3月）パーソナリティ、『松本ともこ ミュージック・チャーム』（09年4月～10年10月）

『ストリーム』がはじまったのが2001年の10月1日で、アメリカで起きた9・11の直後なんです。さらに、私個人はTOKYO FMを辞めてフリーになった直後で、とにかく急激にいろんなことが変化したタイミングでした。TOKYO FMには報道で就職していましたが、同じラジオでも、AMで、月～金の帯で、お昼のワイド番組っていうのはあまりに違いますからね。ただ、お声がけいただいてから放送の第1回までほとんど時間がなくて、じっくり考えたり準備ができないぶん、もう勢いでやるしかないって、覚悟が決まりました。

FMでやっていた音楽番組のときは、リスナーの層が想像できたんです。そして、自分の番組はそのジャンルの中では1位という自負を常に持っていました。でも『ストリーム』をやるようになって、FMや音楽番組とはまた別の、さらに大きい世界があるんだっていうことを痛感しました。よくラジオは、パーソナリティとリスナーの1対1でのやりとり、と言われますけど、お昼のワイド番組はそれとはちょっと違う。もっと広い視野が必要だと感じていました。

私にとっての『ストリーム』は、毎日が特別講義。自分なりに勉強もしますけど、それで何か言うというよりは、私はリスナーと同じ目線でわからないことをその道のプロに素直に聞く役割だと考えていました。

一緒にパーソナリティをやっていた小西克哉さんは、最初にご挨拶したとき、スーツスタイルでビシッとされていて「素敵っ‼」と思ったのを覚えてます。国際ジャーナリストという肩書きも含めて、かっこよかった。その良い印象のまま、番組が終わるまで8年間くらい、ずっと仲良くできました。

印象的だったのは、08年のオバマさんが当選したアメリカの大統領選ですね。選挙そのものというより、オバマ大統領の誕生するまでの流れから、その後のアメリカの動向も含めて興味深かった。国際政治が専門の小西さんを中心に、いろんなゲストの方をお招きして、毎日ここが情報の最先端なんだって実感していました。

あとは「コラムの花道」。TBSラジオの三条毅史さんというプロデューサーが、サブカル好きだったんだと思います。昼間にあんなに濃い人たちが日替わりで出ているなんて、いま考えるとすごいですよね。私としては毎日ファミリーが増えていく感じがとても楽しかった。なめちゃん(辛酸なめ子)の影響で、私も一般参賀に行くようになりましたし。それに、いつも悩みを聞いてもらっている私の一生の友達は吉田豪ちゃんと掟ポルシェさんなんですけど、彼らと出会ったのも「コラムの花道」ですからね。(談)

『ストリーム』は「報道特集」だった?

小西克哉(国際ジャーナリスト)

こにし・かつや　1954年大阪市生まれ。特にアメリカの動向に精通。国際教養大学大学院客員教授。『斉藤一美 ニュースワイド SAKIDORI!!』(文化放送)『キャスト』(朝日放送テレビ)に出演中。

『荒川強啓デイ・キャッチ!』(95年4月~2019年3月)火曜コメンテーター、『ストリーム』(01年10月~09年3月)パーソナリティ

『ストリーム』に毎週出てもらっていた吉田豪さんからは、よく先週やった事を覚えていないとつつかれた。今から20年も前のことを思い出せるか。妄想になるかもしれない。

アメリカ同時多発テロの衝撃がまだ冷めやらない頃、旧知の古川博志プロデューサーから連絡があった。「女性のFM的語り口と洒落たニュース解説」のコンセプトで午後ワイドを考えているが参加しないかというお誘いだった。シャレでニュース解説は多少やってはいたが、えらく急な話だった。「テロとの戦争」で世界が激変する中、日本でも、敵と味方の対立を煽る小泉劇場が開幕しつつあった。オレはそんな「ゆるい」番組を引き受けていいのか。そんな勝手な危惧を抱きつつ、翌月には松本ともこさんとマイクに向かっていた。

初日に「わたしは、どんな印象ですか?」と聞かれ、「イイ女だよね」と答えたが、今なら即セクハラ案件。まだよく知らない相棒にそんな馴れ馴れしいコメントを放った日から、『ストリーム』の8年が始まった。

『ストリーム』以前、テレビ朝日の『CNNデイウォッチ』などでは、女性のメインキャスターは常識だった。久和ひとみさんや安藤優子さんは有名だが、私も高木美也子博士とダブル・キャスター体制を経験していた。だがAMラジオの世界は、男性のメインパーソナリティーの個性で引っ張っていく番組が主流だったし、今でも基本その傾向は変わっていないと思う。女性はパートナーやアシスタントという肩書だ。一方、『ストリーム』は小西・松本のツートップ*で、音楽、文化、ニュースと、ポリバレント*でデュエルも強いゲームプランを目指していたと思う(＊ともにサッカーで使われる言葉。ポリバレントは「複数のポジションをこなす」といった意。野球で言えばユーティリティ。デュエルは「球際での争い」「競り合い」を言う)。

ストリームはよく、サブカル界にAMの声を与えたといわれる。でも60年代、70年代にはラジオ全体がサブカルの発信源だったことを考えると、当時の番組に失礼な話だ。特に14時からのコーナー「コラムの花道」のレギュラーに、吉田豪(月)、町山智浩(火)、勝谷誠彦(水)、辛酸なめ子(木)、みうらじゅん、阿曽山大噴火などといった「曲者」が並んでいたのでサブカル系という印象を与えたのだろう。けれども、私自身は「コラムの花道」は「報道特集」だと勝手に決め込んでいた。本家の『報道特集』（TBSテレビ）は時の政権に忖度しないが、「コラムの花道」も社会・文化のタブーに忖度しない。吉田さんは芸能人が反論できない芸能ジャーナリストだと思うし、町山さんは啖呵を切って日本を出た屈指の映画ジャーナリストだと思う。テレビの芸能・映画ニュースは芸能事務所や興行屋の「広報」と化して久しいが、我が方は忖度なしの criticism をやりたいという野望だけはあった（そのせいでスタッフさん達がどれほど冷や汗をかいたかは想像したくもない）。阿曽山さんは司法記者では及びもつかないペーソス溢れる法廷人間ドラマという新ジャンルを開拓していた。勝谷さんは非記者クラブ系、番組内でニュースを解説してくれていた武田一顯記者は記者クラブだったが、二人とも最近の政治記者にない「口語の文体」をお持ちだった。また、なめ子さんはゼロ年代の神足裕司だとすればご両人に失礼か。開始当初の「ゆるい」番組コンセプトはすでに「暴走するジャーナル」に進化していたと思う。

左／小西克哉　右／松本ともこ

常識的には、番組MCの要諦はゲストの暴走をくい止めバランスを取ることだ。CNN時代から私にはこれがどうも好きになれない。『ストリーム』のスタッフなら多少許してくれるかもしれない。私にとって「禁断の果実」を貪る甘美な時間だった。

勝谷　ところで、昨日、報道ステーションを見てて、キャッチコピーを考えちゃった。「貧相なキャスターと饒舌な貧乏神首相の対決」っていう。もうね、ぺらぺら！

小西　そのイメージはよく分かります。空気感が。

（中略）

勝谷　（安倍首相について／引用者注）貧乏神を描いたら、あの顔になると思わない？（中略）「あげナントカ」「さげナントカ」って言うじゃないですか。

小西　「あげまん」「さげまん」は大丈夫ですよ。

（「ストリーム」編『コラムの花道』アスペクト）

あまり大丈夫じゃないのだが。抑えるどころか、エンジンを噴かせている。ジェット機は、コントロールされた爆発を持続させることで推進力をつくるというが、ストリームの推進力は登場人物一人一人のコントロールされた起爆力だったに違いない。私の仕事は爆発させることとコントロールすることなのだが、暴発もあったかもしれない。また、ｒａｄｉｋｏやスマホがあと2年早く普及していたら、もっと番組の航続距離も伸ばせたのに、と思うときもある。でも『吉田照美のやる気ＭＡＮＭＡＮ』（文化放送／87年4月～07年3月）の牙城も崩せたし、結果としては、ＴＢＳラジオの午後ワイドを多少なりとも強化できたのではないか。最近のＴＢＳラジオが「ＦＭ化」しているとよく耳にするが、20年前に聞いた「ＦＭ的語り口と洒落たニュース解説」というストリームのキーコンセプトの前半部分に向かって変貌しつつあるように思える。

木金土日月火、そして水

山里亮太（お笑い芸人）

やまさと・りょうた　1977年千葉県生まれ。山崎静代とのコンビ「南海キャンディーズ」のツッコミ。単独ライブ「山里亮太の140」も精力的に行う。著書に『天才はあきらめた』（朝日出版）など。

『水曜JUNK 山里亮太の不毛な議論』（水曜深夜1時～3時／2010年4月～）『赤江珠緒たまむすび』火曜日（詳細はP85）

『JUNK』という伝説の番組を僕も担当することになって、改めて他の曜日のパーソナリティを見てみれば、人間力の塊みたいな人ばかり、月火木金ズラッと並んでいました。畏れおののくしかありません。じゃあ自分には何ができるのか。もう時間をたくさん使う以外何も見つからなかったんです。前日入りすることとすらありました。リスナーのメールに触れている時間を、できるだけ長くして、しゃべることを原稿用紙に全部書いていた時期もあります。オープニングトークもガッチガチの書き原稿。あれはもう朗読劇でした。僕も伊集院光さんによる月曜日のJUNK、『深夜の馬鹿力』（95年10月～）のリスナーだったので、自分でやるからにはアドリブであいう一人しゃべりができなきゃいけないと思っていました。あらゆることにアンテナをはって、感性をぶっとくして、それを様々な事象に深く刺していく。社会で何か起きたとき、伊集院さんなら何を言うだろうって楽しみに放送を聴くと、いつも思っていた以上にワクワクさせてくれたし、爆笑させてくれました。僕も色々挑戦したんですけど、いかんせんペラペラ。あの「一人しゃべりの神様」になることは無理だってわかってしまいました。そこで、リスナーに頼って、プレッシャーにうちひしがれている心の内も全部言ってみたんです。そしたら「俺たちが助けなきゃこいつ死ぬぞ」「番組なくなる」と察知してくれたみたいで、すごい数のメールを送ってくれるようになりました。今では1回の放送に3万通のメールが届くことさえあります。スタッフたちも番組の軌道修正をしてくれて、みんなが必死で生きながらえさせてくれた感じです。でも、一人だとそんなにドキドキしているのに、『たまむすび』だと肩の力を抜いてできるんですよね。赤江珠緒さんにはそういう力があるみたいです。

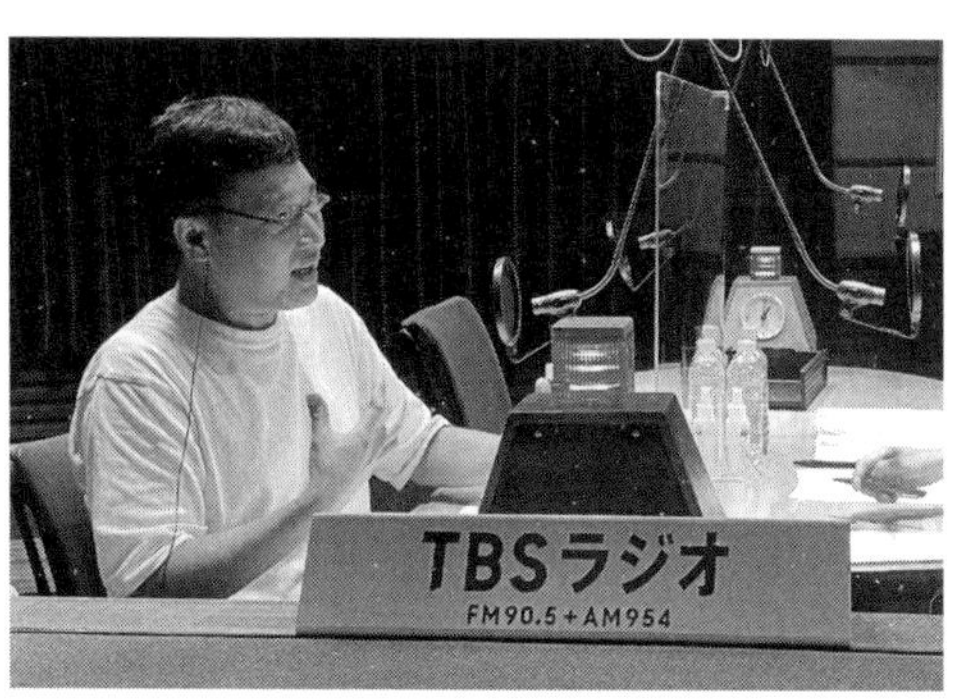

『不毛』は「恵方巻を咥えながら、嫌いな人とのエピソードを語る」という企画（11年2月）をやったときからちょっと変わってきたみたいです。僕のミスから揉め事を起こしちゃったんですけど、リスナーたちは深夜ラジオらしいワクワクを初めて感じたかもしれません。僕の精神はボロボロでしたけど……。ただ、放送600回を迎えた今も、始めた頃と不安の質は変わりません。良い悪いではなくて、テレビはスタッフが何から何まで助けてくれてお膳立てしてくれます。一方、ラジオは、もちろんスタッフもリスナーも助けてくれるんですけど、しゃべる側の負担もちゃんと残してくれています。やり続けて勉強すれば、この不安はなくなるかもしれません。それこそが芸人として幸せな日なんだと思って、そこに向かって続けている感じです。僕の1週間は、月火水木金土日ではなくて、木金土日月火、そして水なんです。『不毛』がうまくいかなかった木曜は気持ちがどよんとしてしまう。逆によかったときはめちゃくちゃ調子がよくなる。火曜日まではご機嫌です。1週間に1回どうしようもなく不安になる場所をもらえてる自分は幸運だと思います。すごく僕びいきではあるけど、冷静な耳を持ってジャッジしてくれるリスナーがいるのは、「しゃべくり」で一生やっていきたい人間としては、ありがたいです。放送を続けていく中で、結婚もして、

話の引き出しも、違う場所を開けざるをえなくなりました。「自虐」と「気持ち悪い」のエキスパートになろうと思っていたんですけど、もうその引き出しは開きません。悩むときもあったけど、それでもいいと思ったから結婚したんだし、その選択が正しかったと思わせてくれたのも、代わりの引き出し、新しい武器、次の仕事を探さないのは努力不足と思えるようにもなったのもリスナーのおかげです。『オードリーのオールナイトニッポン』（ニッポン放送／09年10月〜）に負けてるとか『乃木坂46のANN』（19年4月〜）のほうをみんな聴いてるんじゃないかとか思うときもゼロではないけど、他と比べても意味ないなと最近思っています。聴いている人たちに、深夜まで起きててよかった、と思ってもらえるラジオにすべきだと思うんですよね。（談）

インタビュー

「ご存じ、ハライチの……」にならないように

ハライチ（お笑い芸人）

岩井勇気（いわい・ゆうき）、澤部佑（さわべ・ゆう） ともに1986年埼玉県生まれ。2009年、M-1グランプリにて決勝に初進出。テレビでは『ピカルの定理』（フジテレビ）『DON!』（日本テレビ）などに出演した。現在、『おはスタ』（テレビ東京、岩井）『なりゆき街道旅』（フジテレビ、澤部）などに出演中。岩井には『どうやら僕の日常生活はまちがっている』（新潮社）などのエッセイもある。

『ハライチのターン！』（木曜深夜0時〜1時／16年9月〜）『ボートレース戸田 presents ハライチ岩井 ダイナミックなターン！』（日・12時半〜／19年9月〜）

岩井勇気　俺、ラジオって、小さい頃から、ほとんど聴いてこなかったんです。唯一、NACK5の小林克也さんの番組（『FUNKY FRIDAY』93年10月〜）を聴いて、メールを送って読まれたことがあるくらい。それも一発一中でした。だから、読まれなかった期間がなくて、「ふーん、

意外と読まれるんだなあ〜」くらいの感じ。それっきりです。ラジオを始めるときに宮嵜守史プロデューサーから「深夜ラジオを通ってきていないのがいい」と言われたのを覚えていますね。

澤部佑　僕は、岩井と違って、たくさん聴いてたんです。『ナインティナインのオールナイトニッポン』（ニッポン放送／94年4月〜）から入って、兄貴の影響で『伊集院光 深夜の馬鹿力』を聴きだして、そこから『ＪＵＮＫ』をすべて聴くという感じでした。深夜ラジオで聴いた話を、あたかも自分の話であるかのように学校で話して……。

岩井　それがもう、どう考えてもおかしくて。明らかに澤部が言わなさそうなことを言ってたから。

澤部　かといって投稿していたわけではなくて、『ＪＵＮＫ』のコーナーにメール送ってみようかなと、メールにコーナー名まで書いて、あとは「送信」を押すところまでいったんですけど、結局、押す勇気が出ませんでした。どうせ読まれないで終わるだけだったはずなのに、読まれないなら読まれないでやっぱり傷つくだろうから、参加するもんじゃない、と思っていました。そのかわり、田中麗奈さんの『ハートをあげるっ♡』（ニッポン放送／99年4月〜04年9月）という番組に恋愛相談メールを送って、これが見事に読まれたんです。「付き合っていた子が、幼稚園からの幼馴染に奪われてしまいました。家の前を通るとその女の子が乗っていたピンクの自転車が停まっていて、そのたびに思い出しちゃってツラいです」って。だから、ラジオ体験としては、自分と岩井は対照的なんです。

２０１４年に『デブッタンテ』（14年4月〜16年9月）というラジオ番組がＴＢＳで始まったときには、嬉しさと緊張がぶつかっていましたね。自分がこれまで聴いてきた番組と比較して、「あんなに面白いことできんのかな」って不安がありましたけど、「ラジオではいつもと違う一面が見られる！」みたいなやつを、岩井が作ってくれるんじゃないかと勝手に思ってましたね。

岩井　俺はまったく状況がわかってなくて、「ＴＢＳでラジオができる」っていうこと自体、ピンときてなかったです。でも、『爆笑問題の日曜サンデー』（08年4月〜）に出たときに宮嵜プロデューサーが「岩井くん、やっぱり、ラジオ向いてると思うんだよね」と言ってくれて。いざ始まってみると、「ラジオをやって特別な二人の関係性を作り上げられた」というより、「ここで通常のことをやる」って感じになりました。俺と澤部、幼稚園から一緒の感じを、自然と出せる場所になったというか。その居心地の良さがありましたね。

　でも、いわゆる深夜ラジオ的なものにならないように、という「アンチラジオ」感というのがずっとあります。リスナーを囲わないようにする意識というか。それを意識しないと頭打ちになるし、リスナーと心中するような感じになっちゃう気がするんです。毎週のフリートークの時間にしても、オチをつけるようなエピソードトークを作り上げるのではなく、音で埋めてりゃいい、くらいに思ってます。

澤部　「アンチラジオ」って言葉、それだけ聞くとめちゃくちゃ良くない言葉ですけど、無理に「兄貴ヅラ」したりするのも気持ち悪いし、というのは、岩井はずっと言ってますね。

岩井　1回、他局でお試し的に番組をやったことがあるんですが、そのときの澤部の感じが「俺、ラジオわかってますからね」みたいな感じがすごく出ていて嫌だったんです。俺にとって、「ラジオの嫌いなところはこういうとこなんだよ」っていう、そのものだった。

澤部　「ラジオってそうじゃないよ。こうじゃなきゃ」って、岩井を染めようとしてたんじゃないですかね。それは2016年に『ハライチのターン！』が始まってからも同じだったんですけど、そのうち、僕が話しだしても、岩井が入ってきて、最後まで話させてもらえないみたいなときが増えてきて。一応、頭の中で決めてから話し始めたのに、なんか全然違うとこに連れていかれちゃった、みたいになって。

岩井　エピソードトークじゃなくて、大喜利になっていてもいいし、とにかく、しゃべってればいい、って気持ちが強いんですよ。

澤部　そのうち僕も、進む方向を変えられちゃったとしても、曲がった道でみんなが楽しそうにしてるからいいかなって。

岩井　とにかく、一見さんを置いてきぼりにしないようには意識しています。こないだ、番組でスピッツの話をしたんですけど、スピッツのライブに行くと、かならず「ロビンソン」「チェリー」など、誰もが知るヒット曲をやるんです。その上で、「僕らのこと、ご存じないかもしれませんけど……」みたいなこと言う。この感じがとても好きで。だから、自分たちも「ご存じ、ハライチの……」にならないようにしなきゃ、という思いがありますね。

澤部　でも、本当に知られていないんです、僕らなんて。かといって、知ってもらうために無理するわけではない。テレビだと、「ここで裏回ししたほうがいいかな」とか「ここであの人に話振ってみよう」と考えながらやることもあるんですけど、ラジオだと、それがないんです。

岩井　ラジオって、「聴きはじめ」って人が多いですよね。そのことを考えると、「入りにくいな」とか「常連ばっかだな」と思われるラジオにはなりたくないと思うんです。

澤部　ラジオがあると、他の仕事も上手くいく気がするんです。すべてがいい感じに回る、というか。ラジオをやるほど、コンビ間も程よい距離感でいけます。毎週、『ターン』の収録がある。これが、週の終わりであって、週の始まりなんです。

左／岩井勇気　右／澤部佑
（「TBSラジオPress」2016年2月号より）

聞き手・構成
おぐらりゅうじ（岸谷五朗、麻木久仁子、松本ともこ）、
武田砂鉄（山里亮太、ハライチ）、編集部

巻末対談

神田伯山×武田砂鉄

「ファスト」流行の中で、

「ダラダラ」について考える。

私が担当しているラジオ『アシタノカレッジ』（金・22時～23時55分／2020年9月～）の直前に放送されているのが『問わず語りの神田伯山』。夜、残業中と思しきTBSラジオのスタッフたちの頭上を、笑い屋・シゲフジの笑い声が泳いでいる。時折、「砂鉄がさぁ」「アハハハ」とやっているのが聞こえる。また言ってる。でも、ちょっと嬉しい。本書で話を聞いたパーソナリティの多くは年長者で、だからこそ、同世代を前にすると、ことさら世代を意識してしまう。職種も違えば、放送内容も違う。でも、これまでたくさんのラジオを聴いてきた人であり、今、ラジオで話している人であり、これからのラジオのことを考えるのが好きな人だ。いくつかの共通点を探しながら、ようやく会えた神田伯山と存分に語り合うことができた。

音痴かどうか指摘されないまま歌うフェーズ

武田砂鉄　2ヵ月に1回くらい、番組内でイジっていただいて、ありがとうございます。

神田伯山　すいません、お名前を出しちゃって。

武田　職種も内容もまったく異なりますけど、TBSラジオで番組を担当している同世代、という共通項はありますよね。

伯山　僕と砂鉄さんと荻上チキさんが似ているのは、本業が別にあって、そっちを拡散するためにラジオをフル活用しているところですよね。自分の場合、講談の仕事に邪魔にならないラジオの出方にしよう、という感覚があります。なので30分がベストなんです。それ以上は負荷がかかってしまう。ラジオ番組を持っている人が、毎回、放送の度に予習して、あれこれ盛り込んで、番組のクオリティを保つのって大変なこと。でも、みんな、「意外にやればできるよ」とか言うんですよね。本音を言わないんです。

武田 皆さん、予習してる感、準備してる感、出さないですよね。

伯山 僕も一時期は、完全にノープランで来ていましたね。

武田 いや、僕、それについては疑いがあります。録り直すという話をよくされていますよね。講談という芸が「型」の中で繰り返されていくので、ラジオでも同じようなやり方をする、というのはわかるのですが、ならば、講談を覚えるように、そこには相当な準備があるのではないか、と思うんです。

伯山 ディレクターの戸波英剛さんや作家のサトケン（佐藤研）さんがいるだけで、なんらかのアイディアがうまれるときもありますね。打ち合わせという名の雑談をしているだけで、話が膨らむこともあるんですよ。ただ、みんな調子が悪いときは、本当に現場は酷いですよ。責任を誰も取らないという。30分ぐらいの番組だったらある程度自分で構成を考えるのが、お金をもらってる以上基本なのだと、4年目ぐらいでようやく気づきました。1週間、常に「これを話そう」と意識付けできるようになりましたね。

武田 頭の中にレジュメ的なものができあがった状態で収録に臨む、ということですか。

伯山 そうですね。何回も録り直すって、ネタっぽく言ったことがあるんですが、実質は2回ですね。1回録ってみて、完成度が高かったからいいやと思っても、もう1回やればもっと面白くなるかもしれないからちょっとやってみる、という感じ。同じことをしゃべるのに、ちょっと角度を変えてみる、笑いや間がちょっと早かったから変えてみる、というのに似ています。なので趣味に近いですよね。砂鉄さんの番組のような生放送は大事だと思いますが、僕のような30分番組だと、別に生である必要はないんですよね。

武田　少し前の放送で、伯山さんが大河ドラマに出演することになったと。で、伯山さんの番組の前が宮藤官九郎さんの番組（『宮藤さんに言ってもしょうがないんですけど』金・21時～21時半／20年10月～）だから、「大河繋がりだ。じゃあ、次は、砂鉄も大河に出られんじゃないの」というわけですね。ああいう細かいところも、頭の中のレジュメに入っているんですか。それとも、しゃべっているうちに、「砂鉄のことも足しておくか」くらいの感じなんですか。

伯山　砂鉄さんについて言うと、今、権威になっているんですよ、TBSラジオでは。

武田　いや、それはないでしょう。

伯山　未来の権威と言ったらいいのかもしれないですが。砂鉄さんはラジオでもTwitterでも政治批判をされますよね。そうやって、権力を批判する砂鉄さんも権威化しているところはあるのかなと。TBSラジオって、リベラルな放送局のイメージが強いですし、権力を茶化す、まぜっ返すというのは健全だと思います。自分はそういう役目だと思ってしゃべってるところはあるかもしれないですね。

武田　権力を批判する権威、については、自分の自覚はもちろん、そう感じている人は多いはずです。それこそ伯山さんも、ラジオを始められた当初より、圧倒的に人気が出ているわけですが、権威・権力を持っている、背負っているという自覚はありますか。

伯山　ラジオを始めたときは、二ツ目だったんですね。まだ真打にもなってない人間が、言いたい放題言っていたんです。真打でもない奴が言ってるのが、どうもかわいかったらしいんです。

で、真打になると、同じようなトーンで言っても、「それは言い過ぎだよ」になる。昔と同じトーンでしゃべっていても、今までは許されていた発言が、周りの空気感で許されなくなる。そういう中で、自分の中から出てくる言葉が徐々に変わってくるのは面白いなと思いますね。

武田　座っている椅子が違うと、出てくる言葉が変わってくる。それは、頭の中はずっと変わっていないということですか。それとも、新しい椅子に合わせて頭の中を変えているということですか。

伯山　自分は変わってないけど、周りが変わっちゃったという、取り残された感がありますね。たとえば、音痴なのか上手いのかも指摘してくれない中で歌い続けるのって危険じゃないですか。僕、もうそのフェーズに入ってきてんだなとは思いますね。

武田　今、すべての人からOKをもらえる言葉って存在しないですよね。「僕はリンゴが好きです」って言ったら、「いや、私、リンゴ食べて吐いたことがあるので、その決めつけは不快です」と言われる可能性があるわけじゃないですか。そうすると、配慮をし尽くして話すのは不可能ですよね。

伯山　いや、本当に難しい。講談を広めるためにラジオをやっているので、ラジオの悪評で講談に影響が出たら元も子もない。そういう意味でも、僕は安全策として録音でやっているところがあります。第三者の戸波さんの目線とか、他の人のハサミが入ったものでしかできないのは、臆病なんでしょうね。

武田　戸波さんが編集されたものは、最終的には聴かないんですか。

伯山　聴かないですね。すべて任せます。ただ、戸波さんも間違うときがあって、時折、上層部に怒られるんです。戸波さんは自分とは価値観が違うので、それによって保たれるバランスがあ

るのかなと。同じような人間が編集していたら、もっと間違いが起こるはずです。僕の中では、最高のディレクターですね。

武田　伯山さんがラジオを始められたときに、「毒舌」や「タブーなし」といった評を見かけたんですが、実際に聴いてみると自分の印象は逆です。むしろ、誰かに厳しくぶつかったあとに「いや、でも、そんなことないんですけどね、あの人はいい人ですよ」と必ず添えることのほうが気になります。「実は優しい人なんだ」とも思えるし、「予防線張っているな」とも思います。どうして、いつも添えるんですか。

伯山　添えたほうが無難だからじゃないですかね。僕、名前出している人って、基本的に好きなんですよ。砂鉄さんも好きだし、名前を出して怒られたりもするんですけど、興味ある人、面白いと思ってる人の名前を出す。演芸というか、エンターテインメントとして成立するという意味において、敬意の表明ではあるんです。

武田　トゲの含まれる発言をどうやって伝えるかはとても難しいですよね。自分が調整したトゲの具合を、周りがどんどん研いじゃって鋭利にしてしまうので。

伯山　今、お笑いの方とご一緒しても、とにかく皆さん器用で、いかに相手を落とさずに、お互いにご機嫌のまま終わっていくかっていう能力に磨きをかけています。今のメディアで生き残る

神田伯山　（講談師）

かんだ・はくざん　1983年東京都生まれ。TBSラジオ『問わず語りの神田伯山』(金・21:30～22:00)のメインパーソナリティ(前身番組『神田松之丞 問わず語りの松之丞』は2017年4月に開始。中断を挟みつつ、20年2月、真打ち昇進と共に改称)。07年、三代目神田松鯉に入門。12年、二ツ目に昇進。20年、真打に昇進すると共に、六代目神田伯山を襲名した。主な受賞歴に、浅草芸能大賞・新人賞、花形演芸大賞・金賞など。主な書籍に『絶滅危惧職、講談師を生きる』(新潮文庫)『神田松之丞 講談入門』(河出書房新社)、CDに『最後の松之丞』、DVDに『新世紀講談大全 神田松之丞』などがある。20年、公式YouTubeチャンネル「神田伯山ティービィー」を開設した。

ための工夫ではあるんでしょうけれど、なんか寂しいなと思うんです。僕も表に出る人間なので色々言われたりするんですが、基本、言ってくれればいいんです。当然、こちらは評論家のことをボロクソに言い返したりするわけですが、そんなことをしていたら、もう誰も何も言わなくなっちゃった。立川談春師匠が言っていて面白いなと思ったのが、「弱毒の奴はやられる可能性があるけど、猛毒で、こいつ敵に回すと超面倒くさいなと思う奴にはもう誰も構わなくなる」と。ちょっと毒強めに色々ラジオで言ってきたら、「超面倒くさい」になってしまったんです。

武田 でももう、弱毒に戻しようがないですもんね。時事問題や社会で起きていることについて厳しく突っ込むのは、大変なことではないんです。なぜって、こちらが座っているだけで、あっちが何かを起こすから。総理が辞めたり、汚職が発覚したりする。でも、伯山さんのようなラジオの場合、何かをしゃべるためにも、能動的に動かなければいけないわけですよね。そして、その動きが、外にバレすぎるのも嫌ですよね。

伯山 そこが難しいんです。自然発生的に何かが起こるのがベストですが、ただ、ラジオをやっていてよかったなと思うのは、ありとあらゆるマイナスがすべてラジオでしゃべれると思うとプラスに変換されるということ。これはもう、ラジオパーソナリティの皆さんがおっしゃってる現象ですよね。それは、精神衛生上、やっていても嬉しいですよね。

芸人の確かめ合いだけがラジオじゃない

伯山 僕と砂鉄さんは比較的年齢が近いですが、ライフプランって考えますか。多分、砂鉄さんも、ラジオに出ることでより名前が知れ渡っていったと思うんですが。たとえば、テレビに出る気はあるのかなとか。

武田　ほぼないですね。

伯山　なぜですか。

武田　テレビ批評のコラムをいくつか書いているので、距離を取っておきたいというのはあります。『タモリ倶楽部』に呼ばれたら出る、みたいなことはしてきたので、実は曖昧なんですが。10年間くらい出版社に勤めていたんですが、一気に調子に乗る人の振る舞いって、とてもよく見えるんです。一気に伸びた鼻って、1、2年でポッキリ折れる。あれをやっちゃいけない、という意識がものすごく強くあって。テレビという装置はその鼻を伸ばしやすい、と思っています。あと、比較的しつこい人間なんで、そのしつこさを、フルスペックのハイカロリーで提出したいという思いがあります。それは絶対にテレビではできないけれど、原稿を書くことや、ラジオで話すことではできる、と。

伯山　本来狙っていた球をちゃんと投げたい、誤解される球は投げたくないってことですか。

武田　そうですね。誰かに対して批判的なことを書くときにも、尖ったナイフで刺すよりも、周りをコンクリートで固めて動けなくするようなやり方をしています。テレビでの話って、どのように刺しに行くかという話になる。それよりも、ラジオの尺感が必要なんです。

伯山　砂鉄さんって、ラジオで仕掛けるときがあるじゃないですか。土屋礼央さんがゲストに来たとき（21年4月9日）とか、あえてキツめに当たったりして。あれもサービス精神というか、面白くしようっていうやり方だと思うんですが、みんな喜んでくれるだろうと思ってやったら、そうはならなかったってこともありますよね。

武田　難しいですね。生放送でのインタビューって、どうしても、モードの選択ミスをしてしまうことがあります。相手側のコンディションとこちらのコンディションが合うとは限らないですし。自分の番組ではインタビューコーナーがおおよそ30分ほどあるんですが、とにかく、インタビュー相手が日頃話していることをそのまま繰り返してしまうインタビューになるのだけは避けよう、という意識でやっています。ミュージシャンでも作家でも「いつもの答え」があります。「新しい作品は、どうしてこういう内容になったんですか?」と聞けば饒舌に答えてくれるけど、それって面白くないんです。それで10分経っちゃうのは勿体無い。じゃあどういう感じで崩そうかと、毎回考えます。なので、ピリピリした感じで聴こえていたとしても、あちらからの答えにいつもと異なる要素が入りこんでくればそれでいいんじゃないかなと思っています。

伯山　あの回は、砂鉄さんがよくよく考えてああいう手法でやってみようって決めたんだろうなと感じたんですね。土屋さんも面白おかしく返していたけど、ああいうのをエンターテインメントとして受け取らない人もたくさんいますよね。僕も『問わず語り』のキャラクターのまま他局のラジオ番組に出ると、Twitter でボロクソに叩かれたりする。こっちはサービス精神でやってるのに、何、この報われない感じって。

武田　なんとなく仲良く盛り上がってるだけの話よりも、そっちのほうがいいと思います。「この前会ったのっていつだっけ、あんときはすごい楽しかったよね」みたいな、芸人の確かめ合いだけがラジオじゃないでしょう、という思いは強くありますね。それは、ファンにはたまらないのかもしれないけど。どうしても、あんまり面白いと思えなくて。

伯山　ファンは喜んでいても、ファン以外の醒めた視点って大事ですよね。

武田　そう思います。

伯山　で、そういう醒めている人はTwitterには書き込まないでしょう。ラジオを聴いている人のうちで、Twitterに書き込んでる人は1％もいないわけで、そういった少ない人の考えで左右されるよりも、「褒め合っていて気持ち悪い」って思ってる人に喜んでもらいたい。

大切にしたいダラダラ感

武田　伯山さんの本（神田松之丞『絶滅危惧職、講談師を生きる』新潮文庫）を読んで、同じような経験をしていると驚いたところがいくつかありました。一つは、高校時代、英語の先生に対して「こんなの教えても誰も英語喋れるようになってないんだから教育方法が間違ってる、それを教えられるのは絶対嫌だ」と言っていたこと。ほぼ同じことを言っていました。そして、もう一つ。プロテスタント系の高校で、「彼女とデートしてるときにヤンキーに囲まれた場合はどうするのが聖職者として正しいんだ」という生徒からの質問に対して、先生が「愛を以てすべてを何とかしなさい」と答えたことに、「ああいう質問に対してまじめに答えないのは本当によくない。あそこを考えるのが宗教の使命だ」と言っていたと。僕もプロテスタント系の高校に通っていて、聖書のテストがあったんですが、答えがわからない問題については、解答欄に「隣人を愛しなさい」と書いていました。ラジオで話すときには、この感じを大事にしたいなと思っています。違和感を持ったら、「そういうもんだ」と流さないでいたい。

伯山　男子校だったんですが、先生が、「これ、100万円する聖書なんだよね。金でできてるんだよ」なんて言っていた。「そんなことよくできるな。そういうことじゃないいんじゃないか」って、突っ込んだんですよ。あと、外国人の宣教師がやってきて、足を組みながら、「お前たちは、神のことをわかってない」みたいなことを言われた。それが、なんかとっても薄っぺらかったんですよ。

武田 そうやって目に入ってしまったものをどうひっくり返せるか、軽めに茶化せるかをずっと考えてきたし、その見方がずっと残っています。そういうのが一切ない、メジャー感の強い者同士の対話を聞いていると、端っことしての心のざわめきを感じます。でも、その端っこって、全体が見渡せるからこそ端っこでいられるところもある。テレビと比較してのラジオとか、ラジオの中でも端っこ、という感覚は意識しています。

伯山 TBSって「東京ブロードキャスティングシステム」なので、東京の匂いがします。たまたまなのかもしれないけど、東京文化を感じさせる放送局だなって思います。テレビを観ていても、あくまでも配分的にですが、吉本の芸人が出過ぎているので、明らかにバランスがおかしいものを見せられています。自分と同郷だからっていうのもあるでしょうけど、自分は「東京の声」を聴くと、とても落ち着くんです。小沢昭一さんや永六輔さんの空気感。今だったら、高田文夫先生の『ラジオビバリー昼ズ』（ニッポン放送／1989年4月〜）の関東臭みたいな。

武田 「こうきたら、こうやろ！」という関西のコミュニケーションに対して、「こうきたら、ちょっと黙ってられない。ちょっと話をさせてもらいますけどね……」って感じで、話がどんどん長くなっていきますよね。リズム感というよりも、尺を必要とする、面倒くささ。先日、大沢悠里さんプロデュースの『小沢昭一的こころベスト選』のCDコレクションを聴いていたら、「グチャグチャ」についてとか、「ちょっと一息タンマ」についてとか、その一つのテーマについて1週間にわたって話しているんです。

伯山　ありましたね、僕もよく聴いてました。

武田　とにかく、一つのテーマに、いろんなものを紐づけしていくんです。それでいて、こういうことでした、と結論が出るのではなく、なんとなく終わっていく。

伯山　いい意味で、ダラダラしてますよね。

武田　このダラダラ感って、大切にしなくちゃいけないものですね。

伯山　それを10代で味わえたというのはお宝ですよね。小沢昭一さんの番組を聴くときの態度って、「ああ、『小沢昭一的こころ』だ〜」って感じで、期待して待っている、というわけではないんです。

武田　そうでした、「今日もやってるな」って。

伯山　でも、今考えると、有意義でいい時間だったなと。

武田　「今日もやってるな」ってすごいですよね。その感じが少なくなっているかもしれません。どうしても、「これをやってます！　絶対聴いてください！」になるので。

伯山　永遠にやっている感じ、というのか、絶対枠があった。永遠に変わらずにずっとここにあるのを楽しみたい、と思わせてくれるラジオが、当時のＴＢＳラジオにはたくさんありました。

武田　五木寛之さんの番組『五木寛之の夜』（79年10月〜04年9月）も聴かれていたとか。

伯山　はい、好きでした。女性アシスタントの方が傍らで、五木さんの「インド行ってきました」みたいなオチのない話を、信じられないぐらい暗いテンションで聞いているんです。「これ、誰が聴いてんだろう、あ、俺だ」っていう変な選民意識があった。その悠久の時を共有していた。短い尺でテレビ用にオチをつける、というのも職人芸だと思いますが、人の心根をダラダラ話す職人芸を聴いていた。10代の頃は、ラジオって、背伸びする文化でした。大人たちがしゃべってるのを自分の中で受け止めていた。

武田　伯山さんがよく、「講談というのは、その内容を100％理解してもらうのは難しい。相手に置いていく文化なのだ」とおっしゃってますが、ラジオはどうなんでしょう。つまり、聴いている人に、しゃべっている内容のすべてを理解してもらわなくてもいい、という感覚はありますか。

伯山　これが難しいんですよね。あまり内輪っぽくなりすぎちゃうのもよくないので、その配分を意識して考えます。ただ、笑い屋のシゲフジが笑ってるだけで、もう内輪感がすごいでしょう。

武田　たしかに、内輪感すごいですね。

伯山　笑い屋って、癖のあるラーメンと同じで、3回ぐらい食べると慣れるというか、気にならなくなる。逆に言うと、「笑い屋うるせえ」って、今でもTwitterでもメールでもたくさん来るんですけど、それは新規の人が増えているんだなって。

武田　なるほど、慣れてない人が新たに生まれていると。

伯山　自分がコサキンさんのラジオ（小堺一機・関根勤『コサキンDEワァオ！』P312参照）を初めて聴いたときに、象の「パオーン」などの擬音を叫び続けていて、内輪感がすごくてたじろいだんです。でも、3回ぐらい聴いていたら、その内輪感がたまらなくなってきたんです。今、テレビでも、音楽でも、一発目にインパクトを与えるものばかりでしょう。でも、本当に面白いものって、「アルバムの中に入ってる、最初はピンと来なかったけど、何度も聴いてくうちにずっとこれだけ聴いてる曲になった」って存在だと思うんです。初見だけで判断しない、させない、これは大事にしています。

武田　母親が電話してきて、「あんたの番組の前の番組の、あの笑い声が慣れない」と、もう1

年以上言ってます。

伯山　ごめんなさい。永遠に慣れない可能性があります。

武田　でも、慣れないって言いながら、1年間聴いているわけです。

伯山　それがありがたいですよ。

武田　慣れることよりも尊いかもしれません。

伯山　宮藤さんの番組があって、自分の番組があって、砂鉄さんの番組に続きますよね。僕のときだけ、「風呂入ろう」ってわざわざツイートする奴がいるんです。でも、それはそれでありがたいと思います。箸休めでもいいや、っていう。

武田　いや、でも、あえて風呂タイムに使っちゃおう、と言えるのは、それだけ番組の存在が周知されているということです。「伯山さんの番組終わったから、『アシタノカレッジ』なんか聴いてないで、風呂入ろう」というツイートはないと思います。そういうツイートが出てくるように、こちらは頑張らなくちゃいけない。

伯山　僕はその人を責めているわけじゃなくて、いちいち言ってくれてありがたいな、って思います。あんまり公に言わないんですけど、リスナーのことが好きなんですよね。みんな面白いな、って思っています。

「ラジオは嘘がつけない」

武田　伯山さんの本を読んでいて、最大の共通点が見つかりました。伯山さんが小3か小4のとき、「学校の名簿を読み上げてくれ」という怪しい電話がかかってきて、それに応じてしまったと。

伯山　あったんですか、砂鉄さんも。

武田　はい。僕も答えちゃったんです。こっちは小学5年か6年のとき。伯山さんのエピソードを知って、その出来事を明確に思い出しました。母親も働いていたので、いつも夕方4時半ぐらいに帰ってくるんですが、僕がその電話の名簿を読み上げている途中で帰ってきた。何してんの、って感じの目で見てきたので、僕、そこで泣き始めちゃった。でも、名簿を読み続けているんです。その翌日か翌々日に学校の朝礼で「こういうことがありました」って報告されちゃって。

伯山　いや、まったく同じです。でも、「実は僕なんです」って言わなかったですよね。

武田　言わない、言わない。

伯山　あれ、言えないですよね。あれ以来、人を信じられなくなったんですよ。いや、砂鉄さんもそうでしたか。

武田　ちょっとカッコ良く言うと、「社会って怖いぞ」と。小学生って、家族と学校のコミュニティがすべてですけど、外からモンスターがやってきて、それに自分が奪われてしまったわけですから。

伯山　そう、搾取されてしまった。「誰が答えたんだよ」って話題にならなかったですか。

武田　なりましたね。「馬鹿だよ、あんなのにひっかかるのなんて」って言ってました。

伯山　やっぱ言ってましたか。おんなじですよ……。そういうエピソードをラジオで話すじゃないですか。自分もそういうのありましたって反応がある。そういうので誰かのトラウマが癒されたらいいな、とは思いますね。

武田　ラジオを聴いていて、なんでも適応できる人が「至らない自分」を管理して話している感じが苦手なんです。とても勝手な意見なんですが、そういうのやめてよ、って思います。

伯山　砂鉄さんからすると、競争社会で勝ち残っているお笑い芸人の駄目話は聴きたくないと。

武田　駄目話そのものを聴きたくないというか、その駄目話の巧妙な管理に対する嫉妬かもしれないですね。

伯山　吉本さんの芸人がラジオでしゃべってるのが、あんま好きじゃないってことですか。

武田　それ、ほぼ誘導尋問ですね。

伯山　でも、そういうことですよね、テレビだけでやってよって。

武田　伯山さんや、あとジェーン・スーさんもそうですが、今はもう多くの方に知られていますが、最初、名前を耳にしたときは「で、誰この人？」って度合いが高かったと思います。それは、自分もそうでした。『ACTION』（19年4月～20年9月）という帯番組の金曜日を担当していましたが、どう考えても自分の知名度がもっとも低い。自己肯定するようですが、「で、誰この人？」が重要だと思うんです。これまでのTBSの歴史を考えても、「誰？」が多いんです。

伯山　そういうのはたしかに残ってますよね。よくわからない青田買いというか。自分がラジオ好きで聴いてきて、自分がしゃべる番になって、すごく感慨深いですよね。

武田　それはもう感慨深いですね。先ほどの話の繰り返しにはなりますが、これから生まれてくるメディアって、絶対的に尺が短いものになってくると思います。即座に伝える、端的に伝えるもの、これは『小沢昭一的こころ』（73年1月～12年12月）とは逆行するものです。そんな中で長々としゃべっている、それでいて、ある程度大きなメディアって、もうラジオしかないと思うんです。メディアとして重心のあるもので、表面を剝がしてみたら、とてつもない質量が含まれている、これってラジオ以外にはないはず。そこでやらせてもらっている以上は、「今日は10個、役に立つことを言います」ではなくて、「なんかしつこく言ってんな」って感じで続けられたらいいなと思います。

伯山　俺は間が好きなんです。何か問題が起きたときに、月曜日に伊集院さんが、火曜日に爆笑問題さんが何を言うんだろう、と期待する。「赤穂義士」がそうなんですが、仇討ちするまでに1年半以上の時間があるんです。それだけの時間をかけて綿密に計画を立て、折れずに一生懸命やる。スカッと怒って醒めちゃう、ではなくて、寝かしている間がいいんだよ、と言う人が結構いらっしゃる。ラジオはまさにそうだと思うんです。「今度、あの人、何言うかな」と、その日まで待つ。突撃されて答えるのではなくて、みんなで待ち、その日までにパーソナリティも考える。時間をゆったり使うって、楽しいじゃないですか。

武田　そうですよね、自分は子どもの頃から週刊誌を読んできたので、ナンシー関さんが「週刊朝日」や「週刊文春」で連載していたとき、ナンシーさんが次は誰について書くんだろうと待っていました。先週は川島なお美についてだったけど、今週もまた川島なお美だったかと。その面白さは、間があるからこそですよね。

伯山　その余分な時間みたいなもの、ダラダラやってる面白さってあるんです。「長短」という落語は、気の短い人と長い人がいるという、それだけの話です。20分やっててなんの意味もない。でもそれが面白い。ファスト映画では表現できないものこそがラジオの醍醐味なんだろうと思います。いろんなインタビュアーから、「ファスト映画のようなものが流行ってますけど、講談って長いですよね。どう思ってますか？」なんて聞かれるんです。それに対してどう答えるかといえば、「ファスト映画で満足する人は、別に講談聞かなくていいんじゃないですかね」です。「むしろ、ファストで表現できないことが重要になってくる、だから、講談なんじゃないんですか」

と続けました。

武田　小説を読んでいても、「誰と誰が出てきて、誰とこうなって、こうなりました」という作品よりも、「この前後にいろんな物語が流れているんだろう」と想像させる作品を読みたいと思います。

伯山　この前、歌舞伎で「四谷怪談」を観たのですが、民谷伊右衛門というお岩様の亭主が大変に悪人で、その悪人がただ酒を飲んでいるところを名優がやる。でも、悪人が酒飲んでいるとか、すっと向こうを見るとか、歩いているだけでも見入ってしまう。究極の講談って、お客様の頭の中にそういう絵を浮かばせるってこと。とっても芳醇な世界ですよね。その些細なことこそが面白い。

武田　ラジオのリスナーさんは、その想像力を働かせてくれるわけですよね。

伯山　ラジオは音だけで不完全なメディアなので、聴くほうがそれを補完しないとどうにもならない。補完の部分がリスナーに任されているんです。これが面白い。「いい女が歩いてきて、いい男が歩いてきて……」と言ったときに、どういう人かを描写せずに、勝手に想像してくれる。厳密に描写しないのが芸になる。

武田　歴々のパーソナリティのインタビューを読んでいると「ラジオは嘘がつけない」と口を揃えたように言っています。これ、多分、聴いている人の補完力を信用しているからですよね。補完してくれるからこそ、嘘がバレてしまう。これからのラジオが、「説明不足の人がしゃべっている」と受け取られるようになってしまったら嫌だな、って思います。とはいえ、補完力をつけるサプリメントがあるわけではないので、何十年もメディアとして続くのであれば、そこが課題になってくるのでしょうかね。

伯山　だから、入口なんです。それをどう作るのか。講談も同じですが、奥は芳醇な世界があるのに間口が狭い。入口を新規の人に知らせることができれば、強いメディアになるはずです。余白が残っている状態を、これからの人たちにも届けられるようになったら、純粋にいいメディアになるなと思います。

（２０２１年９月23日／構成＝武田砂鉄）

あとがき

武田砂鉄

どんな人にもたくさんの感情があって、それは決して喜怒哀楽の4種類にしっかり分けられているものではなく、その合間や周りに無数の感情がこびりついたり、潜んだりしている。今日の感情と明日の感情は違うのだろうし、今の感情は、さっきまでの感情とは、もうすでに違っている。予測できないから不安になるし、予測できないから楽しい。この時代は、すっかり、特定の感情に素早く導いてくれるものが大量に提供されるようになった。泣きたいなら泣ける映画、笑いたいなら笑える舞台、寂しい気持ちに浸りたいなら切ない音楽と、目的と役割が一致しまくっていて、個人的には、そういう感じのものを精一杯避けながら、「いいよ、そんなに一致させなくて」とぶつくさ呟いている。

「たまたま」「うっかり」「なんだかんだ」「いったいどうして」、こういった、はっきりしない、曖昧な状態が好きだ。幼少期からラジオを聴いてきたが、たまたま聴いたら、うっかり聴き入ってしまって、なんだかんだ全部聴いちゃったけど、いったいどうして……そんな体験を何度も味わってきた。あくまでも自分の定義だが、ラジオは時間のかかるメディアで、物事を簡単に説明するのに適したメディアではないと思っている。ラジオが得意とするのって、一瞬で説明しなくてもいいとき、あるいは、感情が未整理のまま混じり合っているときではないか。喜んでいるときの哀しさとか、怒っているときの楽しさとか、そういう曖昧に混じり合ったものを、時間をかけて投じてくる。そのくせ、聴いていると、見事に合致したり、すっかりズレたりする。一度通り過ぎた話が頭の中で定着するとは限らないけれど、ふとしたときに思い出し、いきなり、ある物事に向かっていくための燃料になってくれたりする。自分がどうしてラジオが好きなのかという理由を考え込むと、こうやって、ついつい、抽象的な話になる。

自分の実家は東京の郊外にあり、父親は都心のど真ん中へ通勤していた。朝7時前には家を出るのだが、母も兄も自分も、それに合わせて起き、朝食をとっていた。テレビは見ない。そのかわり、電話の横に置いてあるラジオがずっとついている。ダイヤルは「954」に固定されている。アンテナの角度も変わらない。誰もそれ以外の局にしようとしなかった。学校へ行き、家に帰ってきてもずっとラジオがついていた。誰かが楽しそうにしていたり、深刻そうな話をしていたり、とにかくひたすら話しているのを耳に入れながら、各々が自分の好きなことをしていた。いつのまにか、その語りが、笑い声が、サウンドステッカーが、おなじみのコマーシャルが、耳に染み付いてくる。朝早くからニュースについて論じる人がいて、夕方には一人語りが聴こえた。学校を休んだ日には、どこかのスーパーを訪問した人が、そこにやってきた人たちとガヤガヤ騒いでいた。週末になると、「今週はどこそこへ行ってきまして」と旅先での出来事を報告する人がいた。やがて、声と名前が一致してくる。そして、待ち構えるようになる。森本毅郎が語るニュースに背伸びしながら頷き、小沢昭一が話していることがちょっぴりわかるようになってきて、そういえば、この間、近くのスーパーに毒蝮三太夫が来たらしいね、永六輔っていつもどっか行ってるよねと親と話す。

母親は『大沢悠里のゆうゆうワイド』が旅行会社と組んだツアーに友人と出かけ、家族旅行では大澤屋に寄って水沢うどんを食べた。やがて深夜ラジオの存在を覚えると、120分テープに録音して、通学時間に聴くようになった。伊集院光のラジオを自分より前から聴いていた今村くんは、ネタのハガキが読まれたことがあるという事実を、なんだかずっと自慢げに語ってきたし、それにはそれだけの力があると、こちらも疑わなかった。この前、今村くんから久しぶりに電話があって、「実は結婚したんだけど、結婚した途端、マンションが雨漏りで住めなくなって、今、ビジネスホテルに二人で暮らしているんだ。なんか、武田くんには伝えておこうと思って」とのことだった。自分たちが共有している、いかにもラジオっぽい出来事だから、連絡してくれたのだろうか。

TBSラジオで番組を担当させてもらうようになってから、まだ3年にもならないが、その日の放送前の打ち合わせが早々と終わり、マイクの前で手持ち無沙汰になっているとき、ふと、「うわっ、TBSラジオで話してるよ」と思う。思ったからといって、何がどうなるわけでもない。でも、繰り返しそう思うのだ。感動でも恐怖でもなく、「うわっ、マジか」と浮つく感じ。4月末くらいだったか、そんな時間、つまり、手持ち無沙汰になっている時間に、2021年12月にTBSラジオが70周年を迎えると聞いた。スタジオの外から響く、神田伯山の、というか、笑い屋・シゲフジの過剰な笑い声を聞きながら、軽い気持ちで「なんか、記念の本でも作ったらいいんじゃないっすかね」と提案すると、番組プロデューサーが少しだけ身を乗り出して、たしかにそういうのもありかもしれない、と返してきた。しばらくは動いている気配がなかったのだが、ある日、「あれ、やりましょう」と企画が固まっていた。

この数年、いくつもの雑誌でラジオ特集が組まれ、読んだり参加させてもらったりしてきたのだが、その多くは、せっかく、ラジオの語り手が登場しているというのに、語り手の言葉が物足りなかった。「この二人の対談だったら、もっと言葉をたくさん載せてくれよ。はしゃいでいる写真の迷惑にならないようにレイアウト優先で文字数を絞るなよ」と編集者上がりのライターは不満を抱えた。だからこそ、もしやらせてもらえるのであれば、とにかく、たくさんの言葉を抽出し、その言葉をできる限り載せて、徹底的に読者に浴びてもらいたいと思った。

70年のうち、半分程度しか生きていない自分には、どうしたって歴史を隈なく網羅することは難しい。でも、今、この時点でも歴史の証人がいる。その人の声に頼ってみればいい。あるいは、あの人の声を伝え継いできた人もいる。それらが重なり合えば、70年間積み上げられてきたものの断片が伝えられるのではないかと考えた。TBSラジオのあの番組とこの番組をピックアップする、ではなく、朝から晩まで、月曜から週末までを追いかけたいと思った。取材が始まると、70周年がどうのこうのではなく、完全に自分の欲が上回り、あの人にあれを聞きたい、と突っ込んでいく作業を繰り返した。結果、こうして、膨大な言葉が集まった。もはや客観視はできないが、TBSラジオを聴いてきた人には、いくつもの答え合わせというのか、パーソナリティや番組の企みについて気づきを得られるのではないかと思う。今、TBSラジオを輪切りにしたら、こんな地層になっていた。

これからのラジオがどうなると思うか、TBSラジオはどうなっていくべきか、などと大きな話に膨らまそうとすると、多くのパーソナリティが慎重になり、あくまでも自分はこう思うと、こちらの浅はかな狙いを抑え込もうとした。自分の番組のことしか考えていない、のではなく、自分の番組のことを考え尽くす人たち同士の特殊な連帯があった。ある番組が終わると、数分後に、また次の番組が始まる。さっきまでやっていた番組の余韻が少しだけ残っている。あの空気感の移行って、ちょっと他のメディアでは味わえない。朝、学校に行って、帰ってきても、ずっとラジオがついていた。1日を、1週間を、縦糸を繋ぐ感覚で本の形に編んでみたかった。

永六輔さんについて語る対談で、長峰由紀アナウンサーが目に力を込めて、「だって、それしかないじゃないですか。それ以外にないじゃないですか。語り継いでいくしかないんです」と言った。どんな話の流れだったかは対談を読んでもらうとして、そのときの声の強さが耳に残っている。去年と今年、この2年間は、おそらくのちのち振り返れば、極めて特殊な時期で、これからどうなるのかがわからない、これまで培ってきたものがそのまま保てるかがわからない、そんな不安な時期となった。そんな時期にラジオが、という展開はあまりに安直だが、でも事実として、ラジオから聴こえる言葉に心を落ち着けた人は多かった。いつもの声がいつものように聴こえてくる。「いつも」を保つための鍛錬を、いくつか掘り当てられたのではないかと思っている。

編集を担当してくださったリトルモアの加藤基さん、デザイナーの岩渕恵子さん、カメラマンの野村知也さん、いわいあやさん、TBSラジオの本多良恵さん・鳥山穣さん、そして、本書に登場してくださった皆さんに感謝します。朝、昼、夕方、深夜、なにかとTBSラジオに通い詰めた半年間になりました。とても大変でしたが、とても大変な本になりました。楽しかったです。

2021年11月

TBSラジオタイムテーブル（2021年10月現在）

17:5
腸から始まる健康ライフ
miyari@tbs.co.jp 中澤有美子
純烈の観音ルンルン・モー烈ラジオ!
kannon@tbs.co.jp 純烈
エンタメExpress
enta954@tbs.co.jp
週刊自動車批評 car@tbs.co.jp
小沢コージのCARグルメ 小沢コージ
小森谷徹の 小森谷徹
「あした話したくなるラジオ」
6 18:00
アフター6ジャンクション
utamaru@tbs.co.jp
宇多丸
ライムスター宇多丸の聴くカルチャー・プログラム。
あなたの"好き"が否定されない、
あなたの"好き"が見つかる。
18:15
18:57
19:33
7
8
パートナー
(月)熊崎風斗
(火)宇垣美里
(水)日比麻音子
(木)宇内梨沙
(金)山本匠晃
9 21:00
High School a Go Go!! 石井大裕
higo@tbs.co.jp
成瀬心美ぷるるん honeyトラップ 成瀬心美
cocomi@tbs.co.jp
テンカイズ 宇賀なつみ
tenkai@tbs.co.jp
ライムスター宇多丸と マイゲーム・マイライフ
mygame@tbs.co.jp 宇多丸
宮藤さんに言っても しょうがないんですけど
gc@tbs.co.jp 宮藤官九郎
21:30
かまいたちの ヘイ!タクシー! かまいたち
kamataku@tbs.co.jp
朝比奈彩の 淡路島放送局! 朝比奈彩
ayaradio@tbs.co.jp
イモトアヤコの すっぴんしゃん
suppin@tbs.co.jp イモトアヤコ
梶裕貴 声のひとさじ 梶裕貴
kajisaji@tbs.co.jp
問わず語りの 神田伯山 神田伯山
edo@tbs.co.jp
10 22:00
アシタノカレッジ
ashitano@tbs.co.jp
新しい時代のために、今こそ学ぼう!TBSラジオに夜の学校がオープン。
本当に必要な知識を楽しく学び、深く考える2時間です
(月〜木)
キニマンス塚本ニキ
(金)
武田砂鉄
11
23:55
らじおっつ
AM 0 0:00
空気階段の踊り場
odoriba@tbs.co.jp
人生をうまく生き抜く
ヒントを探る
教養バラエティ
空気階段
アルコ&ピース D.C.GARAGE
dcg@tbs.co.jp
クセになるコント力
全開トーク
アルコ&ピース
24時のハコ
24@tbs.co.jp
注目の芸人や話題のあの人が
月替りで登場!
ハライチのターン!
ht@tbs.co.jp
岩井&澤部、
渾身のトーク!
ハライチ
マイナビLaughter Night
warai954@tbs.co.jp
若林有子
0:30
ほら!ここがオズワルドさんち!
ozu@tbs.co.jp オズワルド
1 1:00
JUNK
個性豊かな日替わりパーソナリティが深夜のリスナーに本音でトーク! 眠れないほど面白いバラエティ番組
伊集院光 深夜の馬鹿力
爆笑問題 カーボーイ
山里亮太の 不毛な議論
おぎやはぎの メガネびいき
バナナマンの バナナムーンGOLD
2
3 3:00
CITY CHILL CLUB
chill@tbs.co.jp
アーティストやクリエイターが「CHILL(癒し)」をテーマに
選曲したプレイリストをお届けするプログラム
ラジオクラウドサービス番組
※番組出演者、放送時間等は変更になる場合があります。

土

時刻	番組
AM 5 5:00	5時のニュース・天気予報
5:05	エンタメSaturday TBSラジオが贈るエンタメ情報! enta954@tbs.co.jp 赤荻歩
5:30	清塚信也 Xタイム ラジオ kiyozuka@tbs.co.jp ピアニスト清塚信也が気ままに自由にトークします 清塚信也
6 6:00	土曜朝6時 木梨の会。 kinashi@tbs.co.jp 土曜朝にお送りする明るく元気なトークバラエティ 木梨憲武
7 7:00	蓮見孝之 まとめて!土曜日 matomete@tbs.co.jp 幅広い世代に向けて1週間の話題・出来事を「くだいて」「ほどいて」「まとめて!」お伝えするニュース番組 蓮見孝之 北村まあさ
8:45	Changeの瞬間~がんサバイバーストーリー~ 八木早希
9 9:00	土曜ワイドラジオTOKYO ナイツの ちゃきちゃき大放送 chaki@tbs.co.jp 小さいお子さんからお年寄りまで楽しめる! 東京の「今」と「驚き」をぎっちり詰め込む新型バラエティ番組 ナイツ 出水麻衣 10:00頃 毒蝮三太夫のミュージックプレゼント ※最終土曜 11:34頃 爆笑☆はじめて演芸場 12:10頃 おぎやはぎのクルマびいき
12:45	中野浩一のフリートーク v10@tbs.co.jp 自転車競技を中心にスポーツの素晴らしさをお届け 中野浩一
1 13:00	週末ノオト weekend@tbs.co.jp 新しい価値観を、柔らかい感性で学んでいく 13:38頃 見事なお仕事 西田善太 バービー(フォーリンラブ)
14:55	ニュース・天気
3 15:00	大沢悠里のゆうゆうワイド 土曜日版 yuyuwide@tbs.co.jp 「人情・愛情・みな情報」がコンセプト。 30年愛された「大沢悠里のゆうゆうワイド」のテイストを凝縮してお届け 大沢悠里 西村知江子
5 17:00	辰巳琢郎の勝手にコンシェルジュ 辰巳琢郎

交通情報: 6:50 / 7:24 / 7:57 / 8:19 / 9:23 / 9:54 / 10:23 / 10:55 / 11:30 / 11:54 / 12:26 / 13:18 / 13:56 / 14:25 / 14:50 / 15:17 / 15:56 / 16:31 / 16:50

日

時刻	番組
AM 5 5:00	5時のニュース・天気予報
5:05	Music Palette♪ mp@tbs.co.jp 宮崎由加
5:30	稲村亜美の相続相談フルスイング! souzoku@tbs.co.jp 稲村亜美
6 6:00	こども音楽コンクール
6:30	石川實 DAIRY LIFE milk@tbs.co.jp 石川實
6:45	相川圭子 幸せへのメッセージ 相川圭子
6:55	ニュース&交通情報
7 7:00	石橋貴明のGATE7 gate7@tbs.co.jp 毎週日曜の朝7時に開門するラジオベースボールパーク! 石橋貴明
8 8:00	地方創生プログラム ONE-J onej@onej.jp 「今、ラジオにできることは?」 JRN32局が一丸となって様々な問題を解決する大型ラジオプログラム 本仮屋ユイカ 斉藤慎二(ジャングルポケット)
10 10:00	安住紳一郎の日曜天国 nichiten@tbs.co.jp 日曜午前の生放送。 メッセージをお待ちしています。 安住紳一郎 中澤有美子
11:55	のどの窓 nodo@tbs.co.jp 長峰由紀
PM 12 12:00	GARAGE HERO's~愛車のこだわり~ garagehero@tbs.co.jp 安東弘樹
12:30	ハライチ岩井 ダイナミックなターン 岩井勇気(ハライチ) 宇賀神メグ
12:45	ママとパパのごきげんドライブ cosmo@tbs.co.jp 照英 笹川友里
1 13:00	爆笑問題の日曜サンデー nichiyou@tbs.co.jp 日曜午後のお楽しみ!ラジオ版「サンデー・ジャポン」や競馬情報。堂々4時間生ワイド! 爆笑問題 アシスタント 良原安美(1~4週) 外山惠理(5週) 16:40頃 中嶋常幸の ティーグラウンドへようこそ!

交通情報: 8:55 / 10:18 / 10:53 / 11:25 / 11:50 / 12:59 / 13:28 / 13:57 / 14:28 / 14:53 / 15:22 / 15:55 / 16:22

時	時刻	番組	内容	アドレス	出演
	17:30	大久保佳代子とトレンド遊び		kayoko954@tbs.co.jp	大久保佳代子
6	18:00	司馬遼太郎短篇傑作選	文豪・司馬遼太郎の短編作品を朗読でお届け		竹下景子
	18:30	田中みな実 あったかタイム	人生が楽しくなる人間力向上トークバラエティ	atataka@tbs.co.jp	田中みな実
7	19:00	藤田ニコルのあしたはにちようび	藤田ニコルが自身の言葉で楽しい土曜の夜を演出	nico@tbs.co.jp	藤田ニコル アシスタント タイムマシーン3号
	19:30	スナックSDGs		2030@tbs.co.jp	大石英司・堀井美香
8	20:00	LOVE RAINBOW TRAIN		lrt@tbs.co.jp	MISIA パートナー 八方不美人
9	21:00	明日へのエール～ことばにのせて～	エールになるようなとっておきの言葉をお届け	yell@tbs.co.jp	西村江太郎
	21:45	エンタメ満載！ここだけの話			堀井美香・野村彩也子
10	22:00	TALK ABOUT	「大人に言いたいこと」「バイト事件簿」など、学生たちの生の声を聞いていく	talk@tbs.co.jp	工藤大輝・ねお (Da-iCE)
11	23:30	ラランド・ツキの兎		tsukiusa@tbs.co.jp	ラランド
AM 0	0:00	藤原竜也のラジオ	おやすみ前に、藤原竜也と緩くてホットな時間を		藤原竜也
	0:30	鈴木聖奈 LIFE LAB～○○のおじ様たち～	ゲストの"おじ様"が披露する斬新な切り口は必見	seina@tbs.co.jp	鈴木聖奈
1	1:00	エレ片のケツビ！	ここでしか聞けない3人による軽快なトークをぜひ	elekata@tbs.co.jp	エレキコミック・片桐仁
2	2:00	東京ポッド許可局	モットーは「屁理屈をエンタテイメントに！」	tokyopod@tbs.co.jp	マキタスポーツ・プチ鹿島・サンキュータツオ
3	3:00	さらば青春の光がTaダ、Baカ、Saワギ		saraba@tbs.co.jp	さらば青春の光
	3:30	ねむチキ		nemu@tbs.co.jp	コロコロチキチキペッパーズ
4	4:00	Music Palette♪	音楽とトークで1日の始まりを告げる番組	mp@tbs.co.jp	宮崎由加

時	時刻	番組	内容	アドレス	出演
5	17:00	コシノジュンコ MASACA	第一線で活躍する人々の「まさか」な話を引き出す	masaca@tbs.co.jp	コシノジュンコ
	17:30	竹中直人～月夜の蟹～	独特なゲストと独特なテンポで会話を楽しむ	tukiyo@tbs.co.jp	竹中直人 アシスタント 堀井美香
6	18:00	Meet Up	上質な音楽と素敵なトークで寛ぎの時間を	meetup@tbs.co.jp	岩瀬大輔 笹川友里
	18:30	ミラクル・サイクル・ライフ	「自転車は楽しい!」を応援します	cycle-r@tbs.co.jp	石井正則 疋田智
7	19:00	川島明のねごと	無意識に吐き出す「ねごと」のようなここだけの本音を語ります!	negoto@tbs.co.jp	川島明
8	20:00	ラジオ寄席			
9	21:00	中村七之助のラジのすけ	歌舞伎に趣味に、中村七之助がホンネで語るラジオ		中村七之助
	21:30	嶌信彦 人生百景「志の人たち」	ジャーナリスト嶌信彦が人生観をインタビュー	100kei@tbs.co.jp	嶌信彦
10	22:00	井上芳雄 by MYSELF	トークに生歌、生演奏。贅沢なひとときをあなたに	yoshio@tbs.co.jp	井上芳雄
	22:30	今晩は 吉永小百合です	日本を代表する女優・吉永小百合の今の声が聞ける	y-sayuri@tbs.co.jp	吉永小百合
11	23:00	ラジオで語る昭和のはなし	「昭和」の様々な記録や記憶、文化を振り返る	showa@tbs.co.jp	宮崎美子 パートナー 石澤典夫
AM 0	0:00	林原めぐみのTokyo Boogie Night	カリスマ声優の本音トークと音楽をお送りします		林原めぐみ
	0:30	高見沢俊彦のロックばん	爆走・暴走・爆笑のロックエンターテイメント!	rockban@tbs.co.jp	高見沢俊彦
1	1:00	文化系トークラジオ Life	偶数月第4週深夜1:00～4:00	life@tbs.co.jp	鈴木謙介
2					
3		上記以外は深夜1:00～4:00放送休止			
4	4:00	MUSIX	1970年代～2000年代のJ-POPをお届け	musix@tbs.co.jp	幸坂理加

開局70周年記念
TBSラジオ公式読本

2021年 12月 25日 初版第 1 刷発行
2022年　1月 20日 初版第 5 刷発行

協力――――株式会社TBSラジオ

責任編集――――武田砂鉄
取材・文――――武田砂鉄、おぐらりゅうじ
写真――――野村知也、いわいあや（P56、74）
TBSラジオ提供
（P245、262-264、266-267、271、274、280、282、289、305、306-333）
ブックデザイン――――岩渕恵子（イワブチデザイン）
題字活版清刷――――三木弘志（弘陽）
編集――――加藤基（リトルモア）、本多良恵・鳥山穣（TBSラジオ）

発行者――――孫家邦
発行所――――株式会社リトルモア
〒151-0051 東京都渋谷区千駄ヶ谷 3-56-6
Tel. 03-3401-1042
Fax. 03-3401-1052
www. littlemore.co.jp

印刷・製本所――――株式会社シナノパブリッシングプレス

Printed in Japan
ISBN978-4-89815-551-6 C0095